Simulation（Sixth Edition）

仿 真

（第6版）

[美] Sheldon M. Ross 著

彭 勇 许 凯 谢 旭 尹全军 译

电子工业出版社
Publishing House of Electronics Industry
北京·BEIJING

内 容 简 介

本书系统地讲解了计算机仿真的相关知识，以各种实用案例为载体，注重实际应用，对初学者学习计算机仿真具有一定的帮助和指导作用。

本书共12章：第1章为引言；第2章为概率基础，回顾了与概率有关的相关知识。第3章为随机数，介绍了其是如何通过计算机生成的；第4章和第5章介绍了如何使用随机数来生成具有任意指定分布的随机变量；第6章介绍了多元正态分布，并介绍了如何生成具有这种联合分布的随机变量，以及用于建模随机变量联合分布的联结函数；第7章介绍了使用这些生成的值来跟踪系统随着时间的推移而不断发展的过程，即系统的实际仿真；第8章从统计学中最简单、最基本的概念开始，介绍了在仿真中非常有用的一个方法，即"自举统计"；第9章和第10章介绍了获得新的估计量的方法；第11章介绍了当有实际数据可用时，如何通过仿真结果来验证我们所模拟的概率模型是否适用于现实世界的情况；第12章介绍了马尔可夫链蒙特卡罗方法的重要内容。

本书适合作为高等院校数学、统计学、科学计算、系统仿真、保险学、精算学等专业教师、学生的参考书，也可供工程技术人员和应用工作者使用。

未经许可，不得以任何方式复制或抄袭本书之部分或全部内容。
版权所有，侵权必究。

版权贸易合同登记号 图字：01-2025-0065

图书在版编目（CIP）数据

仿真：第6版 /（美）罗斯（Sheldon M. Ross）著；
彭勇等译. -- 北京：电子工业出版社, 2025. 4.
ISBN 978-7-121-49984-5
    Ⅰ . TP391.9
中国国家版本馆CIP数据核字第202508ZZ99号

责任编辑：张 迪（zhangdi@phei.com.cn）
印　　刷：三河市鑫金马印装有限公司
装　　订：三河市鑫金马印装有限公司
出版发行：电子工业出版社
　　　　　北京市海淀区万寿路173信箱　邮编：100036
开　　本：787×1092　1/16　印张：14.75　字数：377.6千字
版　　次：2025年4月第1版（原著第6版）
印　　次：2025年4月第1次印刷
定　　价：88.00元

凡所购买电子工业出版社图书有缺损问题，请向购买书店调换。若书店售缺，请与本社发行部联系，联系及邮购电话：（010）88254888，88258888。
质量投诉请发邮件至 zlts@phei.com.cn，盗版侵权举报请发邮件至 dbqq@phei.com.cn。
本书咨询联系方式：（010）88254469，zhangdi@phei.com.cn。

Simulation, Sixth Edition

Sheldon M. Ross

ISBN: 9780323857390

Copyright © 2023 Elsevier Inc. All rights reserved.

Authorized Chinese translation published by Publishing House of Electronics Industry.

《仿真》（第 6 版）（彭勇 许凯 谢旭 尹全军 译）

ISBN: 9787121499845

Copyright © Elsevier Inc. and Publishing House of Electronics Industry. All rights reserved.

No part of this publication may be reproduced or transmitted in any form or by any means, electronic or mechanical, including photocopying, recording, or any information storage and retrieval system, without permission in writing from Elsevier (Singapore) Pte Ltd. Details on how to seek permission, further information about the Elsevier's permissions policies and arrangements with organizations such as the Copyright Clearance Center and the Copyright Licensing Agency, can be found at our website: www.elsevier.com/permissions.

This book and the individual contributions contained in it are protected under copyright by Elsevier Inc. and Publishing House of Electronics Industry (other than as may be noted herein).

This edition of Simulation is published by Publishing House of Electronics Industry under arrangement with Elsevier Inc.

This edition is authorized for sale in China only, excluding Hong Kong, Macau and Taiwan. Unauthorized export of this edition is a violation of the Copyright Act. Violation of this Law is subject to Civil and Criminal Penalties.

本版由 Elsevier Inc. 授权电子工业出版社在中国大陆地区（不包括香港、澳门以及台湾地区）出版发行。

本版仅限在中国大陆地区（不包括香港、澳门以及台湾地区）出版及标价销售。未经许可之出口，视为违反著作权法，将受民事及刑事法律之制裁。

本书封底贴有 Elsevier 防伪标签，无标签者不得销售。

注意

本书涉及领域的知识和实践标准在不断变化。新的研究和经验拓展我们的理解，因此须对研究方法、专业实践或医疗方法作出调整。从业者和研究人员必须始终依靠自身经验和知识来评估和使用本书中提到的所有信息、方法、化合物或本书中描述的实验。在使用这些信息或方法时，他们应注意自身和他人的安全，包括注意他们负有专业责任的当事人的安全。在法律允许的最大范围内，爱思唯尔、译文的原文作者、原文编辑及原文内容提供者均不对因产品责任、疏忽或其他人身或财产伤害及/或损失承担责任，亦不对由于使用或操作文中提到的方法、产品、说明或思想而导致的人身或财产伤害及/或损失承担责任。

译者序

罗斯著的《仿真（第6版）》是计算机仿真领域最畅销的教材之一，已被全球众多高校广泛采用，包括加州大学伯克利分校、哥伦比亚大学、伊利诺伊州立大学、华盛顿大学圣路易斯分校、南加州大学、康涅狄格大学等。

本书详细介绍了如何利用计算机生成随机数，以及如何利用这些随机数生成任意分布的随机变量和随机过程等，涉及了一些统计模拟的最新方法和技术，如自举法、离散事件仿真方法、方差缩减技术等。书中还包含了丰富的金融、优化等领域的应用案例，并专门有一章介绍马尔可夫链蒙特卡罗方法。与前一版本相比，《仿真（第6版）》在内容方面做了一些更新，包括在大多数章节增加了许多新的习题和示例，新增了几个小节，如5.2.1小节、10.2节和10.3节等。因此，本书对于数学、统计学、科学计算、系统仿真、保险学、精算学等领域的科研人员具有重要的参考价值。

在电子工业出版社获得本书中文版翻译和出版授权后，我校教师团队有幸参与了中文版的翻译工作。在翻译出版过程中，特别感谢电子工业出版社的张迪编辑给予的大力支持和帮助。在张迪编辑的悉心指导下，本书中译本得以顺利完成，在此向她表示由衷的感谢。

整个翻译工作由译者团队（彭勇、许凯、谢旭、尹全军）通力协作完成。为了确保翻译的准确性，团队查阅了大量国内外相关标准、参考文献，特别是涉及的大量术语、专有名词、公式、缩写等。同时，为确保翻译质量，译者对每章内容进行了反复翻译、核对和确认，且对符号、公式和图表等进行了严格的审校。此外，技术翻译工程师周晓琴也参与了部分章节的翻译、校对和合稿工作。本书中的参考文献沿用了英文版的写作风格。

由于译者的能力和知识水平有限，译文中难免存在疏漏和不当之处，恳请广大读者批评指正。如有任何疑问，读者可以通过电子邮箱xukai09@nudt.edu.cn与译者进行交流和讨论。

前　　言

1. 概述

在制定一个随机模型来描述现实现象时，过去通常需要在选择一个能够真实反映实际情况的模型和选择一个数学分析上可操作的模型之间做出妥协。也就是说，如果一个模型虽然忠实地模拟了研究现象，但无法进行数学分析，那么选择这样一个模型似乎没有什么好处。类似的考虑还导致人们更关注渐近或稳态结果，而不是更有用的瞬态时间分析。然而，随着快速且廉价的计算能力的出现，另一种方法得以发展——建模，然后依赖仿真研究来分析它。

在本书中，我们展示了如何通过仿真研究来分析模型。具体来说，我们首先展示了如何利用计算机生成随机（更准确地说是伪随机）数，然后如何使用这些随机数生成来自任意分布的随机变量的值。通过离散事件的概念，我们展示了如何使用随机变量来生成随机模型在时间上的行为。通过不断生成系统的行为，我们展示了如何获得期望量的估计值。我们还考虑了仿真何时停止，以及如何对结果估计值的置信度进行评估等统计问题。此外，我们还展示了如何改进常见仿真估计量的几种方法。最后，我们还介绍了如何使用仿真来判断所选择的随机模型是否与一组实际数据一致。

2. 本版新增内容

（1）大多数章节中新增了习题。

（2）新增的 5.2.1 节的内容展示了如何通过模拟贝塔随机变量来模拟顺序统计量。

（3）书中新增了许多例子。例子 9p 讨论了如何使用仿真估计独立同分布随机变量的概率和超过某个值的概率。这个例子给出了 Asmussen-Kroese 估计器及其改进版本。例子 9q 使用仿真方法获得了当 X_i 为独立随机变量时，$P(X_1 = \max(X_1, X_2, \cdots, X_n))$ 的计算界限。

（4）新增的 10.2 节展示了陈和斯坦（Chen and Stein）在其研究泊松近似误差时提出的一个恒等式如何用于获得伯努利随机变量和位于某个指定区域内的概率的低方差估计器。

（5）新增的 10.3 节引入了随机风险（Random Hazard）这一概念，并展示了如何利用它来获得低方差的仿真估计器。

3. 章节描述

本书的各个章节内容如下：

第 1 章是介绍性章节，展示了一个典型的研究现象。第 2 章是概率基础。虽然这一章是独立的，不假设读者已经熟悉概率论，但我们认为对于大多数读者来说，这将是一次复习。第 3 章讨论了随机数以及如何在计算机上生成它们的变体——所谓的伪随机数。第 4 章和第 5 章则考虑了如何使用随机数生成离散和连续的随机变量。第 6 章研究了多元正态分布,并引入了对建模随机变量联合分布非常有用的"copulas"概念。第 7 章介绍了离散事件仿真方法,用于追踪一个任意系统随时间演变的过程。书中提供了多种例子,包括单服务器和多服务器排队系统、保险风险模型、库存系统、机器修理模型以及股票期权行使等场景。第 8 章介绍了统计学的基本内容。假设我们的普通读者此前没有学习过这门学科,本章从非常基础的概念开始,最终引入了自举法(Bootstrap)这一统计方法,这对分析仿真结果非常有用。

第 9 章讨论了一个重要的主题——方差缩减。方差缩减旨在通过找到具有相同均值但方差更小的模拟估计量来改进常见的模拟估计器。本章首先介绍了使用对偶变量的方法。我们指出(证明放在本章附录中),当我们试图估计一个在每个变量上都是单调的函数的期望值时,这种方法总是能够实现方差的缩减,并且在计算上也有所减少。接着,我们介绍了控制变量,并展示了它们在方差缩减中的应用。例如,我们展示了如何在排队系统、可靠性系统、列表重新排序问题和二十一点游戏中有效地使用控制变量。我们还说明了如何使用回归包来简化使用控制变量时的计算过程。然后,我们考虑了通过条件期望来进行方差缩减,并在一些例子中展示了它的应用,如估计 π 和分析有限容量的排队系统。此外,结合控制变量,条件期望还被用来估计更新过程在某个固定时间点的事件数量。接着,本章介绍了分层抽样作为方差缩减工具的应用,例子涉及具有不同到达率的排队系统和积分的估算。条件期望和分层抽样这两种方差缩减技术之间的关系被解释,并在视频扑克的预期回报估算中得到了应用。此外,分层抽样还被应用于具有泊松到达的排队系统、多维积分的计算和复合随机向量的分析。本章接着讨论了重要性抽样技术,说明了这种方法在估计小概率时可以是一种非常强大的方差缩减技术。在此过程中,我们引入了倾斜分布的概念,并展示了如何利用它们进行小卷积尾概率的估计。重要性抽样的应用包括排队系统、随机行走和随机排列的分析,以及在条件为稀有事件时计算条件期望。第 9 章的最后一个方差缩减技术是使用公共随机数流的方法。

第 10 章介绍了附加方差缩减技术。前两节内容主要通过模拟来估计关于 W(伯努利随机变量之和)的概率。10.1 节介绍了条件伯努利抽样方法,可以用来估计 W 大于零的概率,这相当于估计一系列事件并集的概率。10.2 节展示了陈和斯坦因在研究泊松近似误差界限时所发展出的一个恒等式,利用该恒等式可以获得一个非常低方差的估计量,用于估计 $P(W \in A)$,其中 A 是任意集合。10.3 节介绍了随机风险这一概念,并展示了如何利用它来获得具有小方差的模拟估计量。10.4 节介绍了归一化重要性抽样,这是一种可以用来估计随机向量的某个函数的期望值的技术,前提是该随机向量的分布仅以乘法常数形式给出。10.5 节讲述了拉丁超立方体抽样方法。

第 11 章讨论了统计验证技术,这些统计程序可以在有实际数据的情况下验证随机模型的正确性。本章介绍了拟合优度检验(如卡方检验和 Kolmogorov-Smirnov 检验)。本章的其他部分讨论了双样本问题和 n 样本问题,以及如何通过统计检验假设一个给定的过程是泊松过程。

第 12 章关注马尔可夫链蒙特卡罗方法。这些技术近年来极大地扩展了模拟的应用。用于

估计 $\theta=E[h(X)]$（其中 X 是一个随机向量）的标准模拟方法，是通过模拟独立同分布的 X 的副本，然后用 $h(X)$ 的平均值作为估计量。这就是所谓的"原始"模拟估计量，之后可以通过使用第 9 章和第 10 章的方差减少方法来改进该估计量。然而，为了采用这种方法，既需要知道 X 的分布，也需要能够从该分布中直接模拟随机向量 X。然而，正如第 12 章所述，在许多实例中，X 的分布是已知的，但我们无法直接模拟这个随机向量 X，或者有些例子中 X 的分布并不完全已知，而是只知道一个乘法常数。因此，在这些情况下，通常用于估计 θ 的方法是不可用的。然而，一种新方法，通过生成一个马尔可夫链，其极限分布是 X 的分布，并通过计算链中连续状态下函数 h 的值的平均值来估计 θ，近年来被广泛使用。本章将探讨这些马尔可夫链蒙特卡罗方法。12.1 节，我们介绍并展示了一些马尔可夫链的性质。12.2 节介绍了一种生成马尔可夫链的方法，这种链的极限分布是已知的（只知道一个乘法常数），即 Hastings-Metropolis 算法，并给出了应用实例，说明如何生成一个大"组合"集的随机元素。Hastings-Metropolis 算法的最广泛使用版本是吉布斯采样器（Gibbs sampler），这一方法在 12.3 节进行了详细介绍。我们讨论了几个例子，包括生成在某一区域内的随机点，且要求这些点之间的距离大于一个固定值；分析乘积型排队网络；分析一个层次贝叶斯统计模型来预测某些棒球运动员的本垒打数；以及在所有结果至少发生一次的条件下模拟一个多项式向量。12.5 节介绍了该章方法在确定性优化问题中的应用，称为模拟退火，文中举了一个旅行推销员问题的例子。12.6 节介绍了采样重要性重采样（Sampling Importance Resampling）算法，这是第 4 章和第 5 章接受-拒绝方法的一个推广。文中提到了该算法在贝叶斯统计中的应用。12.7 节介绍了一种方法，称为"过去耦合"，该方法使我们能够生成一个随机向量，其分布正好等于马尔可夫链的极限分布。

4. 致谢

感谢以下人员的帮助：Yontha Ath（加利福尼亚州立大学长滩分校）、David Butler（俄勒冈州立大学）、Matt Carlton（加利福尼亚理工州立大学）、James Daniel（得克萨斯大学奥斯汀分校）、William Frye（波尔州立大学）、Mark Glickman（波士顿大学）、Chuanshu Ji（北卡罗来纳大学）、Yonghee Kim-Park（加利福尼亚州立大学长滩分校）、Donald E. Miller（圣玛丽学院）、Krzysztof Ostaszewski（伊利诺伊州立大学）、Bernardo Pagnocelli、Erol Pekoz（波士顿大学）、Yuval Peres（加利福尼亚大学伯克利分校）、John Grego（南卡罗来纳大学哥伦比亚分校）、Zhong Guan（印第安纳大学南本德分校）、Nan Lin（圣路易斯华盛顿大学）、Matt Wand（悉尼科技大学）、Lianming Wang（南卡罗来纳大学哥伦比亚分校）、Esther Portnoy（伊利诺伊大学厄本那—香槟分校）和 Rundong Ding（南加州大学）。我们还要感谢那些选择保持匿名的文本审稿人。

目 录

第1章 引言 ··· 1
   习题 ··· 2

第2章 概率基础 ··· 3
   2.1 样本空间和事件 ·· 3
   2.2 概率公理 ··· 3
   2.3 条件概率和独立性 ·· 4
   2.4 随机变量 ··· 5
   2.5 期望 ·· 7
   2.6 方差 ·· 8
   2.7 切比雪夫（Chebyshev）不等式与大数定律 ································ 9
   2.8 离散随机变量 ·· 11
   2.9 连续随机变量 ·· 15
   2.10 条件期望与条件方差 ··· 20
   习题 ·· 21
   参考文献 ··· 25

第3章 随机数 ··· 26
   3.1 伪随机数生成 ·· 26
   3.2 使用随机数估计积分 ·· 27
   习题 ·· 29
   参考文献 ··· 30

第4章 生成离散随机变量 ·· 31
   4.1 逆变换方法 ·· 31
   4.2 泊松随机变量的生成 ·· 35
   4.3 二项随机变量的生成 ·· 36
   4.4 接受-拒绝技术 ··· 37
   4.5 组合法 ··· 38
   4.6 生成离散随机变量的别名算法 ·· 39
   4.7 随机向量的生成 ··· 42
   习题 ·· 42

第5章 生成连续随机变量 ·· 46
   5.1 逆变换法 ··· 46
   5.2 拒绝法 ··· 49
   5.3 生成正态随机变量的极坐标法 ·· 56
   5.4 泊松过程的生成 ··· 59
   5.5 非齐次泊松过程的生成 ·· 60

5.6 二维泊松过程的仿真 …… 63
习题 …… 65
参考文献 …… 68

第 6 章 多元正态分布与联结函数 …… 69
6.1 多元正态 …… 69
6.2 多元正态随机向量的生成 …… 70
6.3 联结函数（Copulas） …… 73
6.4 由联结函数模型生成变量 …… 76
习题 …… 76

第 7 章 离散事件仿真方法 …… 78
7.1 通过离散事件进行仿真 …… 78
7.2 单服务台排队系统 …… 79
7.3 两个服务台的串联排队系统 …… 81
7.4 两个服务台的并联排队系统 …… 82
7.5 库存模型 …… 84
7.6 保险风险模型 …… 85
7.7 维修问题 …… 87
7.8 行使股票期权 …… 89
7.9 仿真模型的校核 …… 90
习题 …… 91
参考文献 …… 93

第 8 章 模拟数据的统计分析 …… 94
8.1 样本均值与样本方差 …… 94
8.2 总体均值的区间估计 …… 98
8.3 估算均方误差的自举技术 …… 100
习题 …… 104
参考文献 …… 106

第 9 章 方差缩减技术 …… 107
9.1 对偶变量的使用 …… 108
9.2 控制变量的使用 …… 113
9.3 通过条件作用缩减方差 …… 118
9.4 分层采样 …… 128
9.5 分层采样的应用 …… 135
    9.5.1 分析具有泊松到达的系统 …… 135
    9.5.2 单调函数的多维积分计算 …… 138
    9.5.3 复合随机向量 …… 139
    9.5.4 事后分层的使用 …… 141
9.6 重要性采样 …… 142
9.7 常见随机数的使用 …… 152
9.8 奇异期权的评估 …… 153

9.9 附录：单调函数期望值估计时对偶变量法的验证 ················ 156
习题 ··· 157
参考文献 ··· 163

第10章 附加方差缩减技术 ··· 164
10.1 条件伯努利采样法 ··· 164
10.2 基于 Chen-Stein 恒等式的仿真估计量 ·························· 167
    10.2.1 当 $X_1,X_2,\cdots,X_n$ 独立时 ································· 168
    10.2.2 当 $X_1,X_2,\cdots,X_n$ 不独立时 ····························· 169
    10.2.3 事后仿真估计量 ··· 173
10.3 随机风险的使用 ··· 174
10.4 归一化重要性采样 ·· 178
10.5 拉丁超立方体采样（Latin hypercube sampling） ············ 181
习题 ··· 182

第11章 统计验证技术 ·· 184
11.1 拟合优度检验 ·· 184
11.2 某些参数未指定时的拟合优度检验 ······························· 188
11.3 双样本问题 ··· 190
11.4 非齐次泊松过程假设的验证 ·· 194
习题 ··· 197
参考文献 ··· 198

第12章 马尔可夫链蒙特卡罗方法 ·· 199
12.1 马尔可夫链 ··· 199
12.2 黑斯廷斯·梅特罗波利斯算法（Hastings-Metropolis）······· 201
12.3 吉布斯采样器 ·· 203
12.4 连续时间马尔可夫链与排队损失模型 ··························· 210
12.5 模拟退火 ·· 213
12.6 采样重要性重采样算法 ·· 214
12.7 过去耦合 ·· 217
习题 ··· 219
参考文献 ··· 221

第1章 引言

考虑以下情况：一位药剂师正在考虑开设一家小型药房，他将负责配药。他计划每个工作日早上9点开门营业，并预计在下午5点之前每天大约会收到32个处方。他的经验是，一旦开始处理某个处方，所需的时间是一个随机变量，其平均值和标准差分别为10分钟和4分钟。他计划在下午5点之后不再接受新的处方，尽管如果当天仍有未完成的处方，他会在商店里继续工作，直到所有的处方都处理完毕。根据这一情况，药剂师可能会对以下几个问题感兴趣：

问题1：他每天晚上离开商店的平均时间是几点？

问题2：工作日下午5:30之后仍然工作的比例是多少？

问题3：他平均需要多长时间来配药（考虑到他在开始处理新处方之前，必须先完成所有之前收到的处方）？

问题4：每个处方被配制完成的时间超过30分钟的比例是多少？

问题5：如果他改变了接受处方的办法，只在尚有少于五个处方未完成时才接受新的处方，那么平均有多少处方会被错失？

问题6：限制接单的条件将如何影响问题1到问题4的答案？

为了运用数学来分析这种情况并回答问题，我们首先构建一个概率模型。为此，有必要对前面的场景做出一些合理准确的假设。例如，我们必须对描述日均32个顾客到达的概率机制做出一些假设。第一种可能的假设是，从概率意义上讲，顾客到达率在一天中是恒定的；第二种可能的假设（可能更现实）是，到达率取决于一天中的不同时间。然后，我们必须为配药所需的时间指定一个概率分布（均值为10，标准差为4），并且我们必须假设开具处方的服务时间是否总是具有这种分布，或者它是否随着其他变量而变化（例如，等待配药的处方数量或一天中的不同时间段）。也就是说，我们必须对每日到达和服务时间做出概率假设。我们还必须确定，描述某一天的概率法则是否会随着一周中的哪一天而变化，或者它是否基本保持不变。在这些假设以及其他可能的假设之后，我们就构建了这个场景的概率模型。

一旦构建了概率模型，理论上可以通过分析确定问题的答案。然而，在实践中，这些问题太复杂，无法通过解析方法解决，因此我们通常需要进行模拟研究来回答这些问题。这样的研究将概率机制编程到计算机中，通过使用"随机数"，模拟在大量天数中可能发生的情况，然后利用统计学理论来估计类似于这些问题的答案。换句话说，计算机程序利用随机数生成具有假定概率分布的随机变量的值，这些随机变量代表处方的到达时间和服务时间。使用这些值，程序可以在多个天数中确定与问题相关的量。然后，程序使用统计技术提供估计的答案——例如，如果在1000个模拟的工作日中，有122天药剂师仍在下午5:30之后工作，那么我们可以估计问题2的答案为0.122。

为了进行这样的分析，首先要具备一定的概率知识，以便能够确定一个随机现象是否符合某个概率分布，或者确定某些随机变量是否可假设为独立的。第2章提供了概率有关知识的回顾。仿真的研究基础是随机数，因此第3章讨论了这些量以及它们是如何通过计算机生成的。第4章和第5章展示了如何使用随机数来生成具有任意指定分布的随机变量。其中，

第 4 章重点研究了离散概率分布，第 5 章重点研究了连续概率分布。第 6 章介绍了多元正态分布，并展示了如何生成具有这种联合分布的随机变量。在第 6 章中，还介绍了用于建模随机变量联合分布的 Copulas。完成第 6 章后，读者对构建给定系统的概率模型以及如何使用随机数生成与该模型相关的随机变量有一些见解。第 7 章讨论了使用这些生成的值来跟踪系统随着时间的推移而不断发展的过程，即系统的实际仿真，这里首次提出"离散事件"的概念，并指出了如何利用这些实体（离散事件）来实现对一个系统进行仿真的一套方法。运用离散事件系统仿真方法，可以编写一个计算机程序，实现对系统的多次模拟，该程序可以用读者熟悉的任何语言编写。第 7 章中也给出了一些关于如何验证该程序的小提示，以确保它按照人们预想的运行。运用仿真研究的输出来回答与模型有关的概率问题，往往需要运用统计学理论，第 8 章介绍了这一主题。这一章从统计学中最简单、最基本的概念开始，进而介绍一类在仿真中非常有用的方法——"自举统计"（Bootstrap Statistics）。统计研究表明，从仿真研究中获得估计量的方差是仿真效率的重要指标。方差越小，获得固定精度所需的仿真计算规模就越小。因此，在第 9 章和第 10 章中，我们介绍获得新的估计量的方法，这些估计量因为具有较低的方差而优于原始估计量。方差缩减这一主题在仿真研究中非常重要，因为它可以显著提高仿真效率。第 11 章展示了当有实际数据可用时，如何运用仿真结果来验证概率模型与现实世界的适当性。第 12 章介绍了马尔可夫链蒙特卡罗方法的重要内容。近年来，这类方法的使用极大扩展了可以通过仿真来解决的问题类别。

习题

1. 以下数据提供了在单服务台系统中前 13 位顾客的到达时间和服务时间。顾客到达时，如果服务台空闲，则直接进入服务；如果服务台正忙，则加入等待队列。当服务台完成对一位顾客的服务后，排队的下一位顾客（等待时间最长的顾客）将进入服务。

到达时刻	12	31	63	95	99	154	198	221	304	346	411	455	537
服务时间	40	32	55	48	18	50	47	18	28	54	40	72	12

a. 确定这 13 位顾客的离开时间。

b. 当有两个服务台并且顾客可由任何一个服务台提供服务时，再次回答 a 问题。

c. 改变原假设为"当服务台完成服务时，下一个开始服务的顾客是等待时间最短的顾客"，再次回答 a 问题。

2. 考虑一个服务站，顾客按到达顺序接受服务。设 A_n、S_n 和 D_n 分别表示第 n 位顾客的到达时间、服务时长和离开时间。假设有一个服务台，并且系统最初没有顾客。

a. 设 $D_0 = 0$，证明当 $n > 0$ 时，$D_n - S_n = \text{Maximum}\{A_n, D_{n-1}\}$。

b. 当有两个服务台时，确定相应的递归公式。

c. 当有 k 个服务台时，确定相应的递归公式。

d. 编写一个计算机程序，以到达时间和服务时长作为函数输入，确定顾客的离开时间，并使用它来检查练习 1 的 a 和 b 部分的答案。

第 2 章 概率基础

2.1 样本空间和事件

考虑一个实验，其结果事先未知。设 S 为实验的样本空间，表示所有可能结果的集合。例如，如果实验是在编号为 1 到 7 的七匹马之间进行一场比赛，那么

$$S = \{(1,2,3,4,5,6,7)\text{的所有排序}\}$$

结果为 (3,4,1,7,6,5,2) 意味着，3 号马匹排在第一位，4 号马匹排在第二位，以此类推。样本空间的任何子集 A 称为一个事件。也就是说，事件是由实验可能的结果组成的集合。如果实验的结果包含在 A 中，我们说事件 A 发生了。例如，在上述情况中，如果

$$A = \{S\text{中以5开头的所有结果}\}$$

那么 A 就是 5 号马匹首先到达的事件。

对于任意两个事件 A 和 B，我们定义一个新的事件 $A \cup B$，称为 A 和 B 的并集，由所有在 A 中或 B 中或同时在 A 和 B 中的结果组成。类似地，我们定义事件 AB，称为 A 和 B 的交集，由所有同时在 A 和 B 中的结果组成。也就是说，如果 A 或 B 发生，则事件 $A \cup B$ 发生，而如果 A 和 B 同时发生，则发生事件 AB。我们还可以定义两个以上事件的并集和交集。特别地，事件 $A_1,\cdots,A_n$ 的并集——记为 $\bigcup_{i=1}^{n} A_i$——定义为由任意 A_i 中的所有结果组成。同样，事件 $A_1,\cdots,A_n$ 的交集——记为 $A_1 A_2 \cdots A_n$——定义为由所有 A_i 中的所有结果组成。

对于任意事件 A，我们定义事件 A^c，称为 A 的补集，由样本空间 S 中所有不在 A 中的结果组成。也就是说，A^c 发生当且仅当 A 不发生时。由于实验的结果必须在样本空间 S 中，因此 S^c 不包含任何结果，因此不可能发生。我们称 S^c 为空集，并用 $\varnothing$ 表示。如果 $AB = \varnothing$，使得 A 和 B 不能同时发生（因为没有任何结果是同时在 A 和 B 中的），我们说事件 A 和 B 互斥。

2.2 概率公理

假设对于具有样本空间 S 的实验的每个事件 A，都有一个数字，记作 $P(A)$，称为事件 A 的概率，它符合以下 3 个公理。

公理 1：$0 \leq P(A) \leq 1$

公理 2：$P(S) = 1$

公理 3：对于任何一系列互斥事件 $A_1, A_2, \cdots$

$$P\left(\bigcup_{i=1}^{n} A_i\right) = \sum_{i=1}^{n} P(A_i), \qquad n = 1, 2, 3, \cdots, \infty$$

因此，公理 1 说明实验结果落在 A 内的概率在 0 和 1 之间；公理 2 说明样本空间的概率为 1；公理 3 说明对于任何一组互斥事件，这些事件中至少有一个事件发生的概率等于它们各自概率的总和。

这 3 个公理可以用以证明关于概率的各种结果。例如，由于 A 和 A^c 总是互斥的，并且

由于 $A \cup A^c = S$，根据公理 2 和公理 3 有

$$1 = P(S) = P(A \cup A^c) = P(A) + P(A^c)$$

或者等价地：

$$P(A^c) = 1 - P(A)$$

换句话说，一个事件没有发生的概率是 1 减去它发生的概率。

2.3 条件概率和独立性

考虑一个抛两次硬币的实验，每次都记下结果是正面还是反面。该实验的样本空间可以看作以下 4 个结果的集合：

$$S = \{(H,H),(H,T),(T,H),(T,T)\}$$

其中 (H,T) 表示第一次抛硬币时是正面、第二次是反面。假设 4 种结果发生的可能性相同，因此每种结果发生的概率为 $\frac{1}{4}$。进一步，假设我们观察到第一次抛硬币的结果是正面。那么，在已知这一信息的情况下，两次抛硬币都得到正面的概率是多少？我们按以下方式计算这个概率：已知第一次抛硬币得到正面，那么实验最多有两种可能的结果，即 (H,H) 或 (H,T)。此外，由于这些结果原本发生的概率相同，因此它们仍应具有相等的概率。也就是说，已知第一次抛硬币是正面，每个结果 (H,H) 和 (H,T) 的（条件）概率为 $\frac{1}{2}$，而其他两个结果的（条件）概率为 0。因此，所求的概率是 $\frac{1}{2}$。

如果我们让 A 和 B 分别表示两次抛硬币都是正面的事件和第一次抛硬币是正面的事件，那么上面得到的概率称为在 B 发生的情况下 A 的条件概率，记作

$$P(A|B)$$

适用于所有实验和事件的 $P(A|B)$ 的一般公式可以通过与前面相同的方式获得。也就是说，如果事件 B 发生，那么为了使 A 发生，实际发生的结果必须是 A 和 B 中的一个点；也就是说，它必须在 AB 中。现在，由于我们知道事件 B 已经发生，那么 B 就成为了新的样本空间，因此事件 AB 发生的概率将等于 AB 发生的概率相对于 B 发生的概率之比，即

$$P(A|B) = \frac{P(AB)}{P(B)}$$

确定事件 A 发生的概率，经常可以考虑另一个事件 B，然后通过确定 B 发生时 A 的条件概率和 B 不发生时 A 的条件概率来简化。为此，首先注意到：

$$A = AB \cup AB^c$$

由于 AB 和 AB^c 互斥，因此：

$$P(A) = P(AB) + P(AB^c)$$
$$= P(A|B)P(B) + P(A|B^c)P(B^c)$$

当使用前面的公式时，我们说通过条件化 B 是否发生来计算 $P(A)$。

例 2a：一家保险公司将其投保人分为易出事故或不易出事故两类。数据显示，易出事故的投保人在一年内提出索赔的概率为 0.25，而不易出事故的投保人这一概率下降到 0.10。如

果投保人有 0.4 的概率是易出事故的,那么他或她在一年内提出索赔的概率是多少?

解:设 C 为提出索赔的事件,B 为投保人易出事故的事件,那么
$$P(C) = P(C|B)P(B) + P(C|B^c)P(B^c) = 0.25 \times 0.4 + 0.10 \times 0.6 = 0.16$$

假设事件 $B_i, i = 1,\cdots,n$ 一定发生。也就是说,$B_1, B_2, \cdots, B_n$ 是互斥事件,其并集是样本空间 S。我们也可以通过对 B_i 发生的条件化来计算事件 A 的概率。基于以下公式:
$$A = AS = A(\bigcup_{i=1}^{n} B_i) = \bigcup_{i=1}^{n} AB_i$$

可以得到:
$$P(A) = \sum_{i=1}^{n} P(AB_i) = \sum_{i=1}^{n} P(A|B_i)P(B_i)$$

例 2b:假设有 k 种类型的优惠券,每个新收集的优惠券都以 P_j 的概率属于某一类 j,且与之前收集的优惠券独立。求出收集的第 n 张优惠券与前 $n-1$ 张类型不同的概率。

解:设 N 为收集到的第 n 张优惠券是一个新类型的事件。为了计算 $P(N)$,以它是哪种类型的优惠券为条件。假设 T_j 为第 n 张优惠券是 j 类的事件,我们有:
$$P(N) = \sum_{j=1}^{k} P(N|T_j)P(T_j)$$
$$= \sum_{j=1}^{k} P(1-p_j)^{n-1} p_j$$

其中,$P(N|T_j)$ 表示第 n 张优惠券是 j 类而前 $n-1$ 张不是 j 类的条件概率,由独立性可得 $P(N|T_j)$ 等于 $(1-p_j)^{n-1}$。

如抛硬币的案例所示,$P(A|B)$ 即在 B 发生的情况下 A 的条件概率,通常不等于 $P(A)$,即 A 的无条件概率。换句话说,知道 B 发生通常会改变 A 的发生概率(如果它们是互斥的会怎样)。在特殊情况下,当 $P(A|B)$ 等于 $P(A)$ 时,我们说 A 和 B 是相互独立的。由于 $P(A|B) = P(AB)/P(B)$,我们看到 A 独立于 B,如果:
$$P(AB) = P(A)P(B)$$
由于这种关系在 A 和 B 中对称,因此无论何时 A 独立于 B,B 都独立于 A。

2.4 随机变量

当进行实验时,我们有时主要关注由结果确定的一些量。这些由实验结果确定的量称为随机变量。

随机变量 X 的累积分布函数(或简称分布函数)F,对于任何实数 x 定义为:
$$F(x) = P\{X \leq x\}$$

一个随机变量可以是有限的或无限可数的,则称 X 为离散随机变量。对于离散随机变量 X,我们将其概率质量函数 $p(x)$ 定义为:
$$p(x) = P\{X = x\}$$

如果 X 是取可能值 $(x_1, x_2, \cdots)$ 之一的离散随机变量,那么,由于 X 必须取其中一个值,我们有:
$$\sum_{i=1}^{\infty} p(x_i) = 1$$

例 2c:假设 X 的取值为 1,2,3 中的一个。如果

$$p(1)=\frac{1}{4}, \quad p(2)=\frac{1}{3}$$

那么，由于 $p(1)+p(2)+p(3)=1$，$p(3)=\frac{5}{12}$。

离散随机变量通常假设为一个可数的取值集合，但通常我们还需要考虑随机变量的取值范围由一个或多个区间构成的情况。如果存在一个定义在所有实数 x 上的非负函数 $f(x)$，并且对于任何实数集合 C，满足

$$p\{X \in C\}=\int_{C}f(x)\mathrm{d}x \tag{2.1}$$

那么，随机变量 X 就是一个连续随机变量。函数 $f(x)$ 称为随机变量 X 的概率密度函数。

累积分布 $F(\cdot)$ 和概率密度函数 $f(\cdot)$ 之间的关系表示为：

$$F(a)=P\{X \in (-\infty,a)\}=\int_{-\infty}^{a}f(x)\mathrm{d}x$$

对两边求导得到：

$$\frac{\mathrm{d}}{\mathrm{d}a}F(a)=f(a)$$

也就是说，概率密度函数是累积分布函数的导数。概率密度函数更直观的解释如下所示：

$$P\left\{a-\frac{\epsilon}{2} \leqslant X \leqslant a+\frac{\epsilon}{2}\right\}=\int_{a-\epsilon/2}^{a+\epsilon/2}f(x)\mathrm{d}x \approx \epsilon f(a)$$

当 ϵ 很小时，即 X 在围绕点 a 的长度为 ϵ 的区间内的概率大概是 $\epsilon f(a)$。由此可以看出，$f(a)$ 是衡量随机变量在 a 附近的可能性的指标。

在许多实验中，我们不仅对单个随机变量的概率分布函数感兴趣，还对两个或更多随机变量之间的关系感兴趣。为了指定两个随机变量之间的关系，我们定义了 X 和 Y 的联合累积概率分布函数：

$$F(x,y)=P\{X \leqslant x, Y \leqslant y\}$$

$F(x,y)$ 指定了 X 小于或等于 x 且同时 Y 小于或等于 y 的概率。

如果 X 和 Y 都是离散随机变量，那么定义它们的联合概率质量函数为：

$$p(x,y)=P\{X=x, Y=y\}$$

类似地，对于任意实数集合 C 和 D，若 X 和 Y 的联合概率密度函数 $f(x,y)$ 满足：

$$P\{X \in C, Y \in D\}=\iint_{\substack{x \in C \\ y \in D}}f(x,y)\mathrm{d}x\,\mathrm{d}y$$

则称它们是联合连续的。

而对于任意两个实数集合 C 和 D，若

$$P\{X \in C, Y \in D\}=P\{X \in C\}P\{Y \in D\}$$

则随机变量 X 和 Y 是独立的。也就是说，只有当集合 C 和 D 中的所有事件 $A=\{X \in C\}$ 和 $B=\{Y \in D\}$ 都是独立的，随机变量 X 和 Y 才是独立的。粗略地说，如果知道其中一个的值不影响另一个的概率分布，那么 X 和 Y 就是独立的。不独立的随机变量称为相关的。

利用概率公理，可以证明离散随机变量 X 和 Y 是独立的，当且仅当对于任意 x,y：

$$P\{X \in x, Y \in y\}=P\{X=x\}P\{Y=y\}$$

类似地，如果 X 和 Y 是联合连续的且具有概率密度函数 $f(x,y)$，当对于所有的 x,y：

$$f(x,y) = f_X(x)f_Y(y)$$

那么 X 和 Y 是独立的。式中 $f_X(x)$ 和 $f_Y(y)$ 分别是 X 和 Y 的概率密度函数。

函数 $\bar{F}(x) = 1 - F(x) = P(X > x)$ 称为尾分布函数。

2.5 期望

概率论中最有用的概念之一是随机变量的期望。如果 X 是一个离散随机变量，取值为 $x_1, x_2, \cdots$ 中的任意一个，那么 X 的期望或者期望值，也称为 X 的平均值，记作 $E[X]$。定义为

$$E[X] = \sum_i x_i P\{X = x_i\} \qquad (2.2)$$

换句话说，X 的期望值就是 X 可能取值的加权平均值，每个值由 X 假定的概率加权。例如，如果 X 的概率质量函数由下式给出：

$$p(0) = \frac{1}{2} = p(1)$$

那么

$$E[X] = 0 \times \left(\frac{1}{2}\right) + 1 \times \left(\frac{1}{2}\right) = \frac{1}{2}$$

就是 X 的可能值为 0 和 1 的普通平均值。另一方面，如果

$$p(0) = \frac{1}{3}, \quad p(1) = \frac{2}{3}$$

那么

$$E[X] = 0\left(\frac{1}{3}\right) + 1\left(\frac{2}{3}\right) = \frac{2}{3}$$

是可能值 0 和 1 的加权平均值，其中由于 $p(1) = 2p(0)$，1 的权重是 0 的两倍。

例 2d：如果 I 是事件 A 的指示随机变量，即如果

$$I = \begin{cases} 1 & \text{若}A\text{发生} \\ 0 & \text{若}A\text{未发生} \end{cases}$$

那么

$$E[I] = 1 \times P(A) + 0 \times P(A^c) = P(A)$$

因此，事件 A 的指示随机变量的期望就是 A 发生的概率。

如果 X 是具有概率密度函数 f 的连续随机变量，类似于等式（2.2），定义 X 的期望为：

$$E[X] = \int_{-\infty}^{\infty} x f(x) \mathrm{d}x$$

例 2e 如果 X 的概率密度函数为

$$f(x) = \begin{cases} 3x^2 & \text{若}0 < x < 1 \\ 0 & \text{其他情况} \end{cases}$$

那么

$$E[X] = \int_0^1 3x^3 \mathrm{d}x = \frac{3}{4}$$

现在假设我们想要确定的不是随机变量 X 的期望，而是随机变量 $g(X)$ 的期望，其中 g 是某个给定的函数。由于 $g(X)$ 在 X 取 x 时为 $g(x)$，那么直观上，$E[g(X)]$ 应该是 $g(X)$ 可能取值的加权平均。其中对于给定 x，$g(X)$ 的权重就是 $X = x$ 时的概率（或连续情况下的概率密

度）。实际上，上述说法是正确的。

命题：如果 X 是一个具有概率质量函数 $p(x)$ 的离散随机变量，那么

$$E[g(X)] = \sum_x g(x)p(x)$$

而如果 X 是一个概率密度函数为 $f(x)$ 的连续随机变量，则

$$E[g(X)] = \int_{-\infty}^{\infty} g(x)f(x)\mathrm{d}x$$

上述命题的推论如下。

推论：如果 a 和 b 是常数，那么

$$E[aX + b] = aE[X] + b$$

证明：在离散情况下

$$\begin{aligned} E[aX + b] &= \sum_x (ax + b)p(x) \\ &= a\sum_x xp(x) + b\sum_x p(x) \\ &= aE[X] + b \end{aligned}$$

由于连续情况下的证明是相似的，因此结果成立。

可以证明期望是一个线性运算，这意味着对于任意两个随机变量 X_1 和 X_2，有：

$$E[X_1 + X_2] = E[X_1] + E[X_2]$$

进一步可推广为

$$E\left[\sum_{i=1}^{n} X_i\right] = \sum_{i=1}^{n} E[X_i]$$

2.6 方差

虽然随机变量 X 的期望 $E[X]$ 描述了 X 可能取值的加权平均，但它并没有提供这些值变化的信息。衡量这种变化的一种方法是考虑 X 和 $E[X]$ 之间差的平方的平均值。因此，我们得出以下定义。

定义：如果 X 是具有均值 μ 的随机变量，则 X 的方差 $\mathrm{Var}(X)$ 定义为：

$$\mathrm{Var}(X) = E[(X - \mu)^2]$$

$\mathrm{Var}(X)$ 的另一个公式推导如下：

$$\begin{aligned} \mathrm{Var}(X) &= E[(X - \mu)^2] \\ &= E[X^2 - 2\mu X + \mu^2] \\ &= E[X^2] - E[2\mu X] + E[\mu^2] \\ &= E[X^2] - 2\mu E[X] + \mu^2 \\ &= E[X^2] - \mu^2 \end{aligned}$$

即

$$\mathrm{Var}(X) = E[X^2] - (E[X])^2$$

对于任意常数 a 和 b，存在一个恒等式（其证明留作习题）：

$$\mathrm{Var}(aX + b) = a^2\mathrm{Var}(X)$$

虽然随机变量之和的期望值等于各个期望值之和，但对于方差，相应的结果通常不成立。然而，在一个重要的特殊情况下，即当随机变量是独立时，这一结果是成立的。在证明这一

点之前，我们首先定义两个随机变量之间的协方差概念。

定义：两个随机变量 X 和 Y 的协方差，记作 $\text{Cov}(X,Y)$，定义为：

$$\text{Cov}(X,Y) = E[(X - \mu_x)(Y - \mu_y)]$$

其中，$\mu_x = E[X]$，$\mu_y = E[Y]$。

通过展开上述方程的右侧，然后利用期望的线性特征，可以得到 $\text{Cov}(X,Y)$ 的一个有用的表达式：

$$\begin{aligned}\text{Cov}(X,Y) &= E[XY - \mu_x Y - X\mu_y + \mu_x \mu_y] \\ &= E[XY] - \mu_x E[Y] - E[X]\mu_y + \mu_x \mu_y \\ &= E[XY] - E[X]E[Y]\end{aligned} \quad (2.3)$$

这样，根据随机变量的个体方差和协方差，可以推导出 $\text{Var}(X+Y)$ 的表达式。由于：

$$E[X+Y] = E[X] + E[Y] = \mu_x + \mu_y$$

因此：

$$\begin{aligned}\text{Var}(X+Y) &= E[(X+Y-\mu_x-\mu_y)^2] \\ &= E[(X-\mu_x)^2 + (Y-\mu_y)^2 + 2(X-\mu_x)(Y-\mu_y)] \\ &= E[(X-\mu_x)^2] + E[(Y-\mu_y)^2] + 2E[(X-\mu_x)(Y-\mu_y)] \\ &= \text{Var}(X) + \text{Var}(Y) + 2\text{Cov}(X,Y)\end{aligned} \quad (2.4)$$

下面，我们通过证明"独立随机变量之和的方差等于它们的方差之和"结束本小节。

命题：如果 X 和 Y 是独立随机变量，那么

$$\text{Cov}(X,Y) = 0$$

因此，根据式（2.4），有：

$$\text{Var}(X+Y) = \text{Var}(X) + \text{Var}(Y)$$

证明：根据式（2.3），我们需要证明 $E[XY] = E[X]E[Y]$。在离散情况下，

$$\begin{aligned}E[XY] &= \sum_j \sum_i x_i y_j P\{X = x_i, Y = y_j\} \\ &= \sum_j \sum_i x_i y_j P\{X = x_i\} P\{Y = y_j\} \quad \text{根据独立性} \\ &= \sum_j y_j P\{Y = y_j\} \sum_i x_i P\{X = x_i\} \\ &= E[Y]E\{X\}\end{aligned}$$

由于在连续情况下也有类似的论证，因此该结果得以证明。

两个随机变量 X 和 Y 之间的相关系数记作 $\text{Corr}(X,Y)$，定义为：

$$\text{Corr}(X,Y) = \frac{\text{Cov}(X,Y)}{\sqrt{\text{Var}(X)\text{Var}(Y)}}$$

2.7 切比雪夫（Chebyshev）不等式与大数定律

我们从被称为 Markov 不等式的一个概念开始。

命题：**马尔可夫不等式** 如果 X 只取非负值，那么对于任何值 $a > 0$，

$$P\{X \geq a\} \leq \frac{E[X]}{a}$$

证明：随机变量 Y 定义为：

$$Y = \begin{cases} a & 若 X \geq a \\ 0 & 若 X \geq a \end{cases}$$

由于 $X \geq 0$，容易得出：

$$X \geq Y$$

取期望值，得到：

$$E[X] \geq E[Y] = aP\{X \geq a\}$$

证明完毕。

作为推论，我们有切比雪夫不等式，该不等式指出，随机变量与其均值相差 k 个标准差的概率不超过 $1/k^2$，其中随机变量的标准差定义为方差的平方根。

推论：切比雪夫不等式　如果 X 是具有均值 μ 和方差 σ^2 的随机变量，则对于任何 $k>0$，

$$P\{|X - \mu| \geq k\sigma\} \leq \frac{1}{k^2}$$

证明： 由于 $(X-\mu)^2/\sigma^2$ 是一个非负随机变量，其均值为：

$$E\left[\frac{(X-\mu)^2}{\sigma^2}\right] = \frac{E[(X-\mu)^2]}{\sigma^2} = 1$$

根据马尔可夫不等式可得到：

$$P\left\{\frac{(X-\mu)^2}{\sigma^2} \geq k^2\right\} \leq \frac{1}{k^2}$$

由于不等式 $(X-\mu)^2/\sigma^2 \geq k^2$ 等价于不等式 $|X-\mu| \geq k\sigma$，可得到以上推论。

我们现在使用切比雪夫不等式来证明弱大数定律。该定律指出，独立同分布随机变量序列前 n 项的平均值与其均值相差超过 ϵ 的概率随着 n 趋向于无穷大而趋于 0。

定理：弱大数定律　设 $X_1, X_2, \cdots$ 是一系列独立同分布的随机变量，均值为 μ。那么对于任何 $\epsilon > 0$：

$$P\left\{\left[\frac{X_1 + \cdots + X_n}{n} - \mu > \epsilon\right]\right\} \to 0 \quad 当 n \to \infty 时$$

证明： 在随机变量 X_i 具有有限方差 σ^2 的额外假设下给出证明。现在，

$$E\left[\frac{X_1 + \cdots + X_n}{n}\right] = \frac{1}{n}(E[X_1] + \cdots + E[X_n]) = \mu$$

且

$$\text{Var}\left(\frac{X_1 + \cdots + X_n}{n}\right) = \frac{1}{n^2}[\text{Var}(X_1) + \cdots + \text{Var}(X_n)] = \frac{\sigma^2}{n}$$

上述公式利用了独立随机变量之和的方差等于每个随机变量方差之和的事实。因此，根据切比雪夫不等式，对于任何正整数 k：

$$P\left\{\left|\frac{X_1 + \cdots + X_n}{n} - \mu\right| \geq \frac{k\sigma}{\sqrt{n}}\right\} \leq \frac{1}{k^2}$$

因此，对于任意 $\epsilon > 0$，通过设 k 满足 $k\sigma/\sqrt{n} = \epsilon$，即 $k^2 = n\epsilon^2/\sigma^2$，有：

$$P\left\{\left|\frac{X_1 + \cdots + X_n}{n} - \mu\right| \geq \epsilon\right\} \leq \frac{\sigma^2}{n\epsilon^2}$$

证毕。

弱大数定律的推广就是强大数定律，它指出，几乎必然地：

$$\lim_{n\to\infty}\frac{X_1+\cdots+X_n}{n}=\mu$$

也就是说，当 $n\to\infty$ 时，一系列独立同分布的随机变量的均值将收敛于其期望值。

2.8 离散随机变量

在应用中，经常出现某些类型的随机变量。本节我们将介绍一些离散型随机变量。

1. 二项分布

假设要进行 n 次独立试验，每次试验"成功"的概率为 p。如果 X 表示在 n 次试验中成功的次数，那么称 X 服从参数 (n,p) 的二项分布。其概率质量函数由下式给出：

$$P_i \equiv P\{X=i\} = \binom{n}{i} p^i (1-p)^{n-1}, \quad i=0,1,\cdots,n \tag{2.5}$$

其中

$$\binom{n}{i} = \frac{n!}{i!(n-i)!}$$

是二项式系数，等于从 n 个元素中选择 i 个不同子集的数量。

式（2.5）的有效性可以这么理解。首先，注意到任何特定结果序列（导致 i 次成功和 $n-i$ 次失败）发生的概率，在试验独立性的假设下是 $p^i(1-p)^{n-i}$。然后，由于有 $\binom{n}{i}$ 种不同结果导致 i 次成功和 $n-i$ 次失败，可以得到式（2.5）。

参数为 $(1,p)$ 的二项分布称为伯努利（Bernoulli）分布。由于在参数为 (n,p) 的二项分布中，随机变量 X 表示 n 次独立试验的成功次数，每次试验成功的概率为 p，因此可以将其表示如下：

$$X = \sum_{i=1}^{n} X_i \tag{2.6}$$

式中：

$$X_i = \begin{cases} 1 & \text{若第}i\text{次试验成功} \\ 0 & \text{其他情况} \end{cases}$$

现有：

$$E[X_i] = P\{X_i=1\} = p$$
$$\text{Var}(X_i) = E[X_i^2] - (E[X_i])^2 = p - p^2 = p(1-p)$$

上述公式利用 $X_i^2 = X_i$ 的事实（因为 $0^2=0$ 且 $1^2=1$）。因此，服从参数为 (n,p) 的二项分布的随机变量 X，根据式（2.6）有：

$$E(X) = \sum_{i=1}^{n} E[X_i] = np$$

$$\text{Var}(X) = \sum_{i=1}^{n} \text{Var}(X_i) = np(1-p)$$

当计算二项分布的概率密度时，有以下递归公式：

$$p_{i+1} = \frac{n!}{(n-i-1)!(i+1)!} p^{i+1}(1-p)^{n-i-1}$$

$$= \frac{n!(n-i)}{(n-i)!i!(i+1)} p^i (1-p)^{n-i} \frac{p}{1-p} = \frac{n-i}{i+1} \frac{p}{1-p} p_i$$

2. 泊松分布

取值 $0,1,2,\cdots$ 之一的随机变量 X 被称为参数 λ 的泊松随机变量，其概率质量函数由下式得出：

$$p_i = P\{X=i\} = e^{-\lambda} \frac{\lambda^i}{i!}, \quad i = 0,1,\cdots$$

其中，$\lambda > 0$，e 是数学中一个著名常数，由 $e = \lim_{n \to \infty}(1+1/n)^n$ 定义，约等于 2.7183。

泊松随机变量具有广泛的应用。其中一个原因是，在每次试验的成功概率很小时，这些随机变量可以用来近似大量试验（这些试验要么相互独立，要么至多是"弱相关"）中成功次数的分布。为了方便理解，假设 X 符合参数为 (n,p) 的二项分布——X 表示每次成功的概率为 p 时 n 次独立试验中成功的次数——并设 $\lambda = np$。那么：

$$P\{X=i\} = \frac{n!}{(n-i)!i!} p^i (1-p)^{n-i}$$

$$= \frac{n!}{(n-i)!i!} \left(\frac{\lambda}{n}\right)^i \left(1-\frac{\lambda}{n}\right)^{n-i}$$

$$= \frac{n(n-1)\cdots(n-i+1)}{n^i} \frac{\lambda^i}{i!} \frac{(1-\lambda/n)^n}{(1-\lambda/n)^i}$$

对于大的 n 和很小的 p：

$$\left(1-\frac{\lambda}{n}\right)^n \approx e^{-\lambda}, \quad \frac{n(n-1)\cdots(n-i+1)}{n^i} \approx 1, \quad \left(1-\frac{\lambda}{n}\right)^i \approx 1$$

因此，对于大的 n 和很小的 p：

$$P\{X=i\} \approx e^{-\lambda} \frac{\lambda^i}{i!}$$

由于二项随机变量 Y 的均值和方差由下式得出：

$$E[Y] = np, \quad \text{Var}(Y) = np(1-p) \approx np, \quad \text{当} p \text{很小时}$$

直观地，根据二项随机变量和泊松随机变量之间的关系，对于具有参数 λ 的泊松随机变量 X：

$$E[X] = \text{Var}(X) = \lambda$$

上面的分析证明留作练习。

为了计算泊松概率，可以使用以下递归公式：

$$\frac{p_{i+1}}{p_i} = \frac{\dfrac{e^{-\lambda}\lambda^{i+1}}{(i+1)!}}{\dfrac{e^{-\lambda}\lambda^i}{i!}} = \frac{\lambda}{i+1}$$

或者：

$$p_{i+1} = \frac{\lambda}{i+1} p_i, \quad i \geq 0$$

假设将发生 N 次事件，其中 N 服从均值为 λ 的泊松分布。进一步假设每个发生的事件将

是独立的概率为 p 的 1 型事件或概率为 $1-p$ 的 2 型事件。如果 N_i 等于第 i ($i=1,2$) 类型的事件数量，那么 $N = N_1 + N_2$。一个有用的结果是，随机变量 N_1 和 N_2 是独立的泊松随机变量，其各自均值分别是：

$$E[N_1] = \lambda p, \quad E[N_2] = \lambda(1-p)$$

为了证明这个结果，设 n 和 m 是非负整数，并考虑联合概率 $P = \{N_1 = n, N_2 = m\}$。由于 $P = \{N_1 = n, N_2 = m | N \neq n+m\} = 0$，以 $N = n+m$ 作为条件概率得出：

$$P\{N_1 = n, N_2 = m\} = P\{N_1 = n, N_2 = m | N = n+m\} P\{N = n+m\}$$

$$= P\{N_1 = n, N_2 = m | N = n+m\} \mathrm{e}^{-\lambda} \frac{\lambda^{n+m}}{(n+m)!}$$

但是，给定 $N = n+m$，因为 $n+m$ 中，每个事件是独立的 1 型事件或 2 型事件，因此，1 型事件的数量服从参数为 $(n+m, p)$ 的二项分布。因此：

$$P\{N_1 = n, N_2 = m\} = \binom{n+m}{n} p^n (1-p)^m \mathrm{e}^{-\lambda} \frac{\lambda^{n+m}}{(n+m)!}$$

$$= \frac{(n+m)!}{n!m!} p^n (1-p)^m \mathrm{e}^{-\lambda p} \mathrm{e}^{-\lambda(1-p)} \frac{\lambda^n \lambda^m}{(n+m)!}$$

$$= \mathrm{e}^{-\lambda p} \frac{(\lambda p)^n}{n!} \mathrm{e}^{-\lambda(1-p)} \frac{[\lambda(1-p)]^m}{m!}$$

对 m 求和得出：

$$P\{N_1 = n\} = \sum_m P\{N_1 = n, N_2 = m\}$$

$$= \mathrm{e}^{-\lambda p} \frac{(\lambda p)^n}{n!} \sum_m \mathrm{e}^{-\lambda(1-p)} \frac{[\lambda(1-p)]^m}{m!} = \mathrm{e}^{-\lambda p} \frac{(\lambda p)^n}{n!}$$

同样：

$$P = \{N_2 = m\} = \mathrm{e}^{-\lambda(1-p)} \frac{[\lambda(1-p)]^m}{m!}$$

从而验证了 N_1 和 N_2 确实是独立的泊松随机变量，其均值分别为 λp 和 $\lambda(1-p)$。

前面的结果可推广到更一般的情形，若有 r 个独立的事件类型，每种类型事件发生的概率为 $p_1, p_2, \cdots, p_r$，$\sum_{i=1}^{r} p_i = 1$，当 N_i 为 i 类事件（$i=1,2,\cdots,r$）数量的情况下，其均值为

$$E[N_i] = \lambda p_i, i = 1, 2, \cdots, r$$

3. 几何分布

考虑独立试验，每个试验成功的概率为 p。如果 X 表示第一次试验成功所需的次数，那么：

$$P\{X = n\} = p(1-p)^{n-1}, n \geq 1 \tag{2.7}$$

这个结果很容易得到，因为为了让第一次成功发生在第 n 次试验，前 $n-1$ 次试验必须全部失败，第 n 次试验才取得成功。在试验相互独立的情况下，式（2.7）成立。

一个具有由式（2.7）给出的概率质量函数的随机变量，被称为参数为 p 的几何随机变量，也称随机变量 X 符合参数为 p 的几何分布。几何随机变量的均值：

$$E[X] = \sum_{n=1}^{\infty} np(1-p)^{n-1} = \frac{1}{p}$$

式中利用到如下的代数恒等式，即当 $0<x<1$ 时，有：

$$\sum_{n=1}^{\infty} nx^{n-1} = \frac{\mathrm{d}}{\mathrm{d}x}\left(\sum_{n=0}^{\infty} x^n\right) = \frac{\mathrm{d}}{\mathrm{d}x}\left(\frac{1}{1-x}\right) = \frac{1}{(1-x)^2}$$

同样不难证明，几何随机变量的方差：

$$\mathrm{Var}(X) = \frac{1-p}{p^2}$$

4. 负二项分布

如果 X 表示每次独立试验成功的概率为 p，累积发生 r 次成功所需的试验次数，则称随机变量 X 服从参数为 p 和 r 的负二项分布。概率质量函数由下式得出：

$$P\{X=n\} = \binom{n-1}{r-1} p^r (1-p)^{n-r}, \quad n \geq r \tag{2.8}$$

为了理解为什么式（2.8）成立，请注意，为了准确地进行 n 次试验来累计 r 次成功，那么前 $n-1$ 次试验必须准确地获得 $r-1$ 次成功，其概率为 $\binom{n-1}{r-1} p^{r-1}(1-p)^{n-r}$，然后在第 n 次试验成功。

如果我们用 X_i $(i=1,\cdots,r)$ 表示在第 $i-1$ 次成功后获得第 i 次成功所需的试验次数，那么它们是参数为 p 的独立几何随机变量，即服从参数为 p 的几何分布。由于：

$$X = \sum_{i=1}^{r} X_i$$

因此：

$$E\{X\} = \sum_{i=1}^{r} E[X_i] = \frac{r}{p}$$

$$\mathrm{Var}(X) = \sum_{i=1}^{r} \mathrm{Var}(X_i) = \frac{r(1-p)}{p^2}$$

式中使用了几何分布的相应结果。

5. 超几何分布

考虑一个盒子内有 $N+M$ 个球，其中 N 个浅色球、M 个深色球。如果随机选择一个大小为 n 的样本【意味在 $\binom{N+M}{n}$ 的集合中，每个大小为 n 的子集都等可能地被选择】，那么其中浅色球的数量 X 具有概率质量函数：

$$P\{X=i\} = \frac{\binom{N}{i}\binom{M}{n-i}}{\binom{N+M}{n}}$$

具有前述概率质量函数的随机变量 X 就称为超几何随机变量。

假设这 n 个球是按顺序选择的，若

$$X_i = \begin{cases} 1 & \text{若第}i\text{个是浅色} \\ 0 & \text{其他} \end{cases}$$

那么：

$$X = \sum_{i=1}^{n} X_i \qquad (2.9)$$

因此：

$$E[X] = \sum_{i=1}^{n} E[X_i] = \frac{nN}{N+M}$$

上述公式利用了这样一个事实：由于对称性，第 i 个选择可能是 $N+M$ 个球中的任何一个，因此 $E[X_i] = P\{X_i = 1\} = N/(N+M)$。

由于 X_i 不是独立的（为什么不是），使用式（2.9）计算 $\text{Var}(X)$ 涉及协方差项。可以证明最终得到的结果：

$$\text{Var}(X) = \frac{nNM}{(N+M)^2}\left(1 - \frac{n-1}{N+M-1}\right)$$

2.9 连续随机变量

在本节中，我们将介绍一些连续随机变量。

1. 均匀分布

如果随机变量 X 的概率密度函数为下式，则称其为 $(a,b), a<b$ 区间上的均匀分布：

$$f(x) = \begin{cases} \dfrac{1}{b-a} & \text{若} a < x < b \\ 0 & \text{其他情况} \end{cases}$$

换句话说，如果 X 在该区间内的所有点上均匀取值，则 X 在 (a,b) 区间上是均匀分布的。

(a,b) 区间上均匀分布的随机变量的均值和方差如下所示：

$$E[X] = \frac{1}{b-a}\int_a^b x\,\mathrm{d}x = \frac{b^2 - a^2}{2(b-a)} = \frac{b+a}{2}$$

$$E[X^2] = \frac{1}{b-a}\int_a^b x^2\,\mathrm{d}x = \frac{b^3 - a^3}{3(b-a)} = \frac{a^2 + b^2 + ab}{3}$$

故而：

$$\text{Var}(X) = \frac{1}{3}(a^2 + b^2 + ab) - \frac{1}{4}(a^2 + b^2 + 2ab) = \frac{1}{12}(b-a)^2$$

因此，随机变量 X 的期望是区间 (a,b) 的中点。

当 $a < X < b$ 时，X 的概率分布函数由下式得出：

$$F(x) = P\{X \le x\} = \int_a^x (b-a)^{-1}\mathrm{d}x = \frac{x-a}{b-a}$$

2. 正态分布

如果随机变量 X 的概率密度函数为下式，则称其为均值为 μ、方差为 σ^2 的正态分布：

$$f(x) = \frac{1}{\sqrt{2\pi}\sigma}\mathrm{e}^{-(x-\mu)^2/2\sigma^2}, -\infty < x < \infty$$

正态分布的概率密度函数是一条在 μ 两侧对称的钟形曲线（见图 2.1）。

不难证明，参数 μ 和 σ^2 为正态分布的期望和方差。也就是说：

$$E[X] = \mu, \quad \text{Var}(X) = \sigma^2$$

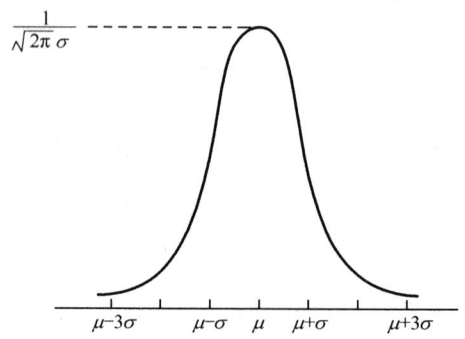

图 2.1 正态分布的概率密度函数

对于正态分布，有一点非常重要，即如果 X 服从均值为 μ、方差为 σ^2 的正态分布，那么对于任意常数 a 和 b，新的随机变量 $aX+b$ 服从均值为 $a\mu+b$、方差为 $a^2\sigma^2$ 的正态分布。由此可知，如果 X 服从均值为 μ、方差为 σ^2 的正态分布，那么：

$$Z = \frac{X-\mu}{\sigma}$$

服从均值为 0、方差为 1 的正态分布。随机变量 Z 被称作标准（或单位）正态分布。令 ϕ 为服从标准正态分布随机变量的概率分布函数，那么：

$$\phi(x) = \frac{1}{\sqrt{2\pi}} \int_{-\infty}^{x} e^{-x^2/2} dx, \quad -\infty < x < \infty$$

当 X 服从均值为 μ、方差为 σ^2 的任意正态分布时，通过变量替换 $Z=(X-\mu)/\sigma$ 可以得到标准正态分布。利用这一方法，我们能够根据 ϕ 来评估与 X 有关的所有概率特征。例如，X 的概率分布函数可以表示为：

$$\begin{aligned} F(x) &= P\{X \leq x\} \\ &= P\left\{\frac{X-\mu}{\sigma} \leq \frac{x-\mu}{\sigma}\right\} \\ &= P\left\{Z \leq \frac{x-\mu}{\sigma}\right\} \\ &= \phi\left(\frac{x-\mu}{\sigma}\right) \end{aligned}$$

$\phi(x)$ 的取值可以通过查表确定，也可以通过编写计算机程序得到近似解。

对于任意一个 (0,1) 区间的 α，令 z_α 满足：

$$P\{Z > z_\alpha\} = 1 - \phi(z_\alpha) = \alpha$$

也就是说，标准正态将以概率 α 大于 z_α（见图 2.2）。z_α 的值可以从 ϕ 值获得。例如，由于：

$$\phi(1.64) = 0.95, \quad \phi(1.96) = 0.975, \quad \phi(2.33) = 0.99$$

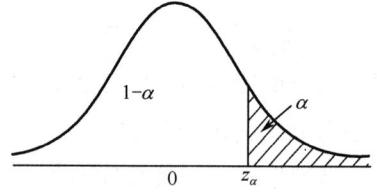

图 2.2　$P\{Z > z_\alpha\} = \alpha$

我们看到：
$$z_{0.05} = 1.64, \quad z_{0.025} = 1.96, \quad z_{0.01} = 2.33$$

正态分布的广泛适用性源于概率论最重要的定理之一——中心极限定理，该定理断言大量独立随机变量之和具有近似的正态分布。这个定理的最简单形式如下。

中心极限定理：设 $X_1, X_2, \cdots$ 是一个具有有限均值 μ 和有限方差 σ^2 的独立同分布随机变量序列，那么
$$\lim_{n \to \infty} P\left\{\frac{X_1 + \cdots + X_n - n\mu}{\sigma\sqrt{n}} < x\right\} = \phi(x)$$

3. 指数分布

如果连续随机变量 X 的概率密度函数为下式：
$$f(x) = \lambda e^{-\lambda x}, \quad 0 < x < \infty$$

则称其为符合参数 $\lambda (\lambda > 0)$ 的指数分布。其累积分布函数由下式给出：
$$F(x) = \int_0^x \lambda e^{-\lambda x} dx = 1 - e^{-\lambda x}, \quad 0 < x < \infty$$

容易验证，该随机变量的期望和方差分别为：
$$E[X] = \frac{1}{\lambda}, \quad \text{Var}(X) = \frac{1}{\lambda^2}$$

指数分布的关键属性是它们具有"无记忆性"，如果：
$$P\{X > s + t \mid X > s\} = P\{X > t\}, \quad \text{对于所有} s, t \geq 0 \tag{2.10}$$

则我们说非负随机变量 X 是无记忆的。

为了理解为什么上述属性被称为无记忆性，想象 X 代表某个元件的寿命，考虑元件已使用 s 时间的前提下，再使用 t 时间不会出现故障的概率，即有：

$P\{$元件已使用s时间的前提下，继续使用t时间不会出现故障$\} = P\{X > s + t \mid X > s\}$

式（2.10）表明，已使用 s 时间的元件，其剩余寿命不取决于 s。也就是说，不必记住元件已使用时间仍可以知道其剩余寿命的分布。

式（2.10）等价于：
$$P\{X > s + t\} = P\{X > s\}P\{X > t\}$$

由于上述公式在 X 符合指数分布时总是满足的——在这种情况下，$P\{X > x\} = e^{-\lambda x}$——因此指数随机变量是无记忆的（实际上，不难证明它们是唯一的无记忆随机变量）。

指数分布另一个有用的特性是，当它们乘以正的常数时仍然保持指数分布。为了理解这一点，假设 X 是参数为 λ 的指数随机变量，设 c 是一个正的常数。那么：
$$P\{cX \leq x\} = P\left\{X \leq \frac{x}{c}\right\} = 1 - e^{-\lambda x/c}$$

这表明 cX 服从参数为 λ/c 的指数分布。

令 $X_1, X_2, \cdots, X_n$ 是参数为 $\lambda_1, \lambda_2, \cdots, \lambda_n$ 的独立指数随机变量，另一个有用的结论是 $\min(X_1, X_2, \cdots, X_n)$ 服从参数为 $\sum_i \lambda_i$ 的指数分布，并且与哪个 X_i 最小无关。为了验证这一点，令 $M = \min(X_1, X_2, \cdots, X_n)$，则：

$$P\{X_j = \min_i X_i \mid M > t\} = P\{X_j - t = \min_i (X_i - t) \mid M > t\}$$
$$= P\{X_j - t = \min_i (X_i - t) \mid X_i > t, i - 1, \cdots n\} = P\{X_j = \min_i X_i\}$$

最后一个等式成立的原因是：由于指数随机变量的无记忆性，给定 X_i 大于 t，它大于 t 的量与参数 λ_i 呈指数关系。因此，假设给定所有 X_i 超过 t 的 $X_1-t, X_2-t, \cdots, X_n-t$ 的条件概率分布与 $X_1, X_2, \cdots, X_n$ 的无条件分布相同。因此，M 与哪个 X_i 最小无关。

M 服从参数为 $\sum_i \lambda_i$ 的指数分布，由下式得出：

$$P\{M > t\} = P\{X_i > t, i = 1, 2, \cdots, n\} = \prod_{i=1}^n P\{X_i > t\} = e^{-\sum_{i=1}^n \lambda_i t}$$

X_j 是最小随机变量的概率由下式得出：

$$\begin{aligned} P\{X_j = M\} &= \int P\{X_j = M | X_j = t\} \lambda_j e^{-\lambda_j t} dt \\ &= \int P\{X_j > t, i \neq j | X_j = t\} \lambda_j e^{-\lambda_j t} dt \\ &= \int P\{X_i > t, i \neq j\} \lambda_j e^{-\lambda_j t} dt \\ &= \int \left(\prod_{i \neq j} e^{-\lambda_i t} \right) \lambda_j e^{-\lambda_j t} dt \\ &= \lambda_j \int e^{-\sum_i \lambda_i t} dt \\ &= \frac{\lambda_j}{\sum_i \lambda_i} \end{aligned}$$

4. 泊松分布与伽马分布

假设"事件"在随机时间点发生，令 $N(t)$ 表示在时间间隔 $[0, t]$ 内发生的事件数量。如果这些事件满足以下条件，则称它们是一个参数为 λ，$\lambda > 0$ 的泊松过程。

（a） $N(0) = 0$。

（b）随机变量在不重叠的时间间隔内发生的事件数量是独立的。

（c）给定时间间隔内发生事件的数量分布，仅取决于时间间隔长度，而不取决于其位置。

（d） $\lim_{h \to 0} \frac{P\{N(h) = 1\}}{h} = \lambda$。

（e） $\lim_{h \to 0} \frac{P\{N(h) \geq 2\}}{h} = 0$。

条件（a）表示该过程从 0 时刻开始。条件（b），即独立增量假设，说明时间 t 内发生的事件数量 $[N(t)]$，与 t 和 $t+s$ 之间发生的事件数量 $[N(t+s) - N(t)]$ 是相互独立的。条件（c），即平稳增量假设，说明 $N(t+s) - N(t)$ 的概率分布在任意 t 时刻都是相同的。条件（d）和（e）说明，在长度为 h 的小间隔内，一个事件发生的概率大约是 λh，而两个或两个以上事件发生的概率大约为 0。

现在论证在上述假设下，时间长度 t 内发生的事件数量是一个具有均值 λh 的泊松随机变量。考虑时间间隔 $[0, t]$，并将其分为 n 个长度为 t/n 的不重叠子区间（见图 2.3）。首先考虑只包含一个事件的子区间数量。由于每个子区间独立地 [根据条件（b）] 以相同概率 [根据条件（c）] 包含一个事件，该概率近似为 $\lambda t/n$，因此这些子区间的数量服从参数为 n 和 $p \approx \lambda t/n$ 的二项分布。因此，通过令 $n \to \infty$ 以及二项分布收敛于泊松分布的论点，可以看出，这些子区间的数量收敛于均值为 λt 的泊松随机变量。由于条件（e）表明当 $n \to \infty$ 时，任何子区间包含两个或多个事件的概率趋于0,因此在[0,t]中发生的事件数量N(t)是服从均值λt的泊松分布。

图2.3 区间[0,t]

对于一个泊松过程,令X_1表示第一个事件发生的时间。而当$n>1$时,令X_n表示第$n-1$个和第n个事件发生的时间间隔。序列$\{X_n, n=1,2,\cdots\}$称作到达间隔时间序列。例如,如果$X_1=5$且$X_2=10$,则泊松过程的第一个事件将在时间5发生,第二个事件将在时间15发生。

现在确定X_n服从的分布。首先注意到,当且仅当在区间[0,t]中没有发生泊松过程事件时,事件$\{X_1>t\}$发生。因此:

$$P\{X_1 > t\} = P\{N(t) = 0\} = e^{-\lambda t}$$

因此,X_1服从均值为$1/\lambda$的指数分布。要获得X_2的分布,注意:

$$P\{X_2 > t | X_1 = s\} = P\{(s, s+t) 发生0个事件 | X_1 = s\}$$
$$= P\{(s, s+t) 发生0个事件\} = e^{-\lambda t}$$

式中后两个等式也是根据独立增量和稳定增量得到的。因此,从上述推论可以得出,X_2也是一个均值为$1/\lambda$的指数随机变量,并且X_2独立于X_1。重复相同的论证可以得到以下命题。

命题:到达间隔时间$X_1, X_2, \cdots$服从参数为λ、独立且同分布的指数分布。

令$S_n = \sum_{i=1}^{n} X_i$表示第n个事件发生的时间。由于S_n小于或等于t,当且仅当在时间t之前至少发生了n个事件,我们看到:

$$P\{S_n \leq t\} = P\{N(t) \geq n\} = \sum_{j=n}^{\infty} e^{-\lambda t} \frac{(\lambda t)^j}{j!}$$

由于公式左边是S_n的累积分布函数,微分计算可以得到S_n的概率密度函数【称为$f_n(t)$】:

$$f_n(t) = \sum_{j=n}^{\infty} j \lambda e^{-\lambda t} \frac{(\lambda t)^{j-1}}{j!} - \sum_{j=n}^{\infty} \lambda e^{-\lambda t} \frac{(\lambda t)^j}{j!}$$
$$= \sum_{j=n}^{\infty} \lambda e^{-\lambda t} \frac{(\lambda t)^{j-1}}{(j-1)!} - \sum_{j=n}^{\infty} \lambda e^{-\lambda t} \frac{(\lambda t)^j}{j!}$$
$$= \lambda e^{-\lambda t} \frac{(\lambda t)^{n-1}}{(n-1)!}$$

定义:具有概率密度函数的随机变量

$$f(t) = \lambda e^{-\lambda t} \frac{(\lambda t)^{n-1}}{(n-1)!}, \quad t > 0$$

被称为服从参数为(n, λ)的伽马分布。

由此我们看到,参数为λ的泊松过程的第n个事件的发生时间S_n,服从参数为(n, λ)的伽马分布。此外,从$S_n = \sum_{i=1}^{n} X_i$以及前述命题中可以得到以下推论。

推论:n个独立的指数随机变量(每个变量都服从参数为λ的指数分布)之和,是参数为(n, λ)的伽马随机变量。

5. 非齐次泊松分布

从建模的角度来看，泊松过程的主要弱点是它假设事件在所有相等长度的间隔中发生的可能性相同。放宽这一假设可得到非齐次或非平稳的泊松过程。

如果"事件"在时间中随机发生，且 $N(t)$ 表示时间 t 之前发生的事件数量，那么我们说在满足如下条件时，$\{N(t), t \geq 0\}$ 构成了服从 $\lambda(t), t \geq 0$ 的非齐次泊松过程。

（a） $N(0) = 0$。

（b） 随机变量在不重叠的时间间隔内发生的事件数量是独立的。

（c） $\lim_{h \to 0} P\{t 与 t+h 之间仅发生1个事件\}/h = \lambda(t)$。

（d） $\lim_{h \to 0} P\{t 与 t+h 之间发生2个或多个事件\}/h = 0$。

由下式定义的函数 $m(t)$ 称为均值函数：

$$m(t) = \int_0^t \lambda(s)\mathrm{d}s, t \geq 0$$

可以证明以下结果。

命题：$N(t+s) - N(t)$ 服从均值为 $m(t+s) - m(t)$ 的泊松分布。

t 时刻的密度函数 $\lambda(t)$，表明了事件在 t 时刻前后发生的可能性［当 $\lambda(t) = \lambda$ 时，非齐次泊松过程就是一般的泊松过程］，以下命题是对非齐次泊松过程的一个解释。

命题：假设事件按照参数为 λ 的泊松过程发生，且独立于之前发生的任何事件，在 t 时刻发生的事件以概率 $p(t)$ 被计数。那么被计数的事件过程就构成密度函数为 $\lambda(t) = \lambda p(t)$ 的非齐次泊松过程。

证明：全部满足先前给定的条件，可以证明该命题。条件（a）、（b）和（d）均成立，因为相应的结果对于所有（而不仅仅是计数的）事件都为真。条件（c）成立，因为

$P\{在 t 与 t+h 之间被计数的事件有1个\}$
$= P\{1个事件发生且被计数\} + P\{2个或更多事件发生但只有1个被计数\}$
$\approx \lambda h p(t)$

2.10 条件期望与条件方差

如果 X 和 Y 是联合离散随机变量，定义 $E[X|Y=y]$ 为给定 $Y=y$ 时 X 的条件期望：

$$E[X|Y=y] = \sum_x xP\{X=x|Y=y\}$$

$$= \frac{\sum_x xP\{X=x, Y=y\}}{P\{Y=y\}}$$

换句话说，给定 $Y=y$ 时 X 的条件期望，就是在 $Y=y$ 条件下 X 所有可能取值的加权平均。

同样，如果 X 和 Y 是密度函数为 $f(x,y)$ 的联合连续变量，则在 $Y=y$ 时 X 的条件期望定义为：

$$E[X|Y=y] = \frac{\int xf(x,y)\mathrm{d}x}{\int f(x,y)\mathrm{d}x}$$

令 $E[X|Y]$ 表示随机变量 Y 的函数，其在 $Y=y$ 时的值为 $E[X|Y=y]$；注意，$E[X|Y]$ 本身是一个随机变量。可以得到以下命题。

命题：
$$E[E[X|Y]] = E[X] \quad (2.11)$$

如果 Y 是离散随机变量，则式（2.11）为：
$$E[X] = \sum_y E[X|Y=y]P\{Y=y\}$$

而如果 Y 是连续的，并且具有密度函数 g，则式（2.11）为：
$$E[X] = \int E[X|Y=y]g(y)\mathrm{d}y$$

现在给出 X 和 Y 是离散变量时前面命题的证明：
$$\sum_y E[X|Y=y]P\{Y=y\} = \sum_y \sum_x xP\{X=x|Y=y\}P\{Y=y\}$$
$$= \sum_y \sum_x xP\{X=x, Y=y\}$$
$$= \sum_x x \sum_y P\{X=x, Y=y\}$$
$$= \sum_x xP\{X=x\} = E[X]$$

我们也可以定义给定 Y 的值时 X 的条件方差：
$$\mathrm{Var}(X|Y) = E[(X-E[X|Y])^2|Y]$$

也就是说，$\mathrm{Var}(X|Y)$ 是 Y 的函数，在 $Y=y$ 时，其等于给定 $Y=y$ 时 X 的方差。根据得到恒等式 $\mathrm{Var}(X) = E[X^2] - (E[X])^2$ 的相同推理方法，我们有：
$$\mathrm{Var}(X|Y) = E[X^2|Y] - (E[X|Y])^2$$

取等式两边的期望有：
$$E[\mathrm{Var}(X|Y)] = E[E[X^2|Y]] - E[(E[X|Y])^2]$$
$$= E[X^2] - E[(E[X|Y])^2] \quad (2.12)$$

此外，由于 $E[E[X|Y]] = E[X]$，我们有：
$$\mathrm{Var}(E[X|Y]) = E[(E[X|Y])^2] - (E[X])^2 \quad (2.13)$$

式（2.12）和式（2.13）相加，可得到以下恒等式，即条件方差公式：
$$\mathrm{Var}(X) = E[\mathrm{Var}(X|Y)] + \mathrm{Var}(E[X|Y])$$

习题

1. a. 对于任何事件 A 和 B，证明：
$$A \cup B = A \cup A^c B$$
$$B = AB \cup A^c B$$

   b. 证明：
$$P(A \cup B) = P(A) + P(B) - P(AB)$$

2. 考虑一个由 6 匹马组成的实验，编号为 1 到 6，正在进行比赛，假设样本空间为
$$S = \{1,2,3,4,5,6 \text{的所有排序}\}$$

令事件 A 表示 1 号马是排名前三的马，事件 B 表示 2 号马排名第二，事件 C 表示 3 号马排名第三。

   a. 描述事件 $A \cup B$，该事件包含多少种结果？

b. 事件 AB 包含多少种结果？

c. 事件 ABC 包含多少种结果？

d. 事件 A∪BC 包含多少种结果？

3. 一对夫妇有两个孩子。如果知道老大是女孩，两个孩子都是女孩的概率是多少？假设所有 4 种可能是等概率的。

4. 国王出生在两孩家庭。另一个孩子是他哥哥的概率是多少？

5. 对于某个值 c，随机变量 X 取 1、2、3、4 中任意一个的概率是
$$P=\{X=i\}=ic,\ i=1,2,3,4$$
求 $P\{2\leq X\leq 3\}$。

6. 连续随机变量 X 的概率密度函数为：
$$f(x)=cx, 0<x<1$$
求 $P\left\{X>\dfrac{1}{2}\right\}$。

7. 如果 X 和 Y 的联合概率密度函数为
$$f(x,y)=2\mathrm{e}^{-(x+2y)}, 0<x<\infty, 0<y<\infty$$
求 $P\{X<Y\}$。

8. 求习题 5 中随机变量的期望。

9. 求习题 6 中随机变量的期望。

10. 有 10 种不同类型的代金券，每人每次以相等概率获得一张券。令 X 表示 N 张代金券中包含的类型个数，求 $E[X]$。提示：$i=1,\cdots,10$ 时，令
$$X_i=\begin{cases}1 & 若N张券中有第i类券\\ 0 & 否则\end{cases}$$
将 X 表示为 $X=\sum\limits_{i=1}^{10}X_i$。

11. 掷一个有 6 个面的骰子。如果 6 个面是等可能出现的，求抛出某个数字的方差。

12. 假设 X 的概率密度函数为
$$f(x)=c\mathrm{e}^x, 0<x<1$$
求 $\mathrm{Var}(X)$。

13. 证明 $\mathrm{Var}(aX+b)=a^2\mathrm{Var}(X)$。

14. 假设一罐苹果汁中所含的液体容量 X 是一个均值为 4 克的随机变量，

a. 给定容器中含有超过 6 克液体的概率是多少？

b. 如果 $\mathrm{Var}(X)=4(\mathrm{grams})^2$，则给定容器含有 3 到 5 克液体的概率是多少？

15. 一架飞机至少需要一个发动机才能安全完成任务。如果每个发动机都独立地以 p 的概率正常运行，在 p 为多少的情况下，配备三个发动机的飞机比五个发动机的飞机更安全？

16. 对于参数为 (n,p) 的二项随机变量 X，证明 $P\{X=i\}$ 先增大后减小；当 i 是小于或等于 $(n+1)p$ 的最大整数时，$P\{X=i\}$ 达到最大值。

17. 如果 X 和 Y 是独立的二项随机变量，具有参数 (n,p) 和 (m,p)，则无须任何计算，即可得知 $X+Y$ 是具有参数 $(n+m,p)$ 的二项随机变量。

18. 解释为什么下列随机变量都近似为泊松分布。

a. 这本书某一章中印刷错误的数目。
b. 每天拨错的电话号码数。
c. 某一天进入某邮局的顾客数量。

19. 如果 X 是参数为 λ 的泊松随机变量，证明
a. $E[\lambda] = \lambda$。
b. $\text{Var}(X) = \lambda$。

20. 令 X 和 Y 为独立的泊松随机变量，参数分别为 λ_1 和 λ_2。使用习题 17 的结果启发式地证明 $X+Y$ 是参数为 $\lambda_1+\lambda_2$ 的泊松分布。然后给出一个解析证明。提示：

$$P\{X+Y=k\} = \sum_{i=0}^{k} P\{X=i, Y=k-i\} = \sum_{i=0}^{k} P\{X=i\}P\{Y=k-i\}$$

21. 解释如何利用以下关系

$$p_{i+1} = \frac{\lambda}{i+1} p_i$$

高效计算泊松分布概率。

22. 当 X 是参数为 p 的几何分布随机变量时，求 $P\{X>n\}$。

23. 两名玩家进行一个游戏，直到一人赢得五场为止。如果玩家 A 以 0.6 的概率赢得每场比赛，她赢得比赛的概率是多少？

24. 考虑 2.8 节的超几何分布，并假设所有白球都有编号。当 $i=1,2,\cdots,N$ 时，令

$$Y_i = \begin{cases} 1 & \text{编号} i \text{的白球被选中} \\ 0 & \text{其他} \end{cases}$$

证明 $X = \sum_{i=1}^{N} Y_i$，然后运用这一关系求出 $E[X]$。验证是否与 2.8 节给出的结果一致。

25. 公交车将在早上 8 点到 8 点半之间均匀到达。如果我们早上 8 点到达，那我们等待 5 到 15 分钟的概率是多少？

26. 对于参数为 μ 和 σ^2 的正态随机变量，证明
a. $E[X] = \mu$
b. $\text{Var}(X) = \sigma^2$

27. 令 X 是一个参数为 (n,p) 的二项随机变量。解释为何 n 较大时，

$$P\left\{\frac{X-np}{\sqrt{np(1-p)}} \leq x\right\} \approx \frac{1}{\sqrt{2\pi}} \int_{-\infty}^{x} e^{-x^2/2} dx$$

28. 如果 X 是一个参数为 λ 的指数随机变量，证明
a. $E[X] = 1/\lambda$
b. $\text{Var}(X) = 1/\lambda^2$

29. A、B、C 三人在一家早上开门时有两个出纳员的银行门口等待。A 和 B 各到一名出纳员接受服务，C 顾客排队等候。如果服务时间是一个参数为 λ 的指数随机变量，那么 C 是最后一个离开银行的概率是多少？【提示：无须计算】

30. 令 X 和 Y 为独立的指数随机变量，其参数分别为 λ 和 μ。那么，$\max(X,Y)$ 是指数随机变量吗？

31. 考虑一个泊松过程，其中事件以每小时 0.3 的速率发生。在上午 10 点到下午 2 点之

间没有事件发生的概率是多少？

32．对于参数为 λ 的泊松过程，求出当 $s<t$ 时 $P\{N(s)=k|N(t)=n\}$。

33．当 $s>t$ 时，重做习题 32。

34．具有如下概率密度函数的随机变量 X：

$$f(x)=\frac{\lambda \mathrm{e}^{-\lambda x}(\lambda x)^{\alpha-1}}{\Gamma(\alpha)}, x>0$$

服从参数为 $\alpha>0, \lambda>0$ 的伽马分布，其中 $\Gamma(\alpha)$ 是伽马函数：

$$\Gamma(\alpha)=\int_0^\infty \mathrm{e}^{-x} x^{\alpha-1}\mathrm{d}x, \alpha>0$$

a．证明 $\Gamma(\alpha)$ 是一个概率密度函数，即证明它是非负的且积分为 1。

b．用分部积分法证明

$$\Gamma(\alpha+1)=\alpha\Gamma(\alpha)$$

c．证明 $n\geq 1$ 时，$\Gamma(n)=(n-1)!$。

d．求 $E[X]$。

e．求 $\mathrm{Var}[X]$。

35．具有以下概率密度函数的随机变量 X：

$$f(x)=\frac{x^{a-1}(1-x)^{b-1}}{B(a,b)}, 0<x<1$$

服从参数为 $a>0, b>0$ 的 beta 分布，其中 $B(a,b)$ 是 beta 函数：

$$B(a,b)=\int_0^1 x^{a-1}(1-x)^{b-1}\mathrm{d}x$$

可以证明：

$$B(a,b)=\frac{\Gamma(a)\Gamma(b)}{\Gamma(a+b)}$$

式中 Γ 是伽马函数，证明 $E(X)=\dfrac{a}{a+b}$。

36．一个瓮里有 4 个白球和 6 个黑球。选择大小为 4 的随机样本。令 X 表示样本中白球的数量。现在从瓮中剩下的 6 个球中再选一个球。如果这个球是白色的，则令 Y 等于 1，如果是黑色的，则令 Y 等于 0。求：

a．$E[Y|X=2]$。

b．$E[Y|X=1]$。

c．$\mathrm{Var}(Y|X=0)$。

d．$\mathrm{Var}(Y|X=1)$。

37．如果 X、Y 是独立同分布的指数随机变量，证明给定 $X+Y=t$ 条件时，X 的分布是 $(0,1)$ 区间上的均匀分布。

38．令 U 为 $(0,1)$ 区间上均匀分布的随机变量。证明 $(U, 1-U)$ 在 $(0,1/2)$ 区间上均匀分布，且 $\max(U, 1-U)$ 在 $(1/2, 1)$ 区间上均匀分布。

39．标准正态分布函数 ϕ 的反函数为 $\phi^{-1}(\alpha)$，证明当 Z 为标准正态分布时，若 $P(Z>z_\alpha)=1$，则 $z_\alpha=\phi^{-1}(1-\alpha)$。

40．若 F 是均值为 μ、方差为 σ^2 的正态分布函数，写出其反函数 F^{-1} 与标准正态分布反

函数 ϕ^{-1} 的关系式。

41. 令 X 为非负连续随机变量，其分布函数为 F，密度为 $F' = f$。令

$$\lambda(s) = \frac{f(s)}{1-F(s)}, s \geq 0$$

a. 证明

$$P(s < X < s+h | X > s) = \frac{\int_s^{s+h} f(y) \mathrm{d}y}{1-F(s)}$$

b. 如果 h 较小，证明 $P(s < X < s+h | X > s) \approx \lambda(s)h$。

42. 令 U 为 $(0,1)$ 区间上均匀分布的随机变量。

a. 当 $a < b$ 时，证明 $a + (b-a)U$ 在 (a,b) 区间上均匀分布。

b. 当 $0 < a < b < 1$ 时，求在 $a < U < b$ 的条件下，U 的条件分布。

参考文献

Feller, W., 1968. An Introduction to Probability Theory and Its Applications, 3rd ed. Wiley, New York.

Ross, S.M., 2019a. A First Course in Probability, 10th ed. Prentice Hall, New Jersey.

Ross, S.M., 2019b. Introduction to Probability Models, 12th ed. Academic Press, New York.

第3章　随机数

仿真研究的基础是生成随机数的能力，其中随机数表示的是 (0,1) 区间上均匀分布的随机变量。在本章中，我们将解释如何由计算机生成这些数字，并说明它们的用途。

3.1　伪随机数生成

随机数最初通过手工或机械方式生成，如旋转轮盘、掷骰子或洗牌等技术，而现代方法则是使用计算机连续生成伪随机数。这些伪随机数构成了一个值序列，尽管它们是确定性生成的，但看起来却像是 (0,1) 区间独立的均匀分布。生成伪随机数最常见的方法之一是从初始值 x_0（也称为种子）开始，然后通过以下方式递归计算后续的 $x_n, n \geq 1$：

$$x_n = ax_{n-1} \bmod m \tag{3.1}$$

其中 a 和 m 是给定的正整数。上述公式表示 ax_{n-1} 除以 m，余数作为 x_n 的值。因此，x_n 的取值是 $0, 1, \cdots, m-1$ 中的一个，而 x_n/m——称作伪随机数——则是 (0,1) 区间上均匀分布的随机变量的近似值。

通过式（3.1）生成随机数的方法称为乘法同余法。由于每个 x_n 都假定为 $0, 1, \cdots, m-1$ 中的一个值，因此在生成一定数量（最多为 m）的值之后，必然会产生自身的重复；一旦发生这种情况，整个序列将开始重复。因此，我们希望选择常数 a 和 m，以便对于任何初始种子 x_0，在这种重复发生之前可以生成很大规模的随机数。

通常，常数 a 和 m 应满足 3 个标准：

（1）对于任何初始种子，生成的随机数序列在"外观"上应与在 (0,1) 区间上均匀分布相近。

（2）对于任何初始种子，在重复开始之前可生成的随机数规模应该较大。

（3）可以在数字计算机上，高效地计算生成这些随机数。

在满足上述 3 个标准后，一个好的方法是将 m 选择为可以适应计算机字长的最大素数。对于 32 位计算机（其中第一位是符号位），已经证明选择 $m = 2^{31} - 1$ 和 $a = 7^5 = 16807$ 可以产生理想的属性（对于 32 位计算机，选择 $m = 2^{31} - 31$ 和 $a = 5^5$ 似乎效果良好）。

另一种伪随机数的生成器使用以下递归：

$$x_n = (ax_{n-1} + c) \bmod m$$

这种类型的生成器被称为混合同余生成器（因为它们同时包含加法项和乘法项）。使用这种类型的生成器时，人们通常将 m 选择为计算机的字长，因为这使得 $(ax_{n-1} + c) \bmod m$——也就是说 $ax_{n-1} + c$ 除以 m——的计算非常有效。

作为系统仿真的起点，在此我们假设可以生成一个近似在 (0,1) 区间均匀分布的独立伪随机数序列。也就是说，我们不探讨与构建"好"的伪随机数生成器相关的理论问题。相反，假设有一个"黑箱"在请求时可以提供随机数。

3.2 使用随机数估计积分

随机数最早用于积分计算。令 $g(x)$ 是一个函数，计算它在 $0 \sim 1$ 区间上的积分 θ

$$\theta = \int_0^1 g(x)\mathrm{d}x$$

如果 U 是 $(0,1)$ 区间上的均匀分布，θ 可以表示为

$$\theta = E[g(U)]$$

如果 $U_1, \cdots, U_k$ 是符合 $(0,1)$ 区间均匀分布的独立随机变量，则 $g(U_1), \cdots, g(U_k)$ 是均值为 θ 的独立同分布随机变量。根据强大数定律，以下公式以概率 1 成立：

$$\sum_{i=1}^k \frac{g(U_i)}{k} \to E[g(U)] = \theta, k \to \infty$$

因此，我们可以通过生成大量的随机数 u_i，并将 $g(u_i)$ 的均值作为 θ 的近似值。这种近似积分的方法叫作蒙特卡罗（Monte Carlo）方法。

如要计算

$$\theta = \int_a^b g(x)\mathrm{d}x$$

那么，通过代换 $y = (x-a)/(b-a), \mathrm{d}y = \mathrm{d}x/(b-a)$，可以得到

$$\theta = \int_0^1 g(a+(b-a)y)(b-a)\mathrm{d}y = \int_0^1 h(y)\mathrm{d}y$$

其中 $h(y) = (b-a)g(a+(b-a)y)$。因此，可以通过不断生成随机数，然后取 h 在这些随机数上的均值来近似 θ。

同样，如要计算

$$\theta = \int_0^\infty g(x)\mathrm{d}x$$

代入 $y = 1/(x+1), \mathrm{d}y = -\mathrm{d}x/(x+1)^2 = -y^2\mathrm{d}x$，可得恒等式

$$\theta = \int_0^1 h(y)\mathrm{d}y$$

式中

$$h(y) = \frac{g\left(\dfrac{1}{y}-1\right)}{y^2}$$

对于多维函数积分的情况，使用随机数来近似积分的作用更为明显。假设 g 是一个具有 n 维自变量的函数，计算下式

$$\theta = \int_0^1 \int_0^1 \cdots \int_0^1 g(x_1, \cdots, x_n)\mathrm{d}x_1\mathrm{d}x_2\cdots\mathrm{d}x_n$$

蒙特卡罗方法估计 θ 的关键在于，θ 可以表示为以下期望：

$$\theta = E[g(U_1, \cdots, U_n)]$$

式中 $U_1, \cdots, U_n$ 为 $(0,1)$ 区间上独立的均匀分布。因此，如果我们生成 k 个独立的随机数集合，每个集合由 n 个独立的 $(0,1)$ 均匀随机变量组成

$$U_1^1, \cdots, U_n^1$$
$$U_1^2, \cdots, U_n^2$$
$$\vdots$$

$$U_1^k, \cdots, U_n^k$$

则由于随机变量 $g(U_1^i, \cdots, U_n^i), i = 1, \cdots, k$ 都是独立同分布、均值为 θ 的随机变量，可以用 $\sum_{i=1}^{k} g(U_1^i, \cdots, U_n^i)/k$ 来估算 θ。

作为上述方法的应用，考虑估算 π 的方法。

例 3a （π **的估计**）：假设随机向量 (X, Y) 均匀分布在以原点为中心、面积为 4 的正方形中，即它是图 3.1 所示区域中的一个随机点。现考虑这个随机点落在半径为 1 的内切圆内的概率（见图 3.2），由于 (X, Y) 在正方形中均匀分布，可以得出

$$P\{(X,Y)在圆内\} = P\{X^2 + Y^2 \leq 1\} = \frac{圆的面积}{正方形面积} = \frac{\pi}{4}$$

因此，如果在正方形中生成大量随机点，落在圆内的点的比例应该大约为 $\pi/4$。如果 X 和 Y 独立均匀分布在 $(-1,1)$ 区间上，它们的联合密度就是

$$f(x,y) = f(x)f(y) = \frac{1}{2} \cdot \frac{1}{2} = \frac{1}{4}, -1 \leq x \leq 1, -1 \leq y \leq 1$$

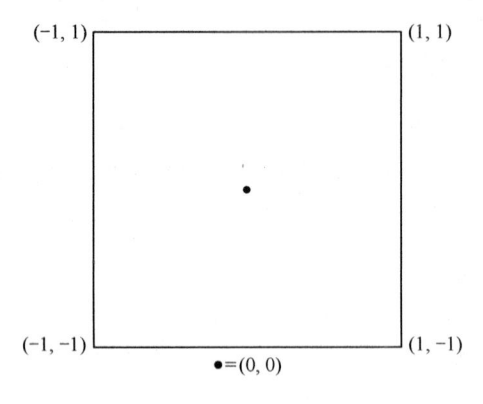

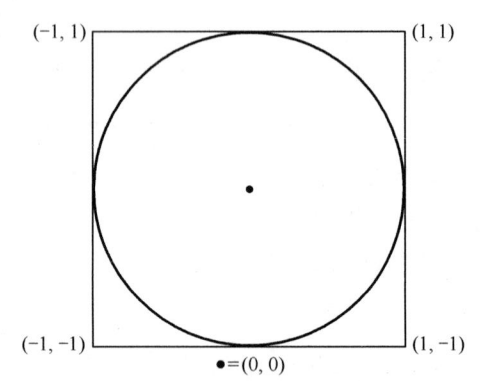

图 3.1　正方形　　　　　　　图 3.2　正方形中的圆形

由于 (X, Y) 的概率密度函数在正方形中是常数，因此 (X, Y) 在正方形中均匀分布。现在，若 U 在 $(0,1)$ 区间上均匀分布，$2U$ 则在 $(0,2)$ 上均匀分布，$2U-1$ 则在 $(-1,1)$ 上均匀分布。因此，生成随机数 U_1 和 U_2，令 $X = 2U_1 - 1$，$Y = 2U_2 - 1$，并定义

$$I = \begin{cases} 1 & X^2 + Y^2 \leq 1 \\ 0 & 其他 \end{cases}$$

那么

$$E[I] = P\{X^2 + Y^2 \leq 1\} = \frac{\pi}{4}$$

我们可以生成大量随机数对 (u_1, u_2)，通过判断满足 $(2u_1 - 1)^2 + (2u_2 - 1)^2 \leq 1$ 的随机数对比例来估算 $\pi/4$。

因此，可以使用随机数生成器生成 $(0,1)$ 区间上均匀分布的随机变量。本书从随机数开始，在第 4 章和第 5 章介绍了如何生成任意指定分布的随机变量。有了这种生成任意指定分布随机变量的能力，我们就能够模拟一个概率系统——也就是说，我们能够根据系统指定的概率模型，生成系统随着时间演变的所有随机量。

习题

1. 如果 $x_0 = 5$ 且
$$x_n = 3x_{n-1} \bmod 150$$
求 $x_1, \cdots, x_{10}$。

2. 如果 $x_0 = 3$ 且
$$x_n = (5x_{n-1} + 7) \bmod 200$$
求 $x_1, \cdots, x_{10}$。

在习题 3~9 中，使用蒙特卡罗方法近似计算下列积分。将估算值与准确答案进行比较。

3. $\int_0^1 \exp\{e^x\} dx$

4. $\int_0^1 (1-x^2)^{3/2} dx$

5. $\int_{-2}^2 e^{x+x^2} dx$

6. $\int_0^\infty x(1+x^2)^{-2} dx$

7. $\int_{-\infty}^\infty e^{-x^2} dx$

8. $\int_0^1 \int_0^1 e^{(x+y)^2} dy dx$

9. $\int_0^\infty \int_0^x e^{-(x+y)} dy dx$

［提示：令 $I_y(x) = \begin{cases} 1 & \text{若} y < x \\ 0 & \text{若} y \geq x \end{cases}$，并用这个函数从 0 到 ∞ 进行积分，使积分为 1］

10. 使用蒙特卡罗方法近似 $\text{Cov}(U, e^U)$，其中 U 在 $(0,1)$ 区间上均匀分布，并将估算值与准确答案进行比较。

11. 令 U 在 $(0,1)$ 区间上均匀分布。用蒙特卡罗方法近似：

a. $\text{Corr}(U, \sqrt{1-U^2})$。

b. $\text{Corr}(U^2, \sqrt{1-U^2})$。

12. 服从 $(0,1)$ 区间上均匀分布的随机变量 $U_1, U_2, \cdots$，定义
$$N = \text{Minimum}\left\{n : \sum_{i=1}^n U_i > 1\right\}$$

即 N 等于随机数求和大于 1 的个数。

a. 生成 100 个 N 值估算 $[E(N)]$。

b. 生成 1000 个 N 值估算 $[E(N)]$。

c. 生成 10000 个 N 值估算 $[E(N)]$。

d. 你认为 $E(N)$ 的值是多少？

13. 令 $U_i, i \geq 1$ 为随机数，定义 N 为
$$N = \text{Maximum}\left\{n : \prod_{i=1}^n U_i \geq e^{-3}\right\}$$

其中，$\prod_{i=1}^{0} U_i \equiv 1$。

a. 通过蒙特卡罗方法计算 $E(N)$。

b. 通过蒙特卡罗方法计算 $P(N=i), i=0,1,2,3,4,5,6$。

14. 令 $x_1 = 23, x_2 = 66$，且

$$x_n = 3x_{n-1} + 5x_{n-2} \bmod 100, \quad n \geq 3$$

将序列 $u_n = x_n/100, n \geq 1$ 称为文本随机数序列。求出它的前 14 个值。

参考文献

Knuth, D., 2000. The art of computer programming. In: Seminumerical Algorithms, 2nd ed., vol. 2. Addison-Wesley, Reading, MA.

L'Ecuyer, P., 1990. Random numbers for simulation. Communications of the ACM 33.

Marsaglia, G., 1962. Random numbers fall mainly in the planes. Proceedings of the National Academy of Sciences of the United States of America 61, 25–28.

Marsaglia, G., 1972. The structure of linear congruential sequences. In: Zaremba, S.K. (Ed.), Applications of Number Theory to Numerical Analysis. Academic Press, London, pp. 249–255.

Naylor, T., 1966. Computer Simulation Techniques. Wiley, New York.

Ripley, B., 1986. Stochastic Simulation. Wiley, New York.

von Neumann, J., 1951. Various techniques used in connection with random digits, 'Monte Carlo method'. National Bureau of Standards Applied Mathematics Series 12, 36–38.

第 4 章 生成离散随机变量

4.1 逆变换方法

假设要生成一个离散随机变量 X 概率质量函数,其为

$$P = \{X = x_j\} = p_j \quad j = 0, 1, \cdots, \quad \sum_j p_j = 1$$

为了实现这一目标,我们生成一个随机数 U,即 U 在 $(0,1)$ 区间均匀分布,并设

$$X = \begin{cases} x_0 & \text{若} U < p_0 \\ x_1 & \text{若} p_0 \leq U < p_0 + p_1 \\ \vdots \\ x_j & \text{若} \sum_{i=0}^{j-1} p_i \leq U \leq \sum_{i=0}^{j} p_i \\ \vdots \end{cases}$$

由于,当 $0 < a < b < 1, p\{a \leq U < b\} = b - a$ 时,有

$$P\{X = x_j\} = P\left\{\sum_{i=0}^{j-1} p_i \leq U < \sum_{i=0}^{j} p_i\right\} = p_j$$

因此,X 有期望分布。

注释:

(1) 前面的表达式可以用算法表示为生成一个随机数 U:如果 $U < p_0$,则设 $X = x_0$ 并停止;如果 $U < p_0 + p_1$,则设 $X = x_1$ 并停止;如果 $U < p_0 + p_1 + p_2$,则设 $X = x_2$ 并停止,以此类推。

(2) 如果 $x_i, i \geq 0$ 为有序的,使得 $x_0 < x_1 < x_2 < \cdots$,如果我们令 F 表示 X 的分布函数,那么 $F(x_k) = \sum_{i=0}^{k} p_i$。因此,如果 $F(x_{j-1}) \leq U < F(x_j)$,则 X 将等于 x_j。换句话说,在生成一个随机数 U 之后,我们通过找到 U 所在的区间 $[F(x_{j-1}), F(x_j)]$ [或者,等价地,通过找到 $F(U)$ 的倒数]来确定 X 的值。正因如此,上述方法称为生成 X 的离散逆变换方法。

通过上述方法生成离散随机变量所需的时间与必须搜索的区间数量成正比。因此,有时值得考虑按 p_j 的降序排列 X 的可能值 x_j。

例 4a: 如果要模拟一个随机变量 X,使得:

$$p_1 = 0.20, p_2 = 0.15, p_3 = 0.25, p_4 = 0.40 \quad \text{其中} p_j = P\{X = j\}$$

那么就可以生成 U,并进行以下计算:如果 $U < 0.20$,则设 $X = 1$ 并停止;如果 $U < 0.35$,则设 $X = 2$ 并停止;如果 $U < 0.60$,则设 $X = 3$ 并停止;否则设 $X = 4$。

然而,一个更有效的计算如下:如果 $U < 0.40$,则设 $X = 4$ 并停止;如果 $U < 0.65$,则设 $X = 3$ 并停止;如果 $U < 0.85$,则设 $X = 1$ 并停止;否则设 $X = 2$。

当期望的随机变量是离散均匀随机变量时,无须搜索随机数所在的适当区间。也就是说,假

设要生成 X 的值,它同等可能取 $1,2,\cdots,n$ 中任意一个值的概率,即 $P\{X=j\}=1/n, j=1,2,\cdots,n$。根据前面的结果,可以通过生成 U,然后设如果 $\frac{j-1}{n} \leq U < \frac{j}{n}$,则 $X=j$。

因此,当 $j-1 \leq nU < j$ 时,$X=j$;换句话说,$X = \text{Int}(nU)+1$,其中 $\text{Int}(x)$(有时写成 $[x]$)是 x 的整数部分(小于或等于 x 的最大整数)。

离散均匀随机变量在模拟中非常重要,如以下两个例子所示。

例 4b(生成随机排列): 假设要生成数字 $1,2,\cdots,n$ 的排列,使得所有的 $n!$ 可能排序同等可能。要完成下面的算法,将首先随机选择数字 $1,2,\cdots,n$,然后把这个数字放到 n 的位置上;然后从剩下的 $n-1$ 个数字中随机选择一个,并把它放在 $n-1$ 的位置上;接下来从剩下的 $n-2$ 个数字中随机选择一个,并把它放在 $n-2$ 的位置上;以此类推(随机选择一个数字意味着剩下的每个数字被选中的概率相同)。然而,为了不考虑哪些数字还需要定位,一个方便高效的方法是,将数字保持在有序列表中,然后随机选择数字的位置而不是数字本身。也就是说,从任意初始顺序 $P_1, P_2, \cdots, P_n$ 开始,随机选择一个位置 $1,2,\cdots,n$,然后将该位置上的数字与 n 位置上的数字交换。现在随机选择一个位置 $1,2,\cdots,n-1$,并将该位置上的数字与 $n-1$ 位置上的数字交换,以此类推。

回顾一下,$\text{Int}(kU)+1$ 将同样可能取 $1,2,\cdots,k$ 中的任意一个值,可以看到,上面生成随机排列的算法可以写成:

步骤 1:令 $P_1, P_2, \cdots, P_n$ 是 $1,2,\cdots,n$ 的任意排列(例如,可以选择 $P_j = j, j=1,2,\cdots,n$)。

步骤 2:设 $k=n$。

步骤 3:生成一个随机数 U 并令 $I = \text{Int}(kU)+1$。

步骤 4:交换 P_I 和 P_k 的值。

步骤 5:令 $k=k-1$,若 $k>1$,则返回步骤 3。

步骤 6:$P_1, P_2, \cdots, P_n$ 是期望的随机排列。

例如,假设 $n=4$,初始排列是 $1,2,3,4$。如果 I 的第一个值(同等可能是 1、2、3 或 4)是 $I=3$,则位置 3 和 4 上的元素互换,因此新的排列是 $1,2,4,3$。如果 I 的下一个值是 $I=2$,那么位置 2 和 3 上的元素互换,因此新的排列是 $1,4,2,3$。如果 I 的最终值是 $I=2$,那么最终的排列是 $1,4,2,3$,这就是随机排列的值。

上述算法的一个非常重要的属性是,它也可以用来生成一个随机子集,比如大小为 r 的子集,从整数 1 到 n 中选取。也就是说,只要按照算法一直到位置 $n, n-1, \cdots, n-r+1$ 被填满。这些位置上的元素构成随机子集(这样做时,我们总是可以令 $r \leq n/2$;因为如果 $r \leq n/2$,那么我们可以选择一个大小为 $n-r$ 的随机子集,并且令不在这个子集中的元素为大小为 r 的随机子集)。

应该指出的是,产生随机子集的能力在医学试验中特别重要。例如,假设一个医疗中心正计划测试一种新药,旨在降低使用者血液中的胆固醇水平。为了测试其有效性,该医疗中心招募了 1000 名志愿者作为测试对象。考虑到实验对象的血液胆固醇水平可能会受到测试外部因素的影响(比如变化的天气条件),研究人员决定将志愿者分成两组,每组 500 人——治疗组服用药物,对照组服用安慰剂。志愿者和药物管理人员都不会被告知每组中有谁(这种测试被称为双盲测试)。现在还没有决定应该选择哪些志愿者组成治疗组。显然,人们会希望治疗组和对照组在所有方面尽可能相似,除了一点,第一组的成员接受药物治疗,而另一组的成员接受安慰剂,因为这样就有可能得出结论,两组之间反映的任何差异确实由药物引起。

人们普遍认为，实现这一目标的最好方法是以完全随机的方式选择 500 名志愿者进入治疗组。也就是说，在做出选择时，500 名志愿者的 $\binom{1000}{500}$ 个子集中的每一个都有相同的可能性构成志愿者的集。

注释： 另一种生成随机排列的方法是生成 n 个随机数 $U_1, U_2, \cdots, U_n$，将它们排序，然后使用连续值的索引作为随机排列。例如，如果 $n=4$，且 $U_1=0.4, U_2=0.1, U_3=0.8, U_4=0.7$，则由于 $U_2 < U_1 < U_4 < U_3$，因此随机排列为 2,1,4,3。然而，这种方法的困难在于，对随机数排序通常需要进行 $n\log(n)$ 次比较。

例 4c（计算均值）： 假设要求 $\bar{a} = \sum_{i=1}^{n} a(i)/n$ 的近似值，其中 n 很大，并且值 $a(i), i=1,2,\cdots,n$ 复杂，不容易计算。一种实现方法是，如果 X 是一个在整数 $1,\cdots,n$ 上均匀分布的离散随机变量，则随机变量 $a(X)$ 的均值为：

$$E[a(X)] = \sum_{i=1}^{n} a(i) P\{X=i\} = \sum_{i=1}^{n} \frac{a(i)}{n} = \bar{a}$$

因此，如果生成 k 个离散均匀随机变量 $X_i, i=1,2,\cdots,k$，通过生成 k 个随机数 U_i 并令 $X_i = \text{Int}(nU_i)+1$，则 k 个随机变量 $a(X_i)$ 中的每一个随机变量将具有均值 $\bar{a}$，因此根据强大数定律，当 k 较大（尽管远小于 n）时，这些值的均值应近似等于 $\bar{a}$。因此，可以通过使用以下公式来近似 $\bar{a}$：

$$\bar{a} \approx \sum_{i=1}^{k} \frac{a(X_i)}{k}$$

另一个无须搜索随机数落在哪个相关区间就可以生成的随机变量是几何随机变量。

例 4d： 回顾一下，如果 $P\{X=i\} = pq^{i-1}, i \geq 1, q = 1-p$，则 X 被称为是一个参数为 p 的几何随机变量，当进行独立试验时，每次试验以 p 的概率取得成功，X 可以被认为是这些试验中第一次成功的时间。由于

$$\sum_{i=1}^{j-1} P\{X=i\} = 1 - P\{X > j-1\}$$
$$= 1 - P\{\text{前}j-1\text{次试验都失败}\}$$
$$= 1 - q^{j-1}, \quad j \geq 1$$

我们可以通过生成一个随机数 U 并设 X 等于值 j 来生成 X 的值，其中

$$1 - q^{j-1} \leq U < 1 - q^j$$

或者

$$q^j < 1 - U \leq q^{j-1}$$

也就是说，可以将 X 定义为：

$$X = \text{Min}\{j : q^j < 1 - U\}$$

因此，利用对数是单调函数的事实，$a < b$ 相当于 $\log(a) < \log(b)$，得到 X 可以表示为：

$$X = \min\{j : j\log(q) < \log(1-U)\}$$
$$= \min\left\{j : j > \frac{\log(1-U)}{\log(q)}\right\}$$

其中最后一个不等式改变了符号，因为 $\log(q)$ 在 $0 < q < 1$ 区间内为负。因此，使用 Int() 表示

法，可以将 X 表示为：
$$X = \text{Int}\left(\frac{\log(1-U)}{\log(q)}\right)+1$$

最后，注意到 $1-U$ 也在 $(0,1)$ 区间均匀分布，可以得出
$$X = \text{Int}\left(\frac{\log(U)}{\log(q)}\right)+1$$

也是参数为 p 的几何函数。

例 4e [生成独立伯努利（Bernoulli）随机变量序列]：假设要生成 n 个参数为 p 的独立同分布伯努利随机变量 $X_1, X_2, \cdots, X_n$，虽然通过生成 n 个随机数 $U_1, U_2, \cdots, U_n$，然后设定：
$$X_i = \begin{cases} 1, & \text{若}\ U_i \leq p \\ 0, & \text{若}\ U_i > p \end{cases}$$

这样可以很容易地实现，但我们现在将开发一种更高效的方法。为此，假设这些随机变量表示连续的结果，如果 $X_i = 1$，则试验 i 为成功试验，否则为失败试验。为了生成 $p \leq 1/2$ 时的试验，使用例 4d 的结果来生成几何随机变量 N，等于所有试验的成功概率为 p 时的第一次成功的试验编号。假设 N 的模拟值为 $N=j$。若 $j>n$，则设 $X_i = 0, i=1,2,\cdots,n$；若 $j \leq n$，则设 $X_1 = X_2 = \cdots = X_{j-1} = 0$；若 $j<n$，则重复上述操作，得到剩余 $n-j$ 个伯努利随机变量的值（当 $p>1/2$ 时，因为希望同时生成尽可能多的伯努利变量，所以应该生成第一个失败的试验编号，而不是生成第一个成功的试验编号）。

当 X_i 是独立但不同分布的伯努利随机变量时，上述思路也可以适用。对于每个 $i=1,2,\cdots,n$，令 u_i 是 X_i 的两个可能值中可能性最小的。也就是说，如果 $P\{X_i=1\} \leq 1/2$，则 $u_i=1$，否则 $u_i=0$。此外，令 $p_i = P\{X_i = u_i\}$，并令 $q_i = 1-p_i$。将通过首先生成 X 的值来模拟伯努利序列，其中对于 $j=1,2,\cdots,n$，当试验 j 是第一次产生不太可能值的试验时，X 将等于 j，而如果 n 次试验中没有一次产生其不太可能的值，X 则等于 $n+1$。要生成 X，令 $q_{n=1}=0$，并注意：
$$P\{X>j\} = \prod_{i=1}^{j} q_i, j=1,2,\cdots,n+1$$

因此：
$$P\{X \leq j\} = 1 - \prod_{i=1}^{j} q_i, j=1,2,\cdots,n+1$$

因此，可以通过生成一个随机数 U 来模拟 X，然后设：
$$X = \min\left\{j : U \leq 1 - \prod_{i=1}^{j} q_i\right\}$$

如果 $X = n+1$，则伯努利随机变量的模拟序列为 $X_i = 1-u_i, i=1,2,\cdots,n$。如果 $X=j, j \leq n$，则设 $X_i = 1-u_i, i=1,2,\cdots,j-1, X_j = u_j$；如果 $j<n$，则以类似的方式生成剩余值 $X_{j+1},\cdots,X_n$。

关于重复使用随机数的注释 虽然刚刚给出的生成 n 个独立试验结果的过程比为每个试验生成一个均匀随机变量更有效，但理论上可以使用单个随机数来生成所有 n 个试验结果。要做到这一点，首先生成一个随机数 U，并令：
$$X_1 = \begin{cases} 1, & \text{若}\ U \leq p_1 \\ 0, & \text{若}\ U > p_1 \end{cases}$$

现在，使用假设已知$U \leqslant p$时U的条件分布是$(0,p)$区间的均匀分布。因此，已知$U \leqslant p_1$时，比值$\dfrac{U}{P_1}$在$(0,1)$区间均匀分布。同理，使用假设已知$U > p$时U的条件分布是$(p,1)$区间的均匀分布，则可以推出，在$U > p_1$条件下，比值$\dfrac{U-p_1}{1-p_1}$在$(0,1)$区间均匀分布。因此，理论上可以使用单个随机数U来生成n次试验的结果，如下所示：

（1）$I=1$；
（2）生成U；
（3）如果$U \leqslant p_1$，则设$X_1=1$，否则设$X_1=0$；
（4）如果$I=n$，则停止；
（5）如果$U \leqslant p_1$，则设$U = \dfrac{U}{p_1}$，否则设$U = \dfrac{U-p_1}{1-p_1}$；
（6）$I=I+1$；
（7）返回（3）。

然而，重复使用单个随机数存在一个实际问题。也就是说，计算机只指定小数点后一定数量的随机数，四舍五入误差可能会导致转换后的变量在一段时间后变得不那么均匀。例如，在前面的例子中，假设所有$p_i = 0.5$。如果$U \leqslant 0.5$，则将U转换为$2U$；如果$U > 0.5$，则转换为$2U-1$。因此，如果U的最后一个数字是0，那么在下一次转换中它将保持为0。此外，如果倒数第二个数字变成5，那么它将在下一次迭代中转换为0，因此从那时起，最后两个数字将始终为0，以此类推。因此，如果不小心，在大量迭代后，所有随机数都可能等于1或0（一种可能的解决方案可能是使用$2U - 0.999\cdots9$，而不是$2U-1$）。

4.2 泊松随机变量的生成

如果：

$$p_i = P\{X = i\} = e^{-\lambda}\frac{\lambda^i}{i!}, \ i = 0, 1, \cdots$$

则随机变量X服从均值为λ的泊松分布。

要使用逆变换方法生成这样一个随机变量，关键是以下恒等式（已在2.8节得到证明）：

$$p_{i+1} = \frac{\lambda}{i+1}p_i, i \geqslant 0 \tag{4.1}$$

在使用上述递归计算所需的泊松概率时，生成均值为λ的泊松随机变量的逆变换算法可以表示如下（数量i指目前正在考虑的值；$p = p_i$是X大于i的概率，$F = F(i)$是X小于或等于i的概率）。

步骤1：生成随机数U。
步骤2：$i = 0, p = e^{-\lambda}, F = p$。
步骤3：如果$U < F$，则$X = i$并停止。
步骤4：$p = \lambda p/(i+1), F = F + p, i = i+1$。
步骤5：返回步骤3。

上述中应该注意的是，当写$i = i+1$时，并不是说i等于$i+1$，而是说i的值应该增加1。要看到上述算法确实生成了一个均值为λ的泊松随机变量，注意，它首先生成了一个随机数

U，然后检查是否 $U < e^{-\lambda} = p_0$。如果是，则设 $X = 0$。如果不是，则通过使用式（4.1）（在步骤4中）计算 p_1。现在检查是否 $U < p_0 + p_1$（其中右边是 F 的新值），如果是，则设 $X = 1$，以此类推。

上述算法依次检查泊松值是否为0，再检查泊松值是否为1，然后检查泊松值是否为2，以此类推。因此，所需的比较次数将比生成的泊松值大1。因此，上述算法通常需要进行 $1+\lambda$ 次搜索。当 λ 较小时，情况较好，当 λ 较大时，还有很大的改进空间。事实上，由于均值为 λ 的泊松随机变量最有可能取最接近 λ 的两个积分值中的一个，因此更有效的算法应该是首先检查这些值中的某个值，而不是从 0 开始向上搜索。例如，令 $I = \text{Int}(\lambda)$ 并使用式（4.1）递归地求出 $F(I)$。现在通过生成一个随机数 U 来生成一个均值为 λ 的泊松随机变量 X，通过观察是否 $U \leq F(I)$ 来注意是否 $X \leq I$。当 $X \leq I$ 时，从 I 开始向下搜索，否则从 $I+1$ 开始向上搜索。

该算法所需的搜索次数大约比随机变量 X 与其均值 λ 之间的绝对差大 1。由于对于 λ 大的泊松（根据中心极限定理）近似正态，均值和方差都等于 λ，因此可以得出[①]：

$$\text{平均搜索次数} \approx 1 + E\big[|X - \lambda|\big],\ X \sim N(\lambda, \lambda)^*$$

$$= 1 + \sqrt{\lambda} E\left[\frac{|X - \lambda|}{\sqrt{\lambda}}\right]$$

$$= 1 + \sqrt{\lambda} E\big[|Z|\big],\ X \sim N(0,1)$$

$$= 1 + 0.798\sqrt{\lambda} \quad (见习题12)$$

也就是说，使用上述算法，当 λ 越来越大时，平均搜索次数随 λ 的平方根增长，而不是随 λ 增长。

4.3 二项随机变量的生成

假设要生成一个二项 (n, p) 随机变量 X，即 X 满足：

$$P\{X = i\} = \frac{n!}{i!(n-i)!} p^i (1-p)^{n-i},\ i = 0, 1, \cdots, n$$

为此，通过利用递归恒等式采用逆变换方法得出：

$$P\{X = i+1\} = \frac{n-i}{i+1} \frac{p}{1-p} P\{X = i\}$$

假设 i 表示当前考虑的值，$\text{pr} = P\{X = i\}$ 表示 X 等于 i 的概率，且 $F = F(i)$ 表示 X 小于或等于 i 的概率，该算法可以表示如下。

采用逆变换算法生成二项 (n, p) 随机变量的步骤如下所述。

步骤1：生成随机数 U。
步骤2：$c = p/(1-p), i = 0, \text{pr} = (1-p)^n, F = \text{pr}$。
步骤3：如果 $U < F$，则设 $X = i$ 并停止。
步骤4：$\text{pr} = [c(n-i)/i+1]\text{pr}, F = F + \text{pr}, i = i+1$。
步骤5：返回步骤3。

上述算法首先检查是否 $X = 0$，然后检查是否 $X = 1$，以此类推。因此，进行搜索的次数

---

① 用符号 $X \sim F$ 表示 X 具有分布函数 F。符号 $N(\mu, \sigma^2)$ 表示均值为 μ、方差为 σ^2 的正态分布。

比 X 的值大 1。因此，通常生成 X 将需要 $1+np$ 次搜索。由于二项 (n,p) 随机变量表示 n 次独立试验中每次试验成功的概率为 p 的成功次数，因此也可以通过从 n 中减去二项 $(n,1-p)$ 随机变量的值来生成这样的随机变量（这是为什么）。因此，当 $p > \frac{1}{2}$ 时，可以用上述方法生成一个二项 $(n,1-p)$ 随机变量，用 n 减去它的值，得到所需的生成值。

注释如下所述：

（1）生成二项 (n,p) 随机变量 X 的另一种方法是将其解释为 n 次独立伯努利试验的成功次数，每次试验的成功概率为 p。因此，也可以通过生成 n 次伯努利试验的结果来模拟 X。

（2）与泊松情况一样，当均值 np 较大时，最好先确定生成的值是否小于或等于 $I \equiv \text{Int}(np)$ 还是大于 I。在前一种情况下，应该从 I 开始搜索，然后从 $I-1$ 开始向下搜索，以此类推；而在后一种情况下，应该从 $I+1$ 开始搜索，然后向上搜索。

4.4 接受-拒绝技术

假设有一种有效的方法来模拟一个具有概率质量函数 $\{q_j, j \geq 0\}$ 的随机变量。我们可以以此为基础，通过首先模拟一个具有质量函数 $\{q_j\}$ 的随机变量 Y，然后以与 p_Y/q_Y 成比例的概率接受这个模拟值，从而模拟出具有质量函数 $\{q_j, j \geq 0\}$ 的分布。

具体地，设 c 是一个常数，使：

$$\frac{p_j}{q_j} \leq c, \text{ 对于所有 } j, \ p_j > 0 \tag{4.2}$$

我们现在有以下技术，称为拒绝算法或接受-拒绝算法，用于模拟质量函数 $p_j = P\{X=j\}$ 的随机变量 X。

接受-拒绝算法的实现步骤如下所述。

步骤 1：模拟 Y 的值，具有概率质量函数 q_j。

步骤 2：生成随机数 U。

步骤 3：如果 $U < p_Y/cq_Y$，则设 $X=Y$ 并停止。否则，返回步骤 1。

接受-拒绝算法如图 4.1 所示。

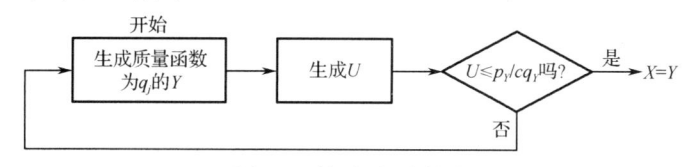

图 4.1 接受-拒绝算法

现在证明拒绝算法成立。

定理： 通过拒绝算法生成一个随机变量 X，使：

$$P\{X = j\} = p_j, j = 0, 1, \cdots$$

此外，为了获得 X，算法所需的迭代次数是一个几何分布随机变量，其期望值为 c。

证明： 求出一次迭代产生可接受值 j 的概率。注意

$$P\{Y=j, 接受\} = P\{Y=j\}P\{接受|Y=j\}$$

$$= q_j \frac{p_j}{cq_j}$$

$$= \frac{p_j}{c}$$

对 j 求和得到生成的随机变量被接受的概率为：

$$P\{接受\} = \sum_j \frac{p_j}{c} = \frac{1}{c}$$

由于每次迭代独立地产生一个概率为 $1/c$ 的可接受值，可以看到所需的迭代次数是均值为 c 的几何函数，且

$$P = \{X = j\} = \sum_n P\{在第n次迭代时j可接受\}$$

$$= \sum_n (1 - 1/c)^{n-1} \frac{p_j}{c}$$

$$= p_j$$

注释： 应注意，"接受概率为 p_Y/cq_Y 的值 Y"的方式是生成一个随机数 U，如果 $U \leq p_Y/cq_Y$，则接受 Y。

例 4f： 假设模拟一个随机变量 X 的值，它取 $1,2,\cdots,10$ 中的一个值，概率分别为 0.11、0.12、0.09、0.08、0.12、0.10、0.09、0.09、0.10、0.10。虽然可以采用逆变换算法实现，但还有一种拒绝算法也可实现，其中 q 为 $1,2,\cdots,10$ 上的离散均匀密度，即 $q_j = 1/10, j = 1,2,\cdots,10$。如果选择 $\{q_j\}$，则可以选择 c 为：

$$c = \max \frac{p_j}{q_j} = 1.2$$

所以算法的实现步骤如下所述。

步骤 1：生成一个随机数 U_1，并设 $= \text{Int}(10U_1) + 1$。

步骤 2：生成第二个随机数 U_2。

步骤 3：如果 $U_2 \leq p_Y/0.12$，则设 $X = Y$ 并停止。否则返回步骤 1。

步骤 3 中的常数 0.12 从 $cq_Y = 1.2/10 = 0.12$ 得出。通常，该算法只需要 1.2 次迭代即可获得 X 的生成值。

拒绝算法的最初版本由著名数学家约翰·冯·诺伊曼（John von Neumann）提出，当我们考虑它在生成连续随机变量时的类似情况时，拒绝算法的作用将变得更加明显。

4.5 组合法

假设我们有一种有效的方法来模拟一个随机变量的值，该随机变量具有以下两种概率质量函数中的任意一种：$\{p_j^{(1)}, j \geq 0\}$ 或 $p_j^{(2)}, j \geq 0$，并且我们想要模拟具有以下质量函数的随机变量 X 的值：

$$P\{X = j\} = \alpha p_j^{(1)} + (1-\alpha) p_j^{(2)}, j \geq 0, \qquad (4.3)$$

式中 $0 < \alpha < 1$。模拟这种随机变量 X 的一种方法是，如果 X_1 和 X_2 是具有各自质量函数 $\{p_j^{(1)}\}$ 和 $\{p_j^{(2)}\}$ 的随机变量，则随机变量 X 定义为：

$$X = \begin{cases} X_1, & 概率为 \alpha \\ X_2, & 概率为 1-\alpha \end{cases}$$

其质量函数为式（4.3）。由此可以得出，可以首先生成一个随机数 U，然后在 $U < \alpha$ 时

生成 X_1，在 $U > \alpha$ 时生成 X_2，从而生成这样一个随机变量的值。

例 4g：假设生成一个随机变量 X 的值，使：
$$p_j = P\{X=j\} = \begin{cases} 0.05, & j=1,2,3,4,5 \\ 0.15, & j=6,7,8,9,10 \end{cases}$$

注意 $p_j = 0.5 p_j^{(1)} + 0.5 p_j^{(2)}$，其中
$$p_j^{(1)} = 0.1, \ j=1,2,\cdots,10 \text{ 且 } p_j^{(2)} = \begin{cases} 0, & j=1,2,3,4,5 \\ 0.2, & j=6,7,8,9,10 \end{cases}$$

可以首先生成一个随机数 U，然后当 $U < 0.5$ 时，从 $1,2,\cdots,10$ 的离散均匀中生成，否则从 $6,7,8,9,10$ 的离散均匀中生成。也就是说，可以对 X 进行如下仿真。

步骤 1：生成一个随机数 U_1。

步骤 2：生成一个随机数 U_2。

步骤 3：如果 $U_1 < 0.5$，则设 $X = \text{Int}(10U_2) + 1$。否则，设 $X = \text{Int}(5U_2) + 6$。

如果 $F_i, i=1,2,\cdots,n$ 为分布函数，且 $\alpha_i, i=1,2,\cdots,n$ 都是和为 1 的非负数，那么分布函数 F 是分布函数 $F_i, i=1,2,\cdots,n$ 的混合或组合：
$$F(x) = \sum_{i=1}^n \alpha_i F_i(x)$$

从 F 开始仿真的方法是首先模拟一个随机变量 I，它等于 i，概率为 $\alpha_i, i=1,2,\cdots,n$，然后从分布 F_j 进行仿真（如果 I 的模拟值为 $I = j$，则第二次仿真从 F_j 开始）。这种从 F 进行仿真的方法通常被称为组合法。

4.6 生成离散随机变量的别名算法

在本节中，我们研究了一种生成离散随机变量的技术，尽管需要一些准备时间，但其实现速度非常快。

在接下来的内容中，量 $\boldsymbol{P}, \boldsymbol{P}^{(k)}, \boldsymbol{Q}^{(k)}, k \leq n-1$ 表示定义在 $1,2,\cdots,n$ 上的概率质量函数，也就是说，它们是 n 维的非负数向量，且和为 1。另外，向量 $\boldsymbol{P}^{(k)}$ 最多有 k 个非零分量，每个 $\boldsymbol{Q}^{(k)}$ 最多有两个非零分量。我们证明了任何概率质量函数 $\boldsymbol{P}$ 都可以表示为 $n-1$ 个概率质量函数 $\boldsymbol{Q}$（每个函数最多有两个非零分量）的等权混合。也就是说，我们证明了对于适当定义的 $\boldsymbol{Q}^{(1)}, \boldsymbol{Q}^{(2)}, \cdots, \boldsymbol{Q}^{(n-1)}$，可以将 $\boldsymbol{P}$ 表示为：

$$\boldsymbol{P} = \frac{1}{n-1} \sum_{k=1}^{n-1} \boldsymbol{Q}^{(k)} \tag{4.4}$$

通过以下简单引理对求得这种表示的方法进行介绍，该引理的证明留作习题。

引理：令 $P = \{P_i, i=1,2,\cdots,n\}$ 表示概率质量函数。那么存在 $i, 1 \leq i \leq n$，使得 $P_i < 1/(n-1)$，且对于这个 i，存在 $aj, j \neq i$，使得 $P_i + P_j \geq 1/(n-1)$。

在介绍获取式（4.4）的一般方法之前，我们通过一个例子来说明。

例 4h：考虑三点分布 $\boldsymbol{P}$，$P_1 = \frac{7}{16}, P_2 = \frac{1}{2}, P_3 = \frac{1}{16}$。首先选择 i 和 j 满足前面引理的条件。由于 $P_3 < \frac{1}{2}$ 且 $P_3 + P_2 \geq \frac{1}{2}$，可以用 $i=3, j=2$ 来处理。现在定义一个两点质量函数 $\boldsymbol{Q}^{(1)}$，把它所有的权重都放在 3 和 2 上，使得 $\boldsymbol{P}$ 可以表示为 $\boldsymbol{Q}^{(1)}$ 和另一个两点质量函数 $\boldsymbol{Q}^{(2)}$ 的等权混合。

另外，点 3 的所有质量都包含在 $\boldsymbol{Q}^{(1)}$ 中。由于

$$P_j = \frac{1}{2}(Q_j^{(1)} + Q_j^{(2)}), j=1,2,3 \tag{4.5}$$

并假设 $Q_3^{(2)}$ 等于 0，那么必须取

$$Q_3^{(1)} = 2P_3 = \frac{1}{8}, Q_2^{(1)} = 1 - Q_3^{(1)} = \frac{7}{8}, Q_1^{(1)} = 0$$

为了满足式（4.2），必须设

$$Q_3^{(2)} = 0, Q_2^{(2)} = 2P_2 - \frac{7}{8} = \frac{1}{8}, Q_1^{(2)} = 2P_1 = \frac{7}{8}$$

因此，在这种情况下，得到了期望的表示。假设原始分布是如下四点质量函数：

$$P_1 = \frac{7}{16}, P_2 = \frac{1}{4}, P_3 = \frac{1}{8}, P_4 = \frac{3}{16}$$

此时 $P_3 < \frac{1}{3}$ 且 $P_3 + P_1 \geq \frac{1}{3}$。因此，最初的两点质量函数 $\boldsymbol{Q}^{(1)}$ 集中在点 3 和点 1 上（不赋予 2 和 4 权重）。由于最终表示赋予了 $\boldsymbol{Q}^{(1)}$ 和另一个 $\boldsymbol{Q}^{(j)}(j=2,3)$ $\frac{1}{3}$ 的权重，而没有赋予值 3 任何权重，那么必须有

$$\frac{1}{3}Q_3^{(1)} = P_3 = \frac{1}{8}$$

因此

$$Q_3^{(1)} = \frac{3}{8}, Q_1^{(1)} = 1 - \frac{3}{8} = \frac{5}{8}$$

还可以写成

$$\boldsymbol{P} = \frac{1}{3}\boldsymbol{Q}^{(1)} + \frac{2}{3}\boldsymbol{P}^{(3)}$$

式中，为满足上述条件，$\boldsymbol{P}^{(3)}$ 必须为向量

$$P_1^{(3)} = \frac{3}{2}\left(P_1 - \frac{1}{3}Q_1^{(1)}\right) = \frac{11}{32}$$

$$P_2^{(3)} = \frac{3}{2}P_2 = \frac{3}{8}$$

$$P_3^{(3)} = 0$$

$$P_4^{(3)} = \frac{3}{2}P_4 = \frac{9}{32}$$

注意，$\boldsymbol{P}^{(3)}$ 没有为值 3 赋予质量。现在可以将质量函数 $\boldsymbol{P}^{(3)}$ 表示为两点质量函数 $\boldsymbol{Q}^{(2)}$ 和 $\boldsymbol{Q}^{(3)}$ 的等权混合，最终得到

$$\boldsymbol{P} = \frac{1}{3}\boldsymbol{Q}^{(1)} + \frac{2}{3}\left(\frac{1}{2}\boldsymbol{Q}^{(2)} + \frac{1}{2}\boldsymbol{Q}^{(3)}\right)$$

$$= \frac{1}{3}(\boldsymbol{Q}^{(1)} + \boldsymbol{Q}^{(2)} + \boldsymbol{Q}^{(3)})$$

（将它作为习题留给读者来填写细节）

上述例子概述了通过式（4.4）的形式写出 n 点质量函数 $\boldsymbol{P}$ 的一般过程，其中每个 $\boldsymbol{Q}^{(i)}$ 都

是将其所有质量赋予最多两点的质量函数。首先,选择满足引理条件的i和j。注意到在式(4.4)中,当$k=2,3,\cdots,n-1$时,$Q_i^{(k)}=0$,现在定义集中于点i和j并包含点i的所有质量的质量函数$\boldsymbol{Q}^{(1)}$,即

$$Q_i^{(1)}=(n-1)P_i,\quad 因此Q_j^{(1)}=1-(n-1)P_i$$

写成

$$\boldsymbol{P}=\frac{1}{n-1}\boldsymbol{Q}^{(1)}+\frac{n-2}{n-1}\boldsymbol{P}^{(n-1)} \tag{4.6}$$

式中$\boldsymbol{P}^{(n-1)}$表示剩余质量,可以看出

$$P_i^{(n-1)}=0$$

$$P_j^{(n-1)}=\frac{n-1}{n-2}\left(P_j-\frac{1}{n-1}Q_j^{(1)}\right)=\frac{n-1}{n-2}\left(P_i+P_j-\frac{1}{n-1}\right)$$

$$P_k^{(n-1)}=\frac{n-1}{n-2}P_k,\quad k\neq i或j$$

上述确实是一个概率质量函数,这一点很容易验证——例如,$P_j^{(n-1)}$的非负性可以从这个事实中得出:选择j可以使得$P_i+P_j\geq 1/(n-1)$。

现在可以对$(n-1)$点概率质量函数$\boldsymbol{P}^{(n-1)}$重复上述过程,得到:

$$\boldsymbol{P}^{(n-1)}=\frac{1}{n-2}\boldsymbol{Q}^{(2)}+\frac{n-3}{n-2}\boldsymbol{P}^{(n-2)}$$

因此,根据式(4.6),有:

$$\boldsymbol{P}=\frac{1}{n-1}\boldsymbol{Q}^{(1)}+\frac{1}{n-1}\boldsymbol{Q}^{(2)}+\frac{n-3}{n-1}\boldsymbol{P}^{(n-2)}$$

现在对$\boldsymbol{P}^{(n-2)}$重复这个过程,以此类推,直到最终得到:

$$\boldsymbol{P}=\frac{1}{n-1}(\boldsymbol{Q}^{(1)}+\cdots+\boldsymbol{Q}^{(n-1)})$$

这样,就可以将$\boldsymbol{P}$表示为$n-1$个两点质量函数的等权混合。现在可以很容易地从$\boldsymbol{P}$进行仿真,首先生成一个随机整数N,这个随机整数可能是$1,2,\cdots,n-1$。如果结果值N使得$\boldsymbol{Q}^N$只对点i_N和点j_N赋予了正权重,那么如果第二个随机数小于$Q_{iN}^{(N)}$,则可以设X等于i_N,否则X等于j_N。随机变量X将具有概率质量函数$\boldsymbol{P}$,也就是说,从$\boldsymbol{P}$进行仿真的过程如下。

步骤1:生成U_1并设$N=1+\text{Int}[(n-1)U_1]$。

步骤2:生成U_2并设

$$X=\begin{cases}i_N,& 若U_2<Q_{iN}^{(N)}\\ j_N,& 否则\end{cases}$$

注释:(1)上面的方法被称为别名算法,因为通过对$\boldsymbol{Q}$重新编号,我们总是可以安排事宜,以便对于每个k,都有$Q_k^{(k)}>0$(也就是说,可以使第k个两点质量函数赋予k值正权重)。因此,这个过程需要模拟同等可能是$1,2,\cdots,n-1$的N,如果$N=k$,那么它要么接受k作为X的值,要么接受k的"别名"作为X的值($\boldsymbol{Q}^{(k)}$赋予正权重的另一个值)。

(2)实际上,在步骤2中不需要生成新的随机数。由于$N-1$是$(n-1)U_1$的整数部分,因此余数$(n-1)U_1-(N-1)$与N_1无关,并且在$(0,1)$区间均匀分布。因此,可以使用$(n-1)U_1-(N-1)$,而不是在步骤2中生成一个新的随机数U_2。

4.7 随机向量的生成

可以通过连续生成 X_i 来模拟随机向量 $X_1, X_2, \cdots, X_n$，即首先生成 X_1；然后根据已生成的 X_1 的值，生成 X_2 的条件分布；接着根据已生成的 X_1 和 X_2 的值，生成 X_3 的条件分布；以此类推。例 4i 对此进行了证明，并展示了如何模拟具有多项分布的随机向量。

例 4i：考虑 n 个独立试验，每个试验以 $p_1, p_2, \cdots, p_r, \sum_{i=1}^{r} p_i = 1$ 的概率得出结果 $1, 2, \cdots, r$。如果 X_i 表示得出结果 i 的实验次数，则随机向量 $X_1, \cdots, X_r$ 被称为多项式随机向量，其联合概率质量函数为

$$P\{X_i = x_i, i = 1, 2, \cdots, r\} = \frac{n!}{x_1! \cdots x_r!} p_1^{x_1} p_2^{x_2} \cdots p_r^{x_r}, \sum_{i=1}^{r} x_i = n$$

模拟这种随机向量的最佳方法取决于 r 和 n 的相对大小。如果 r 相对于 n 较大，那么许多结果不会出现在试验中，最好通过生成 n 次试验的结果来模拟随机变量，即首先生成独立随机变量 $Y_1, Y_2, \cdots, Y_n$，使：

$$P\{Y_j = i\} = p_i, i = 1, 2, \cdots, r, j = 1, 2, \cdots, n$$

再设

$$X_i = j\text{的次数}, j = 1, 2, \cdots, n : Y_j = i$$

也就是说，生成值 Y_j 表示试验 j 的结果，X_i 是得出结果 i 的试验次数。

另一方面，如果 n 相对于 r 较大，则可以按顺序模拟 $X_1, X_2, \cdots, X_2$。也就是说，首先生成 X_1，然后生成 X_2，接着生成 X_3，以此类推。因为在 n 次试验中，每一个都以 p_1 的概率独立地得出结果 1，因此可以得出 X_1 是一个参数为 (n, p_1) 的二项随机变量。因此，可以使用 4.3 节的方法生成 X_1。假设它的生成值是 x_1。然后，假设 n 次试验中有 x_1 次试验得出结果 1，则在其他 $n - x_1$ 次试验中，每一次都以以下概率独立地得出结果 2：

$$P\{2|\text{非}1\} = \frac{p_2}{1 - p_1}$$

因此，当 $X_1 = x_1$ 时，X_2 的条件分布是参数为 $\left(n - x_i, \dfrac{p_2}{1 - p_1}\right)$ 的二项分布。因此，可以再次使用 4.3 节的方法来生成 X_2 的值。如果 X_2 的生成值是 x_2，接下来需要根据 $X_1 = x_1$，$X_2 = x_2$ 的结果来生成 X_3 的值。然而，假设有 x_1 次试验得出结果 1，x_2 次试验得出结果 2，那么其余的 $n - x_1 - x_2$ 次试验中，每一次试验都独立地以 $\dfrac{p_3}{1 - p_1 - p_2}$ 的概率得出结果 3。最后，在已知 $X_1 = x_1, i = 1, 2$ 的情况下，X_3 的条件分布是参数为 $\left(n - x_1 - x_2, \dfrac{p_3}{1 - p_1 - p_2}\right)$ 的二项式分布。然后用这个事实来生成 X_3，并继续下去，直到生成所有的值 $X_1, X_2, \cdots, X_r$。

习题

1. 求出一个有效算法来模拟随机变量 X 的值，使：
$$P\{X = 1\} = 0.3, P\{X = 2\} = 0.2, P\{X = 3\} = 0.35, P\{X = 4\} = 0.15$$

2. 一副牌 100 张，编号为 $1, 2, \cdots, 100$，对其进行洗牌，然后每次翻一张牌。假设翻到第 i

张牌是牌 i 时发生 "命中" 事件, $i=1,2,\cdots,100$。编写一个仿真程序来估算总命中数的期望和方差。运行程序。求出准确的答案,并与你的估算进行对比。

3. 有 100 名选手。在每一轮中,每个选手以 0.2 的概率被独立淘汰,直到所有选手都被淘汰。执行仿真研究以估算所有选手被淘汰的预期回合数。

4. 有 20 个玩家,玩家 i 的值为 $v_i=20+i, i=1,2,\cdots,20$。当玩家 i 和玩家 j 比赛时,玩家 i 获胜的概率是 $\dfrac{v_i}{v_i+v_j}$。在每一轮中,从剩下的玩家中随机选择两名进行比赛,赢家继续参加比赛,输家离开。19 轮之后,只剩下一名玩家,这名玩家被宣布为比赛的获胜者。开发一个仿真研究来估算 $P_i=P(i$ 是获胜者$), i=1,2,\cdots,20$。

5. 另一种生成随机排列的方法与例 4b 不同,该方法依次生成元素 $1,2,\cdots,n$ 的随机排列,从 $n=1$ 开始,然后 $n=2$,以此类推(当然,$n=1$ 时的随机排列是 1)。一旦有了前 $n-1$ 个元素的随机排列,称之为 $P_1,P_2,\cdots,P_n$,将 n 代入最终位置得到 n 个元素的随机排列 $1,2,\cdots,n$,从而得出排列 $P_1,P_2,\cdots,P_{n-1},n$,然后将 n 位置(n)的元素与随机选择位置(等可能为位置 1、位置 2,$\cdots$,或位置 n)上的元素进行交换。

a. 编写一个算法来完成上述任务。

b. 通过 n 的数学归纳法证明该算法成立,由于所得到的排列等可能是 $1,2,\cdots,n$ 的 $n!$ 个排列中的任何一个排列。

6. 求出一个有效仿真程序来生成一个由 25 个独立伯努利随机变量组成的序列,每个变量的参数为 $p=0.8$。通过仿真来估算这一过程所需随机数的平均数。

7. 连续掷一对公正的骰子,直到所有可能的结果 $2,3,\cdots,12$ 中至少发生过一次。进行仿真研究,以估算所需的预期掷骰子次数。

8. 假设在一个有 n 个项目的列表中,每个项目都有一个值,令 $v(i)$ 表示列表中第 i 个项目的值。假设 n 非常大,并且每个项目可能出现在列表的许多不同位置。说明如何使用仿真来估算列表中不同项目的值之和。例如,如果 $n=5$,值为 $4,6,9,4,9$,那么不同值之和为 $4+6+9=19$。

9. 考虑 n 个事件 $A_1,A_2,\cdots,A_n$,其中 A_i 由以下 n_i 个结果组成:$A_i=\{a_{i,1},a_{i,2},\cdots,a_{i,n_i}\}$。假设对于任何给定的结果 $a,P\{a\}$,实验得出结果 a 的概率已知。说明如何使用习题 8 的结果来估算至少一个事件 A_i 发生的概率 $P\{\cup_{i=1}^n A_i\}$。假定事件 $A_i, i=1,2,\cdots,n$ 为非互斥关系。

10. 参数为 (r,p) 的负二项概率质量函数,其中 r 为正整数,且 $0<p<1$,为

$$p_j = \frac{(j-1)!}{(j-r)!(r-1)!} p^r (1-p)^{j-r}, j=r,r+1,\cdots$$

a. 用负二项随机变量和几何随机变量之间的关系以及例 4d 的结果,求出一种该分布仿真的算法。

b. 校核关系

$$p_{j+1} = \frac{j(1-p)}{j+1-r} p_j$$

c. 用 b 中的关系求出生成负二项随机变量的第二种算法。

d. 用负二项分布的解释,即当每个试验独立地以 p 的概率成功时,累积 r 次成功所需的试验次数,以求出生成该随机变量的另一种方法。

11. 求出从集 $\{1,2,\cdots,n\}$ 中生成大小为 r 的随机子集的有效方法，事件的条件是，当 r 和 k 远小于 n 时，该子集包含了元素 $1,2,\cdots, k$ 中至少一个元素。

12. 如果 Z 是标准正态随机变量，证明

$$E[|Z|] = \left(\frac{2}{\pi}\right)^{1/2} \approx 0.798$$

13. 求出两种生成随机变量 X 的方法，使：

$$P\{X=i\} = \frac{e^{-\lambda}\lambda^i/i!}{\sum_{j=0}^{k} e^{-\lambda}\lambda^j/j!}, i=0,1,\cdots,k$$

14. 令 X 是一个参数为 n 和 p 的二项随机变量，假设要生成一个随机变量 Y，它的概率质量函数与 X 在 $X \geq k$ 时的条件质量函数相同，有时 $k \leq n$。令 $\alpha = P\{X \geq k\}$，并假设已经计算过 α 的值。

  a. 求出生成 Y 的逆变换方法。

  b. 求出生成 Y 的第二种方法。

  c. 当 α 值是大还是小时，b 中的算法不成立？

15. 求出一种模拟概率质量函数为 $p_j, j=5,6,\cdots,14$ 的 X 的方法，其中

$$p_j = \begin{cases} 0.11, & \text{当} j \text{为奇数且} 5 \leq j \leq 13 \text{时} \\ 0.09, & \text{当} j \text{为偶数且} 6 \leq j \leq 14 \text{时} \end{cases}$$

使用文本的随机数序列生成 X。

16. 假设随机变量 X 可以取值 $1,2,\cdots,10$ 中的任意一个，概率分别为 0.06、0.06、0.06、0.06、0.06、0.15、0.13、0.14、0.15、0.13。使用组合方法给出生成 X 值的方法。

17. 给出一个生成 X 值的方法，其中

$$P\{X=j\} = \left(\frac{1}{2}\right)^{j+1} + \frac{\left(\frac{1}{2}\right)2^{j-1}}{3j}, j=1,2,\cdots$$

使用文本的随机数序列生成 X。

18. 令 X 有质量函数 $p_j = P\{X=j\}, \sum_{j=1}^{\infty} p_j = 1$。令

$$\lambda_n = P\{X=n|X>n-1\} = \frac{p_n}{1-\sum_{j=1}^{n-1} p_j}, n=1,2,\cdots$$

  a. 证明 $p_1 = \lambda_1$，且

$$p_n = (1-\lambda_1)(1-\lambda_2)\cdots(1-\lambda_{n-1})\lambda_n$$

量 $\lambda_n(n \geq 1)$ 被称为离散风险率，因为如果我们把 X 看作某个项目的寿命，那么 λ_n 代表一个达到 n 年的项目在这段时间内死亡的概率。下面的方法模拟离散随机变量，称为离散风险率法，生成一系列随机数，当第 n 个随机数小于 λ_n 时停止。具体实现步骤如下所述。

步骤 1：$X=1$。

步骤 2：生成一个随机数 U。

步骤 3：如果 $U < \lambda_x$，则停止。

步骤 4: $X = X+1$。

步骤 5: 返回步骤 2。

b. 证明上述停止时 X 的值具有所需的质量函数。

c. 假设 X 是参数为 p 的几何随机变量。确定值 $\lambda_n (n \geq 1)$。请说明在这种情况下上述算法的作用及其明显成立的原因。

19. 假设在 $n \geq 1$ 的情况下 $0 \leq \lambda_n \leq \lambda$。考虑通过以下算法来生成一个具有离散危险率 $\{\lambda_n\}$ 的随机变量。

步骤 1: $S = 0$。

步骤 2: 生成 U 并设 $Y = \text{Int}\left(\dfrac{\log(U)}{\log(1-\lambda)}\right)+1$。

步骤 3: $S = S + Y$。

步骤 4: 生成 U。

步骤 5: 如果 $U \leq \lambda_s/\lambda$,则设 $X = S$ 并停止。否则,返回步骤 2。

a. 步骤 2 中 Y 的分布是什么?

b. 说明算法的作用。

c. 证明 X 是具有离散危险率 $\{\lambda_n\}$ 的随机变量。

20. 假设 X 和 Y 是离散随机变量,用以下概率质量函数生成随机变量 W 的值
$$P(W = i) = P(X = i | Y = j)$$
当 $P(Y = j) > 0$ 时,有特殊情况 j。证明以下算法可以实现这点。

a. 生成一个分布为 X 的随机变量的值。

b. 令 i 为 a 中的生成值。

c. 生成随机数 U。

d. 如果 $U < P(Y = j | X = i)$,则设 $W = i$ 并停止。

e. 返回 a。

21. 使用别名法生成参数为 $(5, 0.4)$ 的二项式。

22. 说明如何用别名法对 $\boldsymbol{Q}^{(k)}$ 进行编号,使 k 成为 $\boldsymbol{Q}^{(k)}$ 赋予权重的两个点之一。

23. 从一个装有 n 个球的瓮中随机选择 m 个球,其中第 i 种颜色的球有 n_i 个,且 $\sum_{i=1}^{r} n_i = n$。考虑高效的程序来模拟 $X_1, X_2, \cdots, X_r$,其中 X_i 表示颜色类型为 i 的收回球的数量。

第 5 章 生成连续随机变量

每种生成离散随机变量的技术在连续情况下都有相应的类比。在 5.1 节和 5.2 节中，我们介绍了用于生成连续随机变量的逆变换法和拒绝法。在 5.3 节中，我们讨论了一种生成正态随机变量的强大方法，即极坐标法。最后，在 5.4 节和 5.5 节中，我们讨论了生成泊松过程和非齐次泊松过程的问题。

5.1 逆变换法

考虑一个具有分布函数 F 的连续随机变量，生成这种随机变量的一般方法（称为逆变换法）基于以下命题。

命题：设 U 为一个均匀分布在 $(0,1)$ 区间上的随机变量。对于任何连续分布函数 F，由下式定义的随机变量 X 具有分布 F：

$$X = F^{-1}(U)$$

将 $F^{-1}(u)$ 定义为满足 $F(x) = u$ 的值 x。

证明：设 $F_X(x)$ 表示 $X = F^{-1}(U)$ 的分布函数。那么

$$\begin{aligned} F_X(x) &= P\{X \leq x\} \\ &= P\{F^{-1}(U) \leq x\} \end{aligned} \quad (5.1)$$

由于 F 是一个分布函数，因此 $F(x)$ 是 x 的单调递增函数，因此不等式"$a \leq b$"与不等式"$F(a) \leq F(b)$"是等价的。因此，由式（5.1）可知：

$$\begin{aligned} F_X(x) &= P\{F(F^{-1}(U)) \leq F(x)\} \\ &= P\{U \leq F(x)\} \quad \text{因为}(F^{-1}(U)) = U \end{aligned}$$

又因为 U 是均匀分布在 $(0,1)$ 上的随机变量，所以：

$$P\{U \leq F(x)\} = F(x)$$

由上述命题可知，我们可以通过生成一个随机数 U 并设 $X = F^{-1}(U)$，从连续分布函数 F 中生成随机变量 X。

例 5a：假设我们想要生成一个具有以下分布函数的随机变量 X：

$$F(x) = x^n, 0 < x < 1$$

如果我们设 $x = F^{-1}(u)$，则：

$$u = F(x) = x^n \text{或} x = u^{1/n}$$

因此，我们可以通过生成一个随机数 U 并设 $X = U^{1/n}$ 来生成这样的随机变量 X。

逆变换法为生成指数分布随机变量提供了一种强大的方法，正如下一个例子所示。

例 5b：如果 X 是一个指数分布的随机变量，且其速率为 1，那么其分布函数为

$$F(x) = 1 - e^{-x}$$

如果我们设 $x = F^{-1}(u)$，则：

$$u = F(x) = 1 - e^{-x}$$

或：
$$1-u = e^{-x}$$
取对数后得到：
$$x = -\log(1-u)$$

因此，我们可以通过生成一个随机数 U 并设 $X = F^{-1}(U) = -\log(1-U)$ 来生成速率为 1 的指数分布随机变量。

注意到 $1-U$ 也是在 $(0,1)$ 区间上均匀分布的，因此 $-\log(1-U)$ 与 $-\log U$ 具有相同的分布，可以节省一点时间。也就是说，随机数的负对数以均值为 1 呈指数分布。

此外，注意到如果 X 是均值为 1 的指数分布随机变量，那么对于任意正常数 c，cX 将是均值为 c 的指数分布随机变量。因此，通过生成随机数 U 并设 $X = -\frac{1}{\lambda}\log U$，可以生成速率为 λ（均值为 $1/\lambda$）的指数随机变量 X。

注释：上述方法还为我们提供了另一种生成泊松随机变量的方法。首先，回顾一下泊松过程的定义：具有速率为 λ 的泊松过程是指各连续事件之间的时间间隔是独立的指数分布，且速率为 λ（参见第 2 章 2.9 节内容）。对于这样的过程，时间 1 的事件数 $N(1)$ 以均值为 λ 呈泊松分布。然而，如果我们设 X_i ($i=1,2,\cdots$)表示连续的到达间隔时间，则第 n 个事件将在时间 $\sum_{i=1}^{n} X_i$ 时发生。因此，时间 1 内的事件数可以表示为

$$N(1) = \max\left\{n : \sum_{i=1}^{n} X_i \leq 1\right\}$$

也就是说，时间 1 内的事件数等于第 n 个事件在时间 1 内发生时的最大 n（例如，如果第 4 个事件在时间 1 内发生，而第 5 个事件没有发生，那么显然时间 1 内总共发生了 4 个事件）。因此，从例 5b 的结果可知，我们可以通过生成随机数 $U_1, U_2, \cdots, U_n, \cdots$ 并设以下等式来生成均值为 λ 的泊松随机变量 $N = N(1)$：

$$\begin{aligned}
N &= \max\left\{n : \sum_{i=1}^{n} -\frac{1}{\lambda}\log U_i \leq 1\right\} \\
&= \max\left\{n : \sum_{i=1}^{n} \log U_i \geq -\lambda\right\} \\
&= \max\{n : \log(U_1 U_2 \cdots U_n) \geq -\lambda\} \\
&= \max\{n : U_1 U_2 \cdots U_n \geq e^{-\lambda}\}
\end{aligned}$$

因此，可以通过连续生成随机数，直到它们的乘积小于 $e^{-\lambda}$，然后将 N 设为所需随机数的数量减去 1，从而生成均值为 λ 的泊松随变量 N。即

$$N = \min\{n : U_1 U_n \cdots < e^{-\lambda}\} - 1$$

可以通过例 5b 的结果以及伽马分布和指数分布之间的关系来有效地生成 gamma (n, λ) 随机变量。

例 5c：假设我们想要生成一个 gamma (n, λ) 的随机变量。由于这个随机变量的分布函数 $F(x)$ 为

$$F(x) = \int_0^x \frac{\lambda e^{-\lambda y}(\lambda y)^{n-1}}{(n-1)!}dy$$

因此，无法求出其反函数的封闭表达式。然而，由于可以将 gamma(n,λ) 随机变量 X 看作 n 个独立指数的和且每个指数的速率为 λ（见第 2 章 2.9 节内容），因此根据这一结果，可以通过例 5b 生成 X。具体来说，可以通过生成 n 个随机数 $U_1,U_2,\cdots,U_n$ 并设以下等式来生成 gamma(n,λ) 随机变量：

$$X = -\frac{1}{\lambda}\log U_1 - \frac{1}{\lambda}\log U_2 - \cdots - \frac{1}{\lambda}\log U_n$$

$$= -\frac{1}{\lambda}\log(U_1 U_2 \cdots U_n)$$

式中使用恒等式 $\sum_{i=1}^{n}\log x_i = \log(x_1 x_2 \cdots x_n)$ 节省了计算时间，因为它只需要一次并非 n 次对数计算。

以下示例将证明如何生成独立同分布的连续随机变量的最大值。

例 5d： 假设 $X_1, X_2, \cdots, X_n$ 是分布函数 F 可逆的独立同分布连续随机变量，我们想要生成 $M = \max\limits_{i=1,2,\cdots,n} X_i$。为此，注意到 M 的分布函数（记作 G）是：

$$G(x) = P(M \leqslant x)$$
$$= P(X_1 \leqslant x, X_2 \leqslant x, \cdots, X_n \leqslant x)$$
$$= F^n(x)$$

因此，如果 $M = G^{-1}(U)$，则有 $G(M) = F^n(M) = U$，从而得到 $F(M) = U^{1/n}$，即 $M = F^{-1}(U^{1/n})$。

以下示例将讨论如何在某个指定区间内生成一个条件随机变量。

例 5e： 设连续随机变量 X 可以通过逆变换法生成，并且我们希望在 X 的值位于区间 (a,b) 内时生成 X，其中 $a<b$，为给定的值。由于 $F^{-1}(U)$ 具有 X 的分布，因此可以得出 $F^{-1}(U)|a<F^{-1}(U)<b$ 具有我们所需的条件分布。因为 F 是一个单调递增函数，所以 $a<F^{-1}(U)<b$ 等价于 $F(a)<U<F(b)$，因此我们希望生成一个随机变量，使其分布为 $F^{-1}(U)$，条件是 $F(a)<U<F(b)$。而 U 在条件 $F(a)<U<F(b)$ 下的分布是区间 $[F(a), F(b)]$ 上的均匀分布。因此，所需的结果可以通过生成一个随机数 U，并令 $U_{a,b} = F(a) + [F(b) - F(a)]U$，然后设置 $X = F^{-1}(U_{a,b})$ 来得到。

假设 X 是一个非负的连续随机变量，其分布函数为 F，密度为 $F' = f$。定义函数：

$$\lambda(s) = \frac{f(s)}{1-F(s)} = \frac{f(s)}{\overline{F}(s)}$$

这个函数叫作 X 的故障率函数。可以证明（参见第 2 章习题 41），如果 X 表示某个物品的生命周期，则该物品在年龄为 s 时，发生故障的条件概率近似为 $\lambda(s)h$，其中 h 是一个小的时间增量。假设我们给定了故障率函数 $\lambda(s), s \geqslant 0$，我们希望生成一个随机变量。为此，定义：

$$m(t) = \int_0^t \lambda(s)\mathrm{d}s$$
$$= \int_0^t \frac{f(s)}{1-F(s)}\mathrm{d}s$$

令 $u = 1-F(s)$，则 $\mathrm{d}u = -f(s)\mathrm{d}s$，并利用 $F(0) = 0$ 这一事实，得到：

$$m(t) = \int_{1-F(t)}^{t} \frac{1}{u} du$$
$$= \log(1) - \log[1-F(t)]$$
$$= -\log[1-F(t)]$$

因此：
$$F(t) = 1 - e^{-m(t)}$$

于是，如果 $x = F^{-1}(u)$，则有：
$$u = F(x) = 1 - e^{-m(x)}$$

或等价于：
$$m(x) = -\log(1-u)$$

从而：
$$x = m^{-1}[-\log(1-u)]$$

因此，生成的 $X = m^{-1}[-\log(1-U)]$ 具有分布 F。同理，由于 $-\log(1-U)$ 是均值为1的指数随机变量，因此，如果 Y 是均值为1的指数随机变量，则 $m^{-1}(Y)$ 具有分布 F。换句话说，我们可以通过生成一个 Y 来生成分布为 F 的 X，并令 X 满足：
$$m(X) = \int_0^X \lambda(s) ds = Y$$

5.2 拒绝法

假设有一种方法可以生成一个密度函数为 $g(x)$ 的随机变量。我们可以利用这个方法来生成密度函数为 $f(x)$ 的连续分布随机变量。具体做法是：先生成一个随机变量 Y 使其服从 $g(x)$ 的分布，然后以与 $f(Y)/g(Y)$ 成比例的概率接受这个生成的值。

具体来说，设 c 是一个常数，使得对于所有的 y，都有：
$$\frac{f(y)}{g(y)} \leq c$$

然后，我们可以使用以下技术（见图5.1）来生成密度为 f 的随机变量。

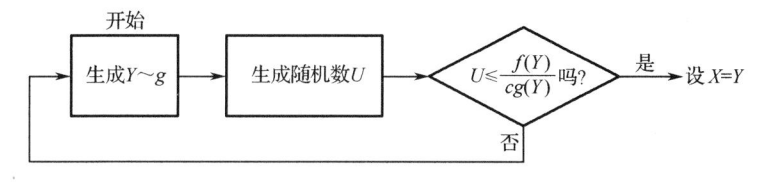

图 5.1 模拟密度函数为 f 的随机变量 X 的拒绝法

1. 拒绝法

步骤1：生成一个密度函数为 g 的随机变量 Y。

步骤2：生成一个随机数 U。

步骤3：如果 $U \leq \dfrac{f(Y)}{cg(Y)}$，则设 $X = Y$。否则，返回步骤1。

我们注意到，拒绝法与离散随机变量的情况完全相同，唯一的区别是使用密度函数代替质量函数。与离散情况中的证明方法一样，我们可以证明以下结论。

2. 定理

（1）通过拒绝法生成的随机变量的密度函数为 f。

（2）该方法所需的迭代次数是一个几何分布随机变量，其均值为 c。

与离散情况一样，人们接受概率为 $f(Y)/cg(Y)$ 的 Y 的方式是：生成一个随机数 U，然后如果 $U \leqslant f(Y)/cg(Y)$，则接受 Y。

例 5f： 使用拒绝法生成一个具有以下密度函数的随机变量：

$$f(x) = 20x(1-x)^3, \quad 0 < x < 1$$

由于这个随机变量（参数为 2 和 4 的 Beta 分布）集中在区间 $(0,1)$ 内，我们可以考虑使用密度函数 $g(x) = 1 (0 < x < 1)$ 来应用拒绝法。

为了确定使 $f(x)/g(x) \leqslant c$ 的最小常数 c，我们使用微积分来确定以下表达式的最大值：

$$\frac{f(x)}{g(x)} = 20x(1-x)^3$$

对其进行求导，得到：

$$\frac{\mathrm{d}}{\mathrm{d}x}\left(\frac{f(x)}{g(x)}\right) = 20[(1-x)^3 - 3x(1-x)^2]$$

将其设为 0，解得最大值出现在 $x = \dfrac{1}{4}$ 时，因此：

$$\frac{f(x)}{g(x)} \leqslant 20\left(\frac{1}{4}\right)\left(\frac{3}{4}\right)^3 = \frac{135}{64} = c$$

因此：

$$\frac{f(x)}{cg(x)} = \frac{256}{27}x(1-x)^3$$

于是，拒绝法的步骤如下。

步骤 1：生成随机数 U_1 和 U_2。

步骤 2：如果 $U_2 \leqslant \dfrac{256}{27}U_1(1-U_1)^3$，则停止并设 $X = U_1$。否则，返回步骤 1。

执行步骤 1 的平均次数为：$c = \dfrac{135}{64} \approx 2.11$。

例 5g： 假设我们想生成一个具有 $\text{gamma}\left(\dfrac{3}{2}, 1\right)$ 分布的随机变量，其密度函数为

$$f(x) = Kx^{1/2}\mathrm{e}^{-x}, \quad x > 0$$

式中 $K = 1/\Gamma\left(\dfrac{3}{2}\right) = 2/\sqrt{\pi}$。由于这样的随机变量集中在正轴上且均值为 $\dfrac{3}{2}$，因此可以尝试使用与该均值相同的指数分布进行拒绝法操作。因此，设

$$g(x) = \frac{2}{3}\mathrm{e}^{-2x/3}, \quad x > 0$$

现在，我们有：

$$\frac{f(x)}{g(x)} = \frac{3K}{2}x^{1/2}\mathrm{e}^{-x/3}$$

通过对该表达书求导并将倒数设为 0，我们发现，当满足以下条件时，比值的最大值被取得：

$$\frac{1}{2}x^{-1/2}e^{-x/3} = \frac{1}{3}x^{1/2}e^{-x/3}$$

即 $x = \frac{2}{3}$ 时，可以得到该比值的最大值。因此：

$$c = \max \frac{f(x)}{g(x)} = \frac{3K}{2}\left(\frac{3}{2}\right)^{1/2}e^{-1/2}$$

$$= \frac{3^{3/2}}{(2\pi e)^{1/2}} \qquad \text{因为} K = 2/\sqrt{\pi}$$

由于：

$$\frac{f(x)}{cg(x)} = (2e/3)^{1/2}x^{1/2}e^{-x/3}$$

因此，我们可以通过以下步骤生成一个 gamma$\left(\frac{3}{2}, 1\right)$ 的随机变量。

步骤 1：生成一个随机数 U_1，并设 $Y = -\frac{3}{2}\log U_1$。

步骤 2：生成一个随机数 U_2。

步骤 3：如果 $U_2 < (2eY/3)^{1/2}e^{-Y/3}$，则设 $X = Y$。否则，返回步骤 1。

所需的平均迭代次数为

$$c = 3\left(\frac{3}{2\pi e}\right)^{1/2} \approx 1.257$$

在之前的例子中，我们使用拒绝法通过与 gamma 分布均值相同的指数分布生成 gamma 随机变量。事实证明，这是生成 gamma 随机变量时最有效的指数分布。为了验证这一点，假设我们想生成一个具有以下密度函数的随机变量：

$$f(x) = Ke^{-\lambda x}x^{\alpha-1}, \quad x > 0$$

其中 $\lambda > 0$，$\alpha > 0$，且 $K = \lambda^\alpha/\Gamma(\alpha)$。上述是 gamma 分布的密度函数，具有参数 α 和 λ，并且已知其均值为 α/λ。

假设我们打算通过拒绝法生成这种类型的随机变量，基于指数分布的密度函数，速率为 μ。因为：

$$\frac{f(x)}{g(x)} = \frac{Ke^{-\lambda x}x^{\alpha-1}}{\mu e^{-\mu x}} = \frac{K}{\mu}x^{\alpha-1}e^{(\mu-\lambda)x}$$

我们可以看到，当 $0 < \alpha < 1$ 时：

$$\lim_{x \to 0}\frac{f(x)}{g(x)} = \infty$$

这表明，在这种情况下能使用指数分布的拒绝法实现。由于当 $\alpha = 1$ 时，gamma 分布退化为指数分布，让我们假设 $\alpha > 1$。现在，当 $\mu \geq \lambda$ 时，有：

$$\lim_{x \to \infty}\frac{f(x)}{g(x)} = \infty$$

因此，我们可以将注意力放在严格小于 λ 的 μ 值上。对于这样的 μ 值，算法所需的平均迭代次数为：

$$c(\mu) = \max_x \frac{f(x)}{g(x)} = \max_x \frac{K}{\mu} x^{\alpha-1} e^{(\mu-\lambda)x}$$

为了得到前面出现最大值时的 x 值，我们对其进行求导并设倒数等于 0，得到：

$$0 = (\alpha-1)x^{\alpha-2}e^{(\mu-\lambda)x} - (\lambda-\mu)x^{\alpha-1}e^{(\mu-\lambda)x}$$

从中可以得出，最大值出现在：

$$x = \frac{\alpha-1}{\lambda-\mu}$$

代入回去得到：

$$c(\mu) = \frac{K}{\mu}\left(\frac{\alpha-1}{\lambda-\mu}\right)^{\alpha-1} e^{(\mu-\lambda)\left(\frac{\alpha-1}{\lambda-\mu}\right)}$$

$$= \frac{K}{\mu}\left(\frac{\alpha-1}{\lambda-\mu}\right)^{\alpha-1} e^{1-\alpha}$$

因此，使 $c(\mu)$ 最小的 μ 值就是使 $\mu(\lambda-\mu)^{\alpha-1}$ 最大的 μ 值。对其进行求导，得到：

$$\frac{d}{d\mu}\{\mu(\lambda-\mu)^{\alpha-1}\} = (\lambda-\mu)^{\alpha-1} - (\alpha-1)\mu(\lambda-\mu)^{\alpha-2}$$

将其设为 0，得到最优的 μ 满足：

$$\lambda-\mu = (\alpha-1)\mu$$

或

$$\mu = \lambda/\alpha$$

也就是说，最小化拒绝法所需的平均迭代次数的指数分布，其均值与 gamma 分布相同，即 λ/α。

接下来的例子展示了如何使用拒绝法生成正态分布的随机变量。

例 5h（生成正态分布随机变量）：为了生成标准正态分布的随机变量 Z（均值为 0、方差为 1），首先注意到 Z 的绝对值具有以下概率密度函数：

$$f(x) = \frac{2}{\sqrt{2\pi}} e^{-x^2/2}, \quad 0 < x < \infty \tag{5.2}$$

我们首先通过使用拒绝法从上述概率密度函数生成样本，其中 $g(x)$ 是均值为 1 的指数分布密度函数，即

$$g(x) = e^{-x}, \quad 0 < x < \infty$$

现在：

$$\frac{f(x)}{g(x)} = \sqrt{2/\pi}\, e^{x-x^2/2}$$

因此，$f(x)/g(x)$ 的最大值出现在 $x - x^2/2$ 的最大值处。通过微积分可以得出，当 $x = 1$ 时会发生这种情况，因此我们可以取：

$$c = \max \frac{f(x)}{g(x)} = \frac{f(1)}{g(1)} = \sqrt{2e/\pi}$$

因为：

$$\frac{f(x)}{cg(x)} = \exp\left\{x - \frac{x^2}{2} - \frac{1}{2}\right\}$$
$$= \exp\left\{\frac{(x-1)^2}{2}\right\}$$

所以我们可以通过以下步骤生成标准正态分布随机变量的绝对值。

步骤1：生成速率为1的指数分布随机变量Y。

步骤2：生成一个随机数U。

步骤3：如果$U \leq \exp\{-(Y-1)^2/2\}$，则设$X = Y$。否则，返回步骤1。

一旦我们通过以上方法模拟了一个随机变量X，其概率密度函数如式(5.1)所示——因此，X的分布与标准正态分布的绝对值相同——我们可以通过让Z等可能取X或$-X$，从而得到标准正态分布的随机变量。

在步骤3中，只有当$U \leq \exp\{-(Y-1)^2/2\}$时，才接受$Y$，这等价于$-\log U \geq (Y-1)^2/2$。然而，例5b已经证明$-\log U$是速率为1的指数函数，因此上述条件可以等效为以下步骤。

步骤1：生成两个独立的指数分布随机变量，Y_1和Y_2，速率为1。

步骤2：如果$Y_2 \geq (Y_1-1)^2/2$，则设$X = Y_1$。否则返回步骤1。

现在假设接受前面Y_1的结果，所以我们知道Y_2大于$(Y_1-1)^2/2$。那么多多少？为了回答这个问题，回顾一下，Y_2服从速率为1的指数分布，因此，假定它超过某个值，那么Y_2超过$(Y_1-1)^2/2$的量[它的"附加生命"超过时间$(Y_1-1)^2/2$]（根据无记忆属性）也是速率为1的指数分布。也就是说，当我们在步骤2中接受时，不仅获得了X（标准正态分布的绝对值），而且通过计算$Y_2 - (Y_1-1)^2/2$，还可以生成一个独立的、速率为1的指数分布随机变量。

因此，综上所述，以下是生成速率为1的指数分布和独立标准正态随机变量的方法总结。

步骤1：生成一个速率为1的指数随机变量Y_1。

步骤2：生成另一个速率为1的指数随机变量Y_2。

步骤3：如果$Y_2 - (Y_1-1)^2/2 > 0$，则设$Y = Y_2 - (Y_1-1)^2/2$，执行步骤4。否则，返回步骤1。

步骤4：生成一个随机数U，并设

$$Z = \begin{cases} Y_1, & \text{若 } U \leq \frac{1}{2} \\ -Y_1, & \text{若 } U > \frac{1}{2} \end{cases}$$

由此生成的随机变量Z和Y是独立的，且Z是标准正态分布（均值为0、方差为1），而Y是速率为1的指数分布（如果希望正态随机变量具有均值μ和变量σ^2，只需取$\mu + \sigma Z$）。

注释：

（1）由于$c = \sqrt{2e/\pi} \approx 1.32$，上述要求步骤2的迭代次数为几何分布，均值为1.32。

（2）如果我们想生成一系列标准正态随机变量，可以用步骤3中得到的指数随机变量Y作为下一次生成正态分布所需的初始指数。因此，一般可以通过生成1.64(即$2 \times 1.32 - 1$)个指数和计算1.32个平方来模拟一个标准正态分布。

（3）标准正态分布的符号可以不通过生成新的随机数（如步骤4所示）来确定。可以使用先前生成的随机数的首位数字来决定符号。也就是说，可以将先前生成的随机数$r_1, r_2, \cdots, r_k$用作$r_2, r_3, \cdots, r_k$，并用r_1来确定符号。

（4）这里有一个生成向量 x 的 R 程序，其中包含 $n=100000$ 个独立的随机变量，每个随机的分布为标准正态分布的绝对值。注意，在生成第一个绝对标准正态变量之后，其他变量会使用先前计算的 Y 值作为下一次仿真中的一个指数变量。

```
> n = 100000
> x = array(1:n)
> Y1 = -log(runif(1))
> for(i in 1:n){
+ Y2 = -log(runif(1))
+ Y = Y2 - (Y1-1)^2/2
+ while(Y < 0){Y1 = -log(runif(1))
+ Y2 = -log(runif(1))
+ Y = Y2 - (Y1-1)^2/2
+ x[i] = Y1
+ Y1 = Y}
>
```

例如，如果我们想计算 100000 个绝对标准正态值的平均值，那么我们可以输入命令"mean(x)"，得到以下结果：

> mean(x)

[1]0.7965162

得出数据的样本标准差为：

> sd(x)

[1]0.600551

检验仿真结果时，应注意：

$$E[|Z|] = \frac{2}{\sqrt{2\pi}} \int_0^\infty x e^{-x^2/2} dx$$

$$= \sqrt{2/\pi} \left(-e^{-x^2/2} \Big|_0^\infty \right)$$

$$= \sqrt{2/\pi} = 0.7978846$$

当要模拟一个随机变量且条件为该随机变量在某个区域时，这种拒绝法尤其有用。详见以下示例。

例 5i： 假设我们希望生成一个 gamma(2,1) 随机变量，条件是它的值超过 5。也就是说，生成一个具有以下概率密度函数的随机变量：

$$f(x) = \frac{xe^{-x}}{\int_5^\infty xe^{-x}dx} = \frac{xe^{-x}}{6e^{-5}}, \quad x \geq 5$$

其中，前面的积分是通过分部积分法求得的。由于 gamma(2,1) 随机变量的期望值为 2，因此我们将使用基于均值为 2 的指数分布的拒绝法，条件是该指数随机变量的值至少为 5。也就是说，我们将使用：

$$g(x) = \frac{\frac{1}{2}e^{-x/2}}{e^{-5/2}}, \quad x \geq 5$$

现有：

$$\frac{f(x)}{g(x)} = \frac{e^{5/2}}{3} x e^{-x/2}, \quad x \geq 5$$

由于 $xe^{-x/2}$ 是 x 的一个递减函数，当 $x \geq 5$ 时，它的最大值出现在 $x=5$ 处。因此，方法中所需的迭代次数将服从几何分布，均值为：

$$c = \max_{x \geq 5} \left\{ \frac{f(x)}{g(x)} \right\} = \frac{f(5)}{g(5)} = 5/3$$

为了生成一个速率为1/2的指数随机变量，条件是其值大于5，我们利用指数分布的无记忆性（超过5的部分仍然服从速率为1/2的指数分布）来实现。因此，如果 X 是一个速率为1/2的指数随机变量，则 $5+X$ 的分布与 X 在条件为大于5时的分布相同。

因此，我们用以下方法来模拟一个具有密度函数 f 的随机变量 X。

步骤1：生成一个随机数 U。
步骤2：设 $Y = 5 - 2\log(U)$。
步骤3：生成一个随机数 U。
步骤4：如果 $U \leq \frac{e^{5/2}}{5} Y e^{-Y/2}$，则设 $X = Y$ 并停止；否则返回步骤1。

正如我们在例5f中通过使用基于指数随机变量的拒绝法模拟标准正态随机变量一样，我们也可以使用基于指数随机变量的拒绝法有效地模拟一个条件限定在某个区间内的标准正态随机变量。有关详细内容，请参见9.8节内容。

如果一个连续的随机变量具有以下概率密度函数，则称其为参数为 (a,b) 的贝塔（beta）随机变量：

$$f(x) = \frac{x^{a-1}(1-x)^{b-1}}{B(a,b)}, \quad 0 \leq x \leq 1$$

其中，$B(a,b) = \int_0^1 x^{a-1}(1-x)^{b-1} dx$ 被称为 beta 函数。当参数 a 和 b 为整数时，如 $a=i, b=m$，则：

$$B(i,m) = \frac{(i-1)!(m-1)!}{(i+m-1)!}$$

为了验证上述公式，我们首先引入顺序统计量这一概念。

假设 $X_1, X_2, \cdots, X_n$ 是独立的连续随机变量，分布函数为 F，密度函数为 $F' = f$。如果 $X_{i:n}$ 是这些值中第 i 小的值，那么随机变量 $X_{1:n}, X_{2:n}, \cdots, X_{n:n}$ 被称为与 $X_1, X_2, \cdots, X_n$ 对应的顺序统计量。

接下来我们求 $X_{i:n}$ 的密度函数。首先，注意到如果对某些 $j = 1, 2, \cdots, n$，有 $X_j = x$ 且其他 $n-1$ 个值中正好有 $i-1$ 个值小于 x，则 $X_{i:n}$ 将等于 x。因为 $X_j = x$ 的概率密度函数是 $f(x)$，而且其他 $n-1$ 个值中的每一个值都以 $F(x)$ 的概率独立地小于 x，所以小于 x 的数量服从参数为 $n-1$ 和 $F(x)$ 的二项分布。

因此，$X_{i:n} = X_j = x$ 的概率密度函数为：

$$f(x) \binom{n-1}{i-1} F(x)^{i-1} [1-F(x)]^{n-i}$$

因为当且仅当 $X_{i:n} = X_j = x$ 时（对于某些 j）$X_{i:n}$ 等于 x，可知 $X_{i:n}$ 的密度函数为：

$$f_{X_{i:n}}(x) = nf(x) \binom{n-1}{i-1} F(x)^{i-1} [1-F(x)]^{n-i}$$

$$= \frac{n!}{(i-1)!(n-i)!} f(x) F(x)^{i-1} [1-F(x)]^{n-i}$$

当 F 在 $(0,1)$ 区间内均匀分布时，由上式得出：

$$f_{X_{i:n}}(x) = \frac{n!}{(i-1)!(n-i)!} x^{i-1} (1-x)^{n-i}, \quad 0 \leq x \leq 1$$

换句话说，n 个在区间 $(0,1)$ 独立均匀分布的随机变量中第 i 大的变量是参数为 $(i, n-i+1)$ 且 $B(i, n-i+1) = \frac{(i-1)!(n-i)!}{n!}$ 的 beta 变量。

如例 5f 所示，beta 随机变量可以通过使用拒绝法来模拟，使用的候选分布为 $g(x) = 1 (0 < x < 1)$。假设现在我们要模拟 $X_{i:n}$ 的值，其中 $X_1, X_2, \cdots, X_n$ 具有连续分布 F。虽然我们总是可以通过生成具有分布 F 的独立随机变量，然后选择第 i 个最小值来做到这一点，如果可以用逆变换方法来生成具有分布 F 的随机变量，就有一种更简单的方法生成 $X_{i:n}$。

首先，假设我们通过生成 $U_1, U_2, \cdots, U_n$ 来生成 $X_1, X_2, \cdots, X_n$，并设 $X_j = F^{-1}(U_j)$，$j = 1, 2, \cdots, n$。然后我们可以让 $X_{i:n}$ 等于 $F^{-1}(U_{i:n})$，即 $X_{i:n}$ 是 $F^{-1}(U_1), F^{-1}(U_2), \cdots, F^{-1}(U_n)$ 中的第 i 个最小值。由于 $F^{-1}(U)$ 是 U 的递增函数，若 $U_{i:n}$ 是 $U_1, U_2, \cdots, U_n$ 中的第 i 个最小值，则 $F^{-1}(U_{i:n})$ 是 $F^{-1}(U_1), F^{-1}(U_2), \cdots, F^{-1}(U_n)$ 的第 i 个最小值。因此，我们可以通过生成 $U_{i:n}$ 并设 $X_{i:n} = F^{-1}(U_{i:n})$ 来生成 $X_{i:n}$。也就是说，我们只需要首先生成一个参数为 $(i, n-i+1)$ 的随机变量 Y，然后设 $X_{i:n} = F^{-1}(Y)$。

假设现在我们要同时生成 $X_{i:n}$ 和 $X_{j:n}$，其中 $i < j$。为此，我们可以通过生成 $U_{i:n}$ 和 $U_{j:n}$，即 $U_1, U_2, \cdots, U_n$ 的第 i 个和第 j 个最小值，然后设 $X_{i:n} = F^{-1}(U_{i:n})$ 且 $X_{j:n} = F^{-1}(U_{j:n})$ 来实现这一目标。为了生成 $U_{i:n}$ 和 $U_{j:n}$，首先生成一个具有参数 $(j, n-j+1)$ 的 beta 分布随机变量 Y，并设 $U_{j:n} = Y$。

现在，已知 $U_1, U_2, \cdots, U_n$ 的第 j 个最小值等于 y，则很容易验证小于 y 的 $j-1$ 个值是在区间 $(0, y)$ 内独立均匀分布的随机变量，因此分布为 $yV_1, yV_2, \cdots, yV_{j-1}$，其中 $V_1, V_2, \cdots, V_{j-1}$ 为在区间 $(0,1)$ 内独立均匀分布的变量。因此，这 $j-1$ 个值中的第 i 个最小值分布为 y 乘以一个在区间 $(i, j-i)$ 内分布的 beta 随机变量。因此，$i < j$ 时，我们可以通过先生成一个在区间 $(i, n-j+1)$ 内分布的 beta 随机变量 Y 来生成 $X_{i:n}$ 和 $X_{j:n}$，然后生成一个在区间 $(i, j-i)$ 内分布的 beta 随机变量 W，并设 $X_{j:n} = F^{-1}(Y)$ 且 $X_{i:n} = F^{-1}(YW)$。

5.3 生成正态随机变量的极坐标法

设 X 和 Y 是独立的标准正态随机变量，且 R 和 Θ 表示向量 (X, Y) 的极坐标，即（见图 5.2），

$$R^2 = X^2 + Y^2$$

$$\tan \Theta = \frac{Y}{X}$$

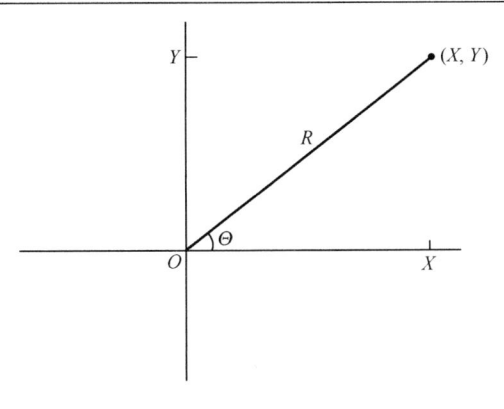

图 5.2 极坐标

由于 X 和 Y 是独立的，它们的联合密度函数是它们各自密度函数的乘积，因此有：

$$f(x,y) = \frac{1}{\sqrt{2\pi}}e^{-x^2/2}\frac{1}{\sqrt{2\pi}}e^{-y^2/2}$$
$$= \frac{1}{2\pi}e^{-(x^2+y^2)/2} \qquad (5.3)$$

为了确定 R^2 和 Θ 的联合密度函数 $f(d,\theta)$，我们做变量替换：

$$d = x^2 + y^2, \quad \theta = \tan^{-1}\left(\frac{y}{x}\right)$$

由于很容易证明该替换的雅可比（Jacobian）矩阵（d 和 θ 关于 x 和 y 的偏导数的行列式）等于 2，由式（5.3）可知 R^2 和 Θ 的联合密度函数为

$$f(d,\theta) = \frac{1}{2}\frac{1}{2\pi}e^{-d/2}, \quad 0 < d < \infty, \quad 0 < \theta < 2\pi$$

这表示该联合密度函数等于一个均值为 2 的指数分布密度函数 $\left(\frac{1}{2}e^{-d/2}\right)$ 和一个在区间 $(0, 2\pi)$ 内均匀分布的密度函数 $\left(\frac{1}{2\pi}\right)$ 的乘积，因此，R^2 和 Θ 是独立的，且 R^2 服从均值为 2 的指数分布，Θ 在区间 $(0, 2\pi)$ 内均匀分布，即

$$R^2 \sim \text{Exp}(2), \quad \Theta \sim \text{Uniform}(0, 2\pi) \qquad (5.4)$$

我们现在可以通过使用式（5.4）来生成一对独立的标准正态随机变量 X 和 Y，方法是首先生成它们的极坐标，然后将其转换回直角坐标。具体步骤如下所述。

步骤 1：生成随机数 U_1 和 U_2。

步骤 2：计算 $R^2 = -2\log U_1$（因此 R^2 服从均值为 2 的指数分布），并计算 $\Theta = 2\pi U_2$【因此 Θ 在区间（0, 2π）内均匀分布】。

步骤 3：现在令

$$X = R\cos\Theta = \sqrt{-2\log U_1}\cos(2\pi U_2)$$
$$Y = R\sin\Theta = \sqrt{-2\log U_1}\sin(2\pi U_2) \qquad (5.5)$$

由式（5.5）给出的变换称为 Box-Muller 变换。

不幸的是，使用 Box-Muller 变换来生成一对独立的标准正态本布变量在计算上效率并不是很高：原因在于需要计算正弦和余弦等三角函数。然而，有一种方法可以绕过这个时间消

耗较大的难题，即通过间接计算随机角度的正弦和余弦（与直接计算相反，直接计算生成 U 然后计算 $2\pi U$ 的正弦和余弦）。首先，注意到如果 U 是均匀分布在 $(0,1)$ 区间内的，那么 $2U$ 就均匀分布在 $(0,2)$ 区间内，因此 $2U-1$ 就均匀分布在 $(-1,1)$ 区间内。于是，如果我们生成随机数 U_1 和 U_2 并设

$$V_1 = 2U_1 - 1$$
$$V_2 = 2U_2 - 1$$

则 (V_1, V_2) 均匀分布在以 $(0,0)$ 为中心的面积为 4 的正方形内（见图 5.3）。

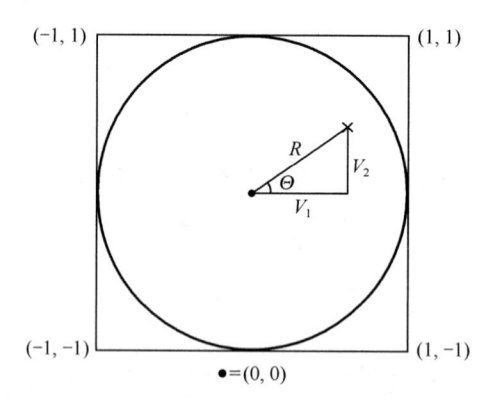

图 5.3　(V_1, V_2) 均匀分布于正方形内

假设现在我们不断生成这样的 (V_1, V_2) 点，直到得到一个位于半径为 1 的圆内的点，即直到 (V_1, V_2) 满足 $V_1^2 + V_2^2 \leq 1$。现在可以推导出这样的 (V_1, V_2) 点是均匀分布在单位圆内的。如果我们设 R 和 Θ 表示该点的极坐标，那么不难证明 R 和 Θ 是独立的，且 R^2 在 $(0,1)$ 区间内均匀分布（见习题 26），而 Θ 在 $(0, 2\pi)$ 区间内均匀分布。由于 Θ 是一个随机角度，因此我们可以通过在圆中随机生成一个点 (V_1, V_2)，然后设以下等式，来计算一个随机角度 Θ 的正弦和余弦：

$$\sin\Theta = \frac{V_2}{R} = \frac{V_2}{(V_1^2 + V_2^2)^{1/2}}$$
$$\cos\Theta = \frac{V_1}{R} = \frac{V_1}{(V_1^2 + V_2^2)^{1/2}}$$

因此，按照 Box-Muller 变换，我们可以通过生成随机数 U 和设以下等式来生成独立的标准正态变量：

$$X = (-2\log U)^{1/2} \frac{V_1}{(V_1^2 + V_2^2)^{1/2}}$$
$$Y = (-2\log U)^{1/2} \frac{V_2}{(V_1^2 + V_2^2)^{1/2}} \tag{5.6}$$

实际上，由于 $R^2 = V_1^2 + V_2^2$ 本身是均匀分布在 $(0,1)$ 区间内的，并且独立于随机角度 Θ，我们可以将其作为式（5.6）中所需的随机数 U。因此，令 $S = R^2$，我们得到：

$$X = (-2\log S)^{1/2} \frac{V_1}{S^{1/2}} = V_1 \left(\frac{-2\log S}{S}\right)^{1/2}$$
$$Y = (-2\log S)^{1/2} \frac{V_2}{S^{1/2}} = V_2 \left(\frac{-2\log S}{S}\right)^{1/2}$$

当(V_1,V_2)是圆内随机选取的点,并且$S=V_1^2+V_2^2$时,X和Y是独立的标准正态分布变量。

综上所述,我们得到了生成一个独立标准正态分布的变量的方法如下。

步骤1:生成随机数U_1和U_2。

步骤2:设$V_1=2U_1-1,V_2=2U_2-1,S=V_1^2+V_2^2$。

步骤3:如果$S>1$,则返回步骤1。

步骤4:返回独立的标准正态分布随机变量。

$$X=\sqrt{\frac{-2\log S}{S}}V_1,\quad Y=\sqrt{\frac{-2\log S}{S}}V_2$$

上述方法称为极坐标法。由于随机点落在正方形内的概率为圆内面积与正方形面积的比值,即$\pi/4$。因此,极坐标法平均需要执行$\pi/4=1.273$次步骤1。因此,平均需要2.546个随机数、1个对数、1个平方根、1次除法以及4.546次乘法来生成两个独立的标准正态分布随机变量。

5.4 泊松过程的生成

假设我们想要生成速率为λ的泊松过程中前n个事件时间。为此,我们可以利用以下结果:泊松过程的相邻事件之间的时间间隔是相互独立的指数分布随机变量,每个随机变量的速率为λ。因此,一种生成该过程的方法是生成这些相邻事件的时间间隔。因此,我们如果生成n个随机数$U_1,U_2,\cdots,U_n$,并设$X_i=-\frac{1}{\lambda}\log U_i$,那么可以将$X_i$视为泊松过程中第$i-1$个和第$i$个事件之间的时间。由于第$j$个事件的实际时间将等于前$j$个时间间隔的总和,因此前$n$个事件时间的生成值是$\sum_{i=1}^{j}X_i,j=1,2,\cdots,n$。

如果我们想要生成在T时间单位内发生的事件时间,我们可以按照前述方法依次生成时间间隔,直到它们的和超过T。也就是说,可以使用以下方法生成速率为λ的泊松过程在区间$(0,T)$内发生的所有事件时间。方法中的t表示时间,I表示到达时间t时已经发生的事件数,$S(I)$表示最近一次事件发生的时间。

生成速率为λ的泊松过程的前T个时间单位的步骤如下所述。

步骤1:$t=0$,$I=0$。

步骤2:生成一个随机数U。

步骤3:$t=t-\frac{1}{\lambda}\log U$。如果$t>T$,则停止。

步骤4:$I=I+1$,$S(I)=t$。

步骤5:返回步骤2。

在上述方法中,I的最终值将表示在时间T之前发生的事件数,而$S(1),S(2),\cdots,S(I)$将表示这I个事件的发生时间,按升序排列。

另一种模拟泊松过程在前T时间单位内的事件时间的方法是先模拟$N(T)$,即在时间T内发生的事件总数。因为$N(T)$服从均值为λT的泊松过程,可以通过第4章中介绍的一种方法来轻松实现。若$N(T)$的模拟值为n,则生成n个随机数$U_1,U_2,\cdots,U_n$,$\{TU_1,TU_2,\cdots,TU_n\}$为泊松过程时间$T$的事件时间集。这一方法有效,因为在$N(T)=n$的条件下,事件时间的无序集是在区间$(0,t)$内均匀分布的$n$个独立的随机变量的集。

为了验证上述方法是否有效，设 $N(t)$ 为 $\{TU_1, TU_2, \cdots, TU_{N(T)}\}$ 集中小于 t 的事件数。我们现在要证明 $N(t), 0 \leq t \leq T$，构成一个泊松过程。为了证明它具有独立且平稳的增量，设 $I_1, I_2, \cdots, I_r$ 为区间 $(0, T)$ 内的 r 个不相交的时间区间。如果 TU_i 位于这 r 个不相交时间区间的第 i $(i=1, 2, \cdots, r)$ 个，则称第 i 个泊松事件为 i 类事件，如果它不在 r 个区间内，则称之为 $r+1$ 类事件。

由于 $U_i (i \geq 1)$ 是独立变量，因此每个泊松事件 $N(T)$ 都被独立地分类为 $1, 2, \cdots, r+1$ 类中的一种，概率分别为 $p_1, p_2, \cdots, p_{r+1}$，其中 p_i 为 $i \leq r$ 时区间长度 I_i 除以 T，且 $p_{r+1} = 1 - \sum_{i=1}^{r} p_i$。根据 2.8 节的结果，不相交区间内的事件数 $N_1, N_2, \cdots, N_r$ 为独立的泊松随机变量，其中 $E[N_i]$ 等于 λ 乘以区间长度 I_i，这就证明了 $N(t), 0 \leq t \leq T$ 既有平稳增量也有独立增量成立。由于在任意长度为 h 的区间内的事件数都呈泊松分布，且均值为 λh，则有：

$$\lim_{h \to 0} \frac{P\{N(h) = 1\}}{h} = \lim_{h \to 0} \frac{\lambda h e^{-\lambda h}}{h} = \lambda$$

且

$$\lim_{h \to 0} \frac{P\{N(h) \geq 2\}}{h} = \lim_{h \to 0} \frac{1 - e^{-\lambda h} - \lambda h e^{-\lambda h}}{h} = 0$$

这就完成了验证。

如果仅需要模拟泊松过程的事件时间集，那么使用上述方法将比模拟指数分布的时间间隔更有效。然而，通常我们希望事件时间按升序排列，因此我们还需要对值 TU_i $(i = 1, 2, \cdots, n)$ 进行排序。

5.5 非齐次泊松过程的生成

非齐次泊松过程是一个以建模为目的的重要计数过程，它放宽了泊松过程对平稳增量的假设。因此，它允许到达率不一定恒定，而是可以随着时间的推移而发生变化。通常，获得假设为非齐次泊松到达过程的数学模型的解析解是非常困难的，因此这类过程的应用并不如应有的那样广泛。然而，由于可以通过模拟分析此类模型，我们预计此类数学模型将变得越来越常见。

假设我们想要模拟一个具有密度函数 $\lambda(t)$ 的非齐次泊松过程中前 T 个时间单位。我们介绍的第一种方法，称为细化或随机采样方法，首先选择一个值 λ，使得对于所有 $t \leq T$，有 $\lambda(t) \leq \lambda$。

如第 2 章所示，非齐次泊松过程可以通过随机选择一个速率为 λ 的泊松过程的事件时间来生成。也就是说，如果在时间 t 处发生了一个泊松过程的事件，并且这个事件以 $\lambda(t)/\lambda$ 的概率被计数（与之前发生的事件无关），那么被计数的事件过程就是一个密度函数为 $\lambda(t)$ $(0 \leq t \leq T)$ 的非齐次泊松过程。因此，通过模拟一个泊松过程，然后随机计数其事件，我们可生成所需的非齐次泊松过程。可以按以下步骤完成此过程。

步骤 1：$t = 0, I = 0$。

步骤 2：生成一个随机数 U。

步骤 3：$t = t - \dfrac{1}{\lambda} \log U$。如果 $t > T$，则停止。

步骤 4：生成一个随机数 U。

步骤 5：如果 $U \leq \lambda(t)/\lambda$，则设 $I = I + 1$，$S(I) = t$。

步骤 6：回到步骤 2。

在上述步骤中，$\lambda(t)$ 是密度函数，λ 是满足 $\lambda(t) \leq \lambda$ 的常数。最终的 I 值表示时间 T 内发生的事件数，$S(1), \cdots, S(I)$ 是事件发生的时间。

上述过程被称为细化方法（因为该方法"细化"了齐次泊松点），当 $\lambda(t)$ 在整个区间内接近 λ 时，这个过程是最有效的，因为它会产生最少的被拒绝的事件时间。因此，明显的改进是将区间划分为若干个子区间，并在每个子区间内使用该过程，即确定合适的值 $k, 0 = t_0 < t_1 < t_2 < \cdots < t_k < t_{k+1} = T, \lambda_1, \lambda_2, \cdots, \lambda_{k+1}$，使：

$$\lambda(s) \leq \lambda_i \quad \text{如果} \, t_{i-1} \leq s < t_i, i = 1, 2, \cdots, k+1 \tag{5.7}$$

现在，生成非齐次泊松过程时，对于每个区间 (t_{i-1}, t_i)，通过生成速率为 λ_i 的指数随机变量，并以概率 $\lambda(s)/\lambda_i$ 接受生成的事件在时间 s 发生，其中 $s \in (t_{i-1}, t_i)$。由于指数分布的无记忆属性，以及指数分布的速率可以通过乘以常数来改变，因此从一个子区间到下一个子区间的效率不会丧失。也就是说，如果我们在区间 (t_{i-1}, t_i) 内，生成速率为 λ_i 的指数随机变量 X，且满足 $t + X > t_i$，那么我们可以使用 $\lambda_i[X - (t_i - t)]/\lambda_{i+1}$ 作为下一个速率为 λ_{i+1} 的指数随机变量。

因此，当满足式（5.7）时，我们得到了生成非齐次泊松过程的方法。在该方法中，t 表示当前时间，J 表示当前区间（当 $t_{j-1} \leq t < t_j$ 时，$J = j$），I 表示至今已发生的事件数，$S(1), S(2), \cdots, S(I)$ 表示事件的发生时间。具体实现步骤如下所述。

步骤 1：$t = 0, J = 1, I = 0$。

步骤 2：生成一个随机数 U，并设 $X = \dfrac{-1}{\lambda_J} \log U$。

步骤 3：如果 $t + X > t_J$，则跳转到步骤 8。

步骤 4：$t = t + X$。

步骤 5：生成一个随机数 U。

步骤 6：如果 $U \leq \lambda(t)/\lambda_J$，则设 $I = I + 1, S(I) = t$。

步骤 7：回到步骤 2。

步骤 8：如果 $J = K + 1$，则停止。

步骤 9：$X = (X - t_J + t)\lambda_J/\lambda_{J+1}, t = t_J, J = J + 1$。

步骤 10：返回步骤 3。

假设现在在某子区间 (t_{i-1}, t_i) 上有 $\lambda_i > 0$，其中：

$$\lambda_i = \text{Infimum}\{\lambda(s): t_{i-1} \leq s < t_i\}$$

在这种情况下，我们不应该直接使用细化方法，而应该首先在期望区间内模拟速率为 λ_i 的泊松过程，然后在 $s \in (t_{i-1}, t_i)$ 时模拟密度函数为 $\lambda(s) = \lambda(s) - \lambda_i$ 的非齐次泊松过程（对于泊松过程生成的最后一个指数分布，超出所需边界的部分不必浪费，而是可以通过适当地转换使其可重复使用）。将这两个过程进行叠加（或合并）可以得到期望的过程。这样做的原因是，它节省了为泊松分布的事件次数【均值为 $\lambda_i(t_i - t_{i-1})$】生成均匀随机变量的步骤。

例如，考虑以下情况：

$$\lambda(s) = 10 + s, \ 0 < s < 1$$

使用细化方法，设定 $\lambda = 11$，将生成一个预期数量为 11 的事件，每个事件都需要一个随机数来确定是否应被接受。另一方面，可以先生成一个速率为 10 的泊松过程，然后将其与一个速率为 $\lambda(s) = s(0 < s < 1)$ 的非齐次泊松过程合并（由 $\lambda = 1$ 的细化方法生成），得到同样分布

的事件时间,但需要检查以决定是否接受的预期数量为 1。

模拟密度函数为 $\lambda(t), t > 0$ 的非齐次泊松过程的第二种方法是直接生成连续的事件时间。令 $S_1, S_2, \cdots$ 表示这一过程的连续事件时间。由于这些随机变量显然是相关的,我们按照顺序生成它们——从 S_1 开始,然后使用生成的 S_1 来生成 S_2,以此类推。

首先,注意,如果一个事件发生在时间 s,那么该事件独立于时间 s 之前发生的事件,直到下一个事件的额外时间服从分布 F_s,表示为

$$\begin{aligned}
F_s(x) &= P\{\text{从}s\text{到下一事件的时间小于}x | \text{事件发生在时间}s\} \\
&= P\{x + s \text{之前的下一事件} | \text{事件发生在时间}s\} \\
&= P\{s \text{和} s + x \text{之间的事件} | \text{事件发生在时间}s\} \\
&= P\{s \text{和} s + x \text{之间的事件}\} \text{独立增量} \\
&= 1 - P\{(s, s+x) \text{间的0事件}\} \\
&= 1 - \exp\left(-\int_s^{s+x} \lambda(y) \mathrm{d}y\right) \\
&= 1 - \exp\left(-\int_0^x \lambda(s + y) \mathrm{d}y\right)
\end{aligned} \tag{5.8}$$

我们现在可以通过生成来自分布 F_0 的 S_1 来模拟事件时间 $S_1, S_1, \cdots$;如果 S_1 的模拟值为 s_1,则将 s_1 与分布 F_{S_1} 的生成值相加,生成 S_2;如果这个和是 s_2,则通过将 s_2 与分布 F_{S_2} 的生成值相加来生成 S_3;以此类推。当然,从这些分布中进行模拟的方法应该取决于这些分布的形式。在下面的例子中,分布 F_S 很容易逆变换,因此可以应用逆变换法。

例 5j:假设 $\lambda(t) = 1/(t + a), t \geq 0$,$a$ 为正常数。那么

$$\int_0^x \lambda(s + y) \mathrm{d}y = \int_0^x \frac{1}{s + y + a} \mathrm{d}y = \log\left(\frac{x + s + a}{s + a}\right)$$

因此,由式(5.8)可得:

$$F_S(x) = 1 - \frac{s + a}{x + s + a} = \frac{x}{x + s + a}$$

要进行逆变换,假设 $x = F_S^{-1}(u)$,那么:

$$u = F_S(x) = \frac{x}{x + s + a}$$

或等同于:

$$x = \frac{u(s + a)}{1 - u}$$

即

$$F_S^{-1}(u) = (s + a)\frac{u}{1 - u}$$

因此,我们可以通过生成随机数 $U_1, U_2, \cdots$ 来依次生成事件时间 $S_1, S_2, \cdots$,并递归地设:

$$S_1 = \frac{aU_1}{1 - U_1}$$

$$S_2 = S_1 + (S_1 + a)\frac{U_2}{1 - U_2} = \frac{S_1 + aU_2}{1 - U_2}$$

通常:

$$S_j = S_{j-1} + (S_{j-1} + a)\frac{U_j}{1-U_j} = \frac{S_{j-1} + aU_j}{1-U_j}, \quad j \geq 2$$

5.6 二维泊松过程的仿真

由平面上随机出现的点组成的过程称为二维泊松过程,其速率为 $\lambda(\lambda>0)$,该过程满足以下条件:

(1) 在任何给定的面积为 A 的区域内,出现的点数服从泊松分布,均值为 λ_A。

(2) 出现的点数在不相交的区域之间是独立的。

对于平面上给定的固定点 **0**,我们现在展示如何模拟一个速率为 λ 的二维泊松过程,这些点在以点 **0** 为中心、半径为 r 的圆形区域内出现。

令 $C(a)$ 表示以 **0** 点为中心、半径为 a 的圆形区域,根据条件(1),$C(a)$ 中的点数服从泊松分布,均值为 $\lambda\pi a^2$。令 $R_i(i \geq 1)$ 表示从 **0** 点到第 i 个最近点的距离(见图 5.4)。那么

$$P\{\pi R_1^2 > x\} = P\{R_1 > \sqrt{x/\pi}\}$$
$$= P\left\{C\left(\sqrt{\frac{x}{\pi}}\right)\text{中无点}\right\}$$
$$= e^{-\lambda x}$$

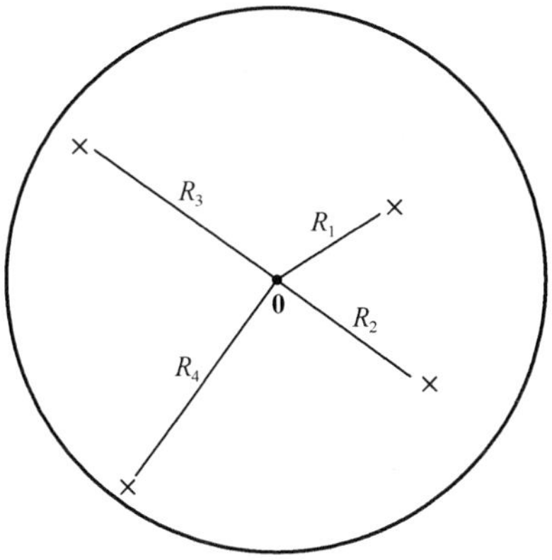

图 5.4 二维泊松过程

其中最后一个等式使用了 $C\sqrt{x/\pi}$ 的面积为 x 的事实。此外,由于 $C(b) - C(a)$ 表示区域 $C(b)$ 和 $C(a)$ 之间的部分区域,且 $a < b$,那么有:

$$P\{\pi R_2^2 - \pi R_1^2 > x | R_1 = a\}$$
$$= P\left\{R_2 > \sqrt{\frac{x + \pi R_1^2}{\pi}} \bigg| R_1 = a\right\}$$
$$= P\left\{\text{在区域}C\left(\sqrt{\frac{x + \pi a^2}{\pi}}\right) - C(a)\text{中没有点} \bigg| R_1 = a\right\}$$
$$= P\left\{\text{在区域}C\left(\sqrt{\frac{x + \pi a^2}{\pi}}\right) - C(a)\text{中没有点}\right\} \quad \text{条件(2)}$$
$$= e^{-\lambda x}$$

事实上，可以不断重复上述推理，得到以下命题。

命题： 当 $R_0 = 0$ 时，$\pi R_i^2 - \pi R_{i-1}^2 (i \geq 1)$ 是独立的指数分布随机变量，每个随变量的速率为 λ。

换句话说，需要穿越的区域的大小以速率 λ 服从指数分布。由于对称性，泊松点的角度是独立的，并且在 $(0, 2\pi)$ 区间内均匀分布。因此，我们得到以下用于在以 0 点为中心、半径为 r 的圆形区域内模拟泊松过程的方法。

步骤 1：生成独立的指数分布随机变量 $X_1, X_2, \cdots$，直到满足 $N = \text{Min}\{n : X_1 + X_2 + \cdots + X_n > \pi r^2\}$。

步骤 2：如果 $N = 1$，则停止，表示在 $C(r)$ 中没有点。否则，对于 $i = 1, 2, \cdots, N-1$，设

$$R_i = \sqrt{\frac{X_1 + X_2 + \cdots + X_i}{\pi}}$$

即

$$\pi R_i^2 = X_1 + X_2 + \cdots + X_i$$

步骤 3：生成随机数 $U_1, U_2, \cdots, U_{N-1}$。

步骤 4：$N-1$ 个泊松点的极坐标为 $(R_i, 2\pi U_i)$，$i = 1, 2, \cdots, N-1$。

可以将上述方法视为一个扇形展开的过程，即从以 0 点为圆心的圆开始，其半径从 0 连续扩展到 r。在一个点遇到另一个点之前需要探索的其他平面区域总是以速率 λ 呈指数分布，通过这一结果来模拟点遇到点时的连续半径。这种扇形展开技术也可以用来模拟非圆形区域的过程。例如，考虑一个非负函数 $f(x)$，并假设在 x 轴和函数 $f(x)$（见图 5.5）之间的区域模拟泊松过程，其中 x 从 0 到 T。为此，可以从左侧边缘开始，考虑相遇的连续区域垂直向右扇形展开。具体而言，如果 $X_1 < X_2 < \cdots$ 表示泊松过程点在 x 轴上的连续投影，则与之前完全相同（当 $X_0 = 0$ 时），即

$$\int_{X_{i-1}}^{X_i} f(x) \mathrm{d}x, \ i = 1, 2, \cdots, \text{独立且均值为} \lambda$$

因此，可以通过生成速率为 λ 的独立指数随机变量 $W_1, W_2, \cdots$ 来模拟泊松点，停在：

$$N = \min\left\{n : W_1 + \cdots + W_n > \int_0^T f(x) \mathrm{d}x\right\}$$

现在用以下方程来确定 $X_1, X_2, \cdots, X_{N-1}$：

$$\int_0^{X_1} f(x) \mathrm{d}x = W_1$$

$$\int_{X_1}^{X_2} f(x) \mathrm{d}x = W_2$$

$$\vdots$$

$$\int_{X_{N-2}}^{X_{N-1}} f(x) \mathrm{d}x = W_{N-1}$$

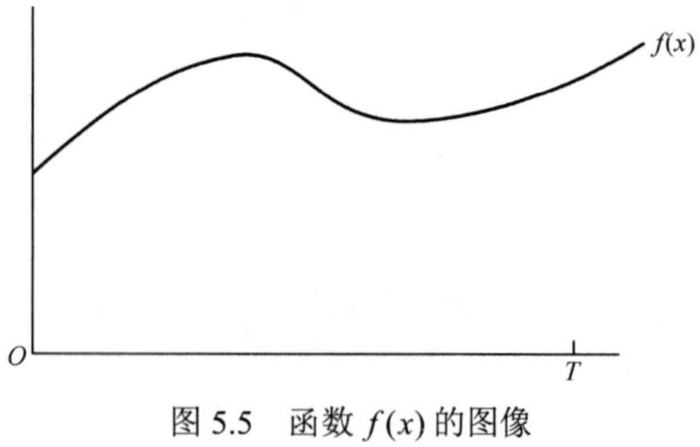

图 5.5 函数 $f(x)$ 的图像

由于 x 坐标为 X_i 的点在 y 轴上的投影在 $[0,f(X_i)]$ 区间清楚地均匀分布。因此，如果我们现在生成随机数 $U_1,U_2,\cdots,U_{N-1}$，则在直角坐标中所模拟的泊松点为 $[X_i,U_if(X_i)], i=1,2,\cdots,N-1$。

上述过程在函数 $f(x)$ 足够规则的情况下最为有用，这样可以高效地求解 X_i 的值。例如，如果 $f(x)=c$（因此区域为矩形），我们可以将 X_i 表示为

$$X_i = \frac{W_1+W_2+\cdots+W_i}{c}$$

并且泊松点为：

$$(X_i, cU_i), i=1,2,\cdots,N-1$$

习题

1. 给出一种生成具有以下密度函数的随机变量的方法：
$$f(x) = e^x/(e-1), \quad 0 \leq x \leq 1$$

2. 给出一种生成具有以下密度函数的随机变量的方法：
$$f(x) = \begin{cases} \dfrac{x-2}{2}, & \text{若} 2 \leq x \leq 3 \\ \dfrac{2-x/3}{2}, & \text{若} 3 \leq x \leq 6 \end{cases}$$

3. 用逆变换法生成具有以下分布函数的随机变量：
$$F(x) = \frac{x^2+x}{2}, \quad 0 \leq x \leq 1$$

4. 给出一种生成具有以下分布函数的随机变量的方法：
$$F(x) = 1 - \exp(-\alpha x^\beta), \quad 0 < x < \infty$$

具有这种分布的随机变量被称为威布尔（Weibull）随机变量。

5. 给出一种生成具有以下密度函数的随机变量的方法：
$$f(x) = \begin{cases} e^{2x}, & -\infty < x < 1 \\ e^{-2x}, & 0 < x < \infty \end{cases}$$

6. 如何生成一个在区间 (a,b) 内均匀分布的随机变量？其中，$a<b$。

7. （组合法）假设从任意分布 $F_i(i=1,2,\cdots,n)$ 中生成随机变量相对容易。如何生成一个具有以下分布函数的随机变量：

$$F(x) = \sum_{i=1}^{n} p_i F_i(x)$$

其中，$p_i(i=1,\cdots,n)$ 是和为 1 的非负数。

8. 根据习题 7 的结果，求出从以下分布函数生成随机变量的方法。

a. $F(x) = \dfrac{x+x^3+x^5}{3}, \quad 0 \leq x \leq 1$

b. $F(x) = \begin{cases} \dfrac{1-e^{-2x}+2x}{3}, & \text{若} 0 < x < 1 \\ \dfrac{3-e^{-2x}}{3}, & \text{若} 1 < x < \infty \end{cases}$

c. $F(x) = \sum_{i=1}^{n} \alpha_i x^i$, $0 \leq x \leq 1$, 其中 $\alpha_i \geq 0$, $\sum_{i=1}^{n} \alpha_i = 1$

9. 给出一种生成具有以下分布函数的随机变量的方法：

$$F(x) = \int_0^\infty x^y e^{-y} dy, \quad 0 \leq x \leq 1$$

提示：根据习题 7 的组合法进行思考。令 F 表示 X 的分布函数，并假设在 $Y = y$ 的条件下，X 的条件分布为

$$P\{X \leq x | Y = y\} = x^y, \quad 0 \leq x \leq 1$$

10. 一家意外事故保险公司有 1000 名投保人，每个人在下个月将以 0.05 的概率独立提出索赔。假设提出的索赔金额是独立的指数分布随机变量，均值为 800 美元，用仿真来估算这些索赔总额超过 50000 美元的概率。

11. 编写一个方法，用于生成成组的 3 个指数随机变量。将此算法的计算需求与在例 5c 中提出的生成成对指数随机变量的方法进行比较。

12. 假设很容易从任意分布 $F_i (i = 1, 2, \cdots, n)$ 中生成随机变量。如何从以下分布中生成随机变量？

a. $F(x) = \prod_{i=1}^{n} F_i(x)$

b. $F(x) = 1 - \prod_{i=1}^{n} [1 - F_i(x)]$

提示：如果 $X_i (i = 1, 2, \cdots, n)$ 是独立的随机变量，X_i 具有分布函数 F_i，那么什么随机变量具有分布函数 F？

13. 根据习题 12 的结果，用拒绝法求出除逆变换法外，可用于生成具有以下分布函数的随机变量的另外两种方法：

$$F(x) = x^n, \quad 0 \leq x \leq 1$$

并讨论从 F 生成的 3 种方法的效率。

14. 设 G 为具有密度函数 g 的分布函数，假设常数 $a < b$，从以下分布函数生成一个随机变量：

$$F(x) = \frac{G(x) - G(a)}{G(b) - G(a)}, \quad a \leq x \leq b$$

a. 如果 X 服从分布 G，那么 F 是给定什么信息后的 X 的条件分布？

b. 证明：在这种情况下，拒绝法简化为先生成一个服从分布 G 的随机变量 X，然后如果 X 位于 a 和 b 之间，则接受它。

15. 求出两种生成具有以下密度函数的随机变量的方法：

$$f(x) = xe^{-x}, \quad 0 \leq x \leq \infty$$

并对其效率进行比较。

16. 求出两种生成具有以下分布函数的随机变量的方法：

$$F(x) = 1 - e^{-x} - e^{-2x} + e^{-3x}, \quad x > 0$$

17. 求出两种生成具有以下密度函数的随机变量的方法：

$$f(x) = \frac{1}{4} + 2x^3 + \frac{5}{4}x^4, \quad 0 < x < 1$$

18. 求出一种生成具有以下密度函数的随机变量的方法：
$$f(x) = 2xe^{-x^2}, \quad x > 0$$

19. 展示如何生成一个随机变量，其分布函数为：
$$F(x) = \frac{1}{2}(x + x^2), \quad 0 \leq x \leq 1$$

使用以下方法：

a．逆变换法；

b．拒绝法；

c．组合法。

你认为哪种方法最适合这个例子？简单阐述你的答案。

20．用拒绝法求出一种有效的方法来生成具有以下密度函数的随机变量：
$$f(x) = \frac{1}{2}(1+x)e^{-x}, \quad 0 < x < \infty$$

21．当生成具有参数 $(\alpha,1), \alpha < 1$ 且条件为超过 c 的 gamma 随机变量时，通过使用条件为超过 c 的指数的拒绝法，要用的最佳指数是什么？一定是均值为 α【gamma$(\alpha,1)$ 随机变量的均值】的那一个指数吗？

22．求出一种生成具有以下密度函数的随机变量的方法：
$$f(x) = 30(x^2 - 2x^3 + x^4), \quad 0 \leq x \leq 1$$

并讨论这一方法的效率。

23．求出一种生成具有以下密度函数的随机变量 X 的有效方法：
$$f(x) = \frac{1}{0.000336}x(1-x)^3, \quad 0.8 < x < 1$$

24．在例 5h 中，用具有速率为 1 的指数分布的拒绝法来模拟正态分布随机变量。证明：在所有的指数密度函数 $g(x) = \lambda e^{-\lambda x}$ 中，当 $\lambda = 1$ 时，所需的迭代次数最少。

25．编写一个程序，用例 5h 的方法生成正态分布随机变量。

26．设 (X,Y) 在半径为 1 的圆内均匀分布。证明：如果 R 是圆心到 (X,Y) 的距离，那么 R^2 在区间 $(0,1)$ 内均匀分布。

27．编写程序，生成速率为 λ 的泊松过程的前 T 个时间单位。

28．要完成一项工作，工人必须按顺序经过 k 个阶段。完成阶段 i 的时间是一个速率为 $\lambda_i (i=1,2,\cdots,k)$ 的指数分布随机变量。然而，在完成阶段 i 的工作后，工人只会以 $\alpha_i (i=1,2,\cdots,k-1)$ 的概率进入下一阶段。也就是说，在完成阶段 i 的工作后，工人将以 $1-\alpha_i$ 的概率停止工作。如果设 X 表示工人在工作上花费的时间，那么称 X 为 Coxian 随机变量。编写一个生成这种随机变量的方法。

29．公共汽车按照泊松过程以每小时 5 辆的速度到达体育赛事现场。每辆汽车同等可能容纳 $20,21,\cdots,40$ 个球迷，不同汽车的编号相互独立。编写一个模拟所有球迷在时间 $t=1$ 到达赛事现场的算法。

30．a．编写一个程序，使用细化方法生成具有以下强度函数的非齐次泊松过程的前 10 个时间单位：
$$\lambda(t) = 3 + \frac{4}{t+1}$$

b. 提出一种改进细化方法的方法，针对这个例子。

31. 求出一种有效方法，使其生成具有以下强度函数的非齐次泊松过程的前 10 个时间单位：

$$\lambda(t) = \begin{cases} \dfrac{t}{5}, & 0 < t < 5 \\ 1 + 5(t-5), & 5 < t < 10 \end{cases}$$

32. 证明：强度函数为 $\lambda(t), t \geq 0$ 的非齐次泊松过程的第一个事件时间有失败率函数 $\lambda(t), t \geq 0$。说明如何用细化方法生成具有给定失败率函数 $\lambda(t), t \geq 0$ 的随机变量。

33. 编写一个程序，在半径为 R 的圆内生成二维泊松过程的点，并在 $\lambda = 1$ 和 $R = 5$ 时运行该程序。绘制所得到的点。

参考文献

Dagpunar, T., 1988. Principles of Random Variate Generation. Clarendon Press, Oxford.
Devroye, L., 1986. Nonuniform Random Variate Generation. Springer-Verlag, New York.
Fishman, G.S., 1978. Principles of Discrete Event Simulation. Wiley, New York.
Knuth, D., 2000. The art of computer programming. In: Seminumerical Algorithms, 2nd ed., vol. 2. Addison-Wesley, Reading, MA.
Law, A.M., Kelton, W.D., 1997. Simulation Modelling and Analysis, 3rd ed. McGraw-Hill, New York.
Lewis, P.A.W., Shedler, G.S., 1979. Simulation of nonhomogeneous Poisson processes by thinning. Naval Research Logistics Quarterly 26, 403–413.
Marsaglia, G., 1963. Generating discrete random variables in a computer. Communications of the ACM 6, 37–38.
Morgan, B.J.T., 1983. Elements of Simulation. Chapman and Hall, London.
Ripley, B.D., 1983. Computer generation of random variables: a tutorial. International Statistical Review 51, 301–319.
Ripley, B.D., 1986. Stochastic Simulation. Wiley, New York.
Rubenstein, R.Y., 1981. Simulation and the Monte Carlo Method. Wiley, New York.
Schmeiser, B.W., 1980. Random variate generation, a survey. In: Proc. 1980 Winter Simulation Conf. Orlando, FL, pp. 79–104.

第 6 章 多元正态分布与联结函数

在本章中,我们介绍了多元正态分布,并展示了如何生成具有这种联合分布的随机变量。此外,我们还将介绍联结函数,该函数在选择联合分布时非常有用,特别是当对随机变量的边缘分布已知时。

6.1 多元正态

设 $Z_1,\cdots,Z_m$ 是均值为 0、方差为 1 的独立同分布正态随机变量。如果对于常数 $a_{i,j}, i=1,\cdots,n, j=1,\cdots,m$,以及 $\mu_i, i=1,\cdots,n$,有:

$$X_1 = a_{11}Z_1 + a_{12}Z_2 + \cdots + a_{1m}Z_m + \mu_1$$
$$\cdots = \cdots$$
$$\cdots = \cdots$$
$$X_i = a_{i1}Z_1 + a_{i2}Z_2 + \cdots + a_{im}Z_m + \mu_i$$
$$\cdots = \cdots$$
$$\cdots = \cdots$$
$$X_n = a_{n1}Z_1 + a_{n2}Z_2 + \cdots + a_{nm}Z_m + \mu_n$$

则 $X_1, X_2, \cdots, X_n$ 被称为具有多元正态分布。也就是说,如果 $X_1, X_2, \cdots, X_n$ 中的每一个都是常数加上同一组独立标准正态随机变量 $Z_1, Z_2, \cdots, Z_m$ 的线性组合,则它具有多元正态分布。由于独立的正态随机变量的和仍然是正态分布,因此可以推断每个 X_i 本身也是一个正态随机变量。

多元正态随机变量的均值和协方差如下:

$$E[X_i] = \mu_i$$

且:

$$\begin{aligned}
\mathrm{Cov}(X_i, X_j) &= \mathrm{Cov}\left(\sum_{k=1}^{m} a_{ik}Z_k, \sum_{r=1}^{m} a_{jr}Z_r\right) \\
&= \sum_{k=1}^{m}\sum_{r=1}^{m} \mathrm{Cov}(a_{ik}Z_k, a_{jr}Z_r) \\
&= \sum_{k=1}^{m}\sum_{r=1}^{m} a_{ik}a_{jr} \mathrm{Cov}(Z_k, Z_r) \\
&= \sum_{k=1}^{m} a_{ik}a_{jk}
\end{aligned} \tag{6.1}$$

在前述中,我们使用了以下关系:

$$\mathrm{Cov}(Z_k, Z_r) = \begin{cases} 1, & \text{若} r = k \\ 0, & \text{若} r \neq k \end{cases}$$

上述内容可以用矩阵表示法紧凑地表示。也就是说,如果令 $\boldsymbol{A}$ 是第 i 行第 j 列元素为 a_{ij} 的 $n \times m$ 矩阵,则多元正态的定义方程为:

$$\boldsymbol{X}^\mathrm{T} = \boldsymbol{A}\boldsymbol{Z}^\mathrm{T} + \boldsymbol{\mu}^\mathrm{T} \tag{6.2}$$

其中，$\boldsymbol{X}=(X_1,X_2,\cdots,X_n)$ 是多元正态向量，$\boldsymbol{Z}=(Z_1,Z_2,\cdots,Z_m)$ 是独立标准正态的列向量，$\boldsymbol{\mu}=(\mu_1,\mu_2,\cdots,\mu_n)$ 是均值向量，$\boldsymbol{B}^{\mathrm{T}}$ 是矩阵 $\boldsymbol{B}$ 的转置。从式（6.1）中可以看出，$\mathrm{Cov}(X_i,X_j)$ 是矩阵 $\boldsymbol{A}\boldsymbol{A}^{\mathrm{T}}$ 第 i 行第 j 列中的元素，因此如果 $\boldsymbol{C}$ 是其第 i 行第 j 列元素为 $c_{ij}=\mathrm{Cov}(X_i,X_j)$ 的矩阵，则式（6.1）可以写成：

$$\boldsymbol{C}=\boldsymbol{A}\boldsymbol{A}^{\mathrm{T}} \qquad (6.3)$$

多元正态向量的一个重要属性是 $\boldsymbol{X}=(X_1,X_2,\cdots,X_n)$ 的联合分布完全由 $E[X_i]$ 和 $\mathrm{Cov}(X_i,X_j),j=1,2,\cdots,n$ 来决定。也就是说，联合分布由均值向量 $\boldsymbol{\mu}=(\mu_1,\mu_2,\cdots,\mu_n)$ 和协方差矩阵 $\boldsymbol{C}$ 来决定。这一结果可以通过计算 $X_1,X_2,\cdots,X_n$ 的联合矩生成函数来证明，即计算 $E\left[\exp\left\{\sum_{i=1}^n t_iX_i\right\}\right]$，已知该函数能够完全确定联合分布。为了求解这个量，首先注意到 $\sum_{i=1}^n t_iX_i$ 本身是独立正态随机变量 $Z_1,Z_2,\cdots,Z_m$ 的线性组合，因此它也是一个正态随机变量。因此，利用当 W 为正态随机变量时，$E[\mathrm{e}^W]=\exp\{E[W]+\mathrm{Var}(W)/2\}$，我们可以得到：

$$E\left[\exp\left\{\sum_{i=1}^n t_iX_i\right\}\right]=\exp\left\{E\left[\sum_{i=1}^n t_iX_i\right]+\mathrm{Var}\left(\sum_{i=1}^n t_iX_i\right)/2\right\}$$

而：

$$E\left[\sum_{i=1}^n t_iX_i\right]=\sum_{i=1}^n t_i\mu_i$$

且：

$$\mathrm{Var}\left(\sum_{i=1}^n t_iX_i\right)=\mathrm{Cov}\left(\sum_{i=1}^n t_iX_i,\sum_{j=1}^n t_jX_j\right)$$
$$=\sum_{i=1}^n\sum_{j=1}^n t_it_j\mathrm{Cov}(X_i,X_j)$$

可以发现，多元正态向量的联合矩生成函数以及联合分布由均值和协方差指定。

6.2 多元正态随机向量的生成

现在假设要生成具有指定平均向量 $\boldsymbol{\mu}$ 和协方差矩阵 $\boldsymbol{C}$ 的多元正态向量 $\boldsymbol{X}=(X_1,X_2,\cdots,X_n)$。通过式（6.2）和式（6.3）以及 $\boldsymbol{X}$ 的分布由其平均向量和协方差矩阵决定这一事实，实现这一点的一种方法是首先找到矩阵 $\boldsymbol{A}$，使得：

$$\boldsymbol{C}=\boldsymbol{A}\boldsymbol{A}^{\mathrm{T}}$$

然后生成独立标准正态 $Z_1,Z_2,\cdots,Z_n$，并设：

$$\boldsymbol{X}^{\mathrm{T}}=\boldsymbol{A}\boldsymbol{Z}^{\mathrm{T}}+\boldsymbol{\mu}^{\mathrm{T}}$$

为了找到这样的矩阵 $\boldsymbol{A}$，可以利用 Choleski 分解的结果，即对于任何 $n\times n$ 的对称正定矩阵 $\boldsymbol{M}$，存在一个 $n\times n$ 的下三角矩阵 $\boldsymbol{A}$，使得 $\boldsymbol{M}=\boldsymbol{A}\boldsymbol{A}^{\mathrm{T}}$，其中下三角表示矩阵上三角中的所有元素都等于 0（也就是说，如果一个矩阵的第 i 行第 j 列中的元素在 $i<j$ 时为 0，则该矩阵是下三角矩阵）。由于协方差矩阵 $\boldsymbol{C}$ 将是对称矩阵 [如 $\mathrm{Cov}(X_i,X_j)=\mathrm{Cov}(X_j,X_i)$]，并且当假设它是正定矩阵（通常是这种情况）时，可以通过 Choleski 分解来求出这样的矩阵 $\boldsymbol{A}$。

例 6a（二元正态分布）：假设要生成均值为 $\mu_i(i=1,2)$，方差为 $\sigma_i^2(i=1,2)$，协方差为 $c=\mathrm{Cov}(X_1,X_2)$ 的多元正态向量 $\boldsymbol{X}=(X_1,X_2)$（当 $n=2$ 时，多元正态向量称为二元正态向量）。

如果 Choleski 分解矩阵是：

$$A = \begin{bmatrix} a_{11} & 0 \\ a_{21} & a_{22} \end{bmatrix} \tag{6.4}$$

那么需要求解：

$$\begin{bmatrix} a_{11} & 0 \\ a_{21} & a_{22} \end{bmatrix} * \begin{bmatrix} a_{11} & a_{21} \\ 0 & a_{22} \end{bmatrix} = \begin{bmatrix} \sigma_1^2 & c \\ c & \sigma_2^2 \end{bmatrix}$$

即

$$\begin{bmatrix} a_{11}^2 & a_{11}a_{21} \\ a_{11}a_{21} & a_{21}^2 + a_{22}^2 \end{bmatrix} = \begin{bmatrix} \sigma_1^2 & c \\ c & \sigma_2^2 \end{bmatrix}$$

结果是：

$$a_{11}^2 = \sigma_1^2$$
$$a_{11}a_{21} = c$$
$$a_{21}^2 + a_{22}^2 = \sigma_2^2$$

令 $\rho = \dfrac{c}{\sigma_1 \sigma_2}$ 为 X_1 和 X_2 之间的相关性，得出：

$$a_{11} = \sigma_1$$
$$a_{21} = c/\sigma_1 = \rho \sigma_2$$
$$a_{22} = \sqrt{\sigma_2^2 - \rho^2 \sigma_2^2} = \sigma_2 \sqrt{1-\rho^2}$$

因此，令：

$$A = \begin{bmatrix} \sigma_1 & 0 \\ \rho \sigma_2 & \sigma_2 \sqrt{1-\rho^2} \end{bmatrix} \tag{6.5}$$

可以通过先生成独立标准正态向量 $\mathbf{Z} = (Z_1, Z_2)$，然后设以下等式来生成 X_1 和 X_2：

$$\mathbf{X}^\mathrm{T} = \mathbf{A}\mathbf{Z}^\mathrm{T} + \boldsymbol{\mu}^\mathrm{T}$$

即

$$X_1 = \sigma_1 Z_1 + \mu_1$$
$$X_2 = \rho \sigma_2 Z_1 + \sigma_2 \sqrt{1-\rho^2}\, Z_2 + \mu_2$$

也可以通过上述内容导出 X_1, X_2 的联合密度函数。从 Z_1, Z_2 的联合密度函数开始：

$$f_{Z_1,Z_2}(z_1,z_2) = \frac{1}{2\pi} \exp\left\{-\frac{1}{2}(z_1^2 + z_2^2)\right\}$$

并考虑变换：

$$x_1 = \sigma_1 z_1 + \mu_1 \tag{6.6}$$
$$x_2 = \rho \sigma_2 z_1 + \sigma_2 \sqrt{1-\rho^2}\, z_2 + \mu_2 \tag{6.7}$$

这一变换的雅可比矩阵是：

$$\mathbf{J} = \begin{vmatrix} \sigma_1 & 0 \\ \rho \sigma_2 & \sigma_2 \sqrt{1-\rho^2} \end{vmatrix} = \sigma_1 \sigma_2 \sqrt{1-\rho^2} \tag{6.8}$$

此外，转换得到解决方案：

$$z_1 = \frac{x_1 - \mu_1}{\sigma_1}$$

$$z_2 = \frac{x_2 - \mu_2 - \rho \frac{\sigma_2}{\sigma_1}(x_1 - \mu_1)}{\sigma_2\sqrt{1-\rho^2}}$$

已知：

$$z_1^2 + z_2^2 = \frac{(x_1-\mu_1)^2}{\sigma_1^2}\left(1 + \frac{\rho^2}{1-\rho^2}\right) + \frac{(x_2-\mu_2)^2}{\sigma_2^2(1-\rho^2)} - \frac{2\rho}{\sigma_1\sigma_2(1-\rho^2)}(x_1-\mu_1)(x_2-\mu_2)$$

$$= \frac{(x_1-\mu_1)^2}{\sigma_1^2(1-\rho^2)} + \frac{(x_2-\mu_2)^2}{\sigma_2^2(1-\rho^2)} - \frac{2\rho}{\sigma_1\sigma_2(1-\rho^2)}(x_1-\mu_1)(x_2-\mu_2)$$

因此，可以得到 X_1, X_2 的联合密度函数为：

$$f_{X_1,X_2}(x_1,x_2) = \frac{1}{|J|} f_{Z_1,Z_2}\left(\frac{x_1-\mu_1}{\sigma_1}, \frac{x_2-\mu_2-\rho\frac{\sigma_2}{\sigma_1}(x_1-\mu_1)}{\sigma_2\sqrt{1-\rho^2}}\right)$$

$$= C \exp\left\{-\frac{1}{2(1-\rho^2)}\left[\left(\frac{x_1-\mu_1}{\sigma_1}\right)^2 + \left(\frac{x_2-\mu_2}{\sigma_2}\right)^2 - \frac{2\rho}{\sigma_1\sigma_2}(x_1-\mu_1)(x_2-\mu_2)\right]\right\}$$

式中，$C = \dfrac{1}{2\pi\sigma_1\sigma_2\sqrt{1-\rho^2}}$。

当我们取矩阵 $\boldsymbol{AA}^T$ 的连续元素等于矩阵 $\boldsymbol{C}$ 的相应值时，通过向下连续列来查看矩阵的元素，则最容易求解 $n \times n$ 协方差矩阵 $\boldsymbol{C}$ 的 Choleski 分解方程。也就是说，将 $\boldsymbol{AA}^T$ 的第 i 行第 j 列中的元素按以下顺序 (i, j) 等同于 c_{ij}：

$(1,1), (2,1), \cdots, (n,1), (2,2), (3,2), \cdots, (n,2), (3,3), \cdots, (n,3), \cdots, (n-1,n-1), (n,n-1), (n,n)$

通过对称性，(i, j) 和 (j, i) 得到的将是相同的方程，因此只得出第一个出现的方程。

例如，假设需要矩阵的 Choleski 分解：

$$\boldsymbol{C} = \begin{bmatrix} 9 & 4 & 2 \\ 4 & 8 & 3 \\ 2 & 3 & 7 \end{bmatrix} \tag{6.9}$$

矩阵方程变为：

$$\begin{bmatrix} a_{11} & 0 & 0 \\ a_{21} & a_{22} & 0 \\ a_{31} & a_{32} & a_{33} \end{bmatrix} * \begin{bmatrix} a_{11} & a_{21} & a_{31} \\ 0 & a_{22} & a_{32} \\ 0 & 0 & a_{33} \end{bmatrix} = \begin{bmatrix} 9 & 4 & 2 \\ 4 & 8 & 3 \\ 2 & 3 & 7 \end{bmatrix}$$

得到解：

$$a_{11}^2 = 9 \Rightarrow a_{11} = 3$$

$$a_{21}a_{11} = 4 \Rightarrow a_{21} = \frac{4}{3}$$

$$a_{31}a_{11} = 2 \Rightarrow a_{31} = \frac{2}{3}$$

$$a_{21}^2 + a_{22}^2 = 8 \Rightarrow a_{22} = \frac{\sqrt{56}}{3} \approx 2.4944$$

$$a_{31}a_{21} + a_{32}a_{22} = 3 \Rightarrow a_{32} = \frac{3 - 8/9}{\sqrt{56}/3} = \frac{19}{3/\sqrt{56}} \approx 0.8463$$

$$a_{31}^2 + a_{32}^2 + a_{33}^2 = 7 \Rightarrow a_{33} = \frac{1}{3}\sqrt{59 - (19)^2/56} \approx 2.4165$$

6.3 联结函数（Copulas）

导致两个边缘分布函数在区间 (0,1) 内均匀分布的联合概率分布函数称为联结函数。也就是说，如果 $C(0,0) = 0$ 且 $0 \leq x, y \leq 1$，则联合分布函数 $C(x, y)$ 是联结函数：

$$C(x,1) = x, C(1,y) = y$$

假设要为随机变量 X 和 Y 找到一个合适的联合概率分布函数 $H(x, y)$，已知它们的边缘分布函数分别为连续分布函数 F 和 G。也就是说，已知：

$$P(X \leq x) = F(x)$$

且：

$$P(Y \leq y) = G(y)$$

在了解了 X 和 Y 之间的相关性类型之后，我们想选择一个合适的联合分布函数 $H(x,y) = P(X \leq x, Y \leq y)$。由于 X 有分布函数 F，Y 有分布函数 G，因此 $F(X)$ 和 $G(Y)$ 在区间 (0,1) 内均匀分布。因此 $F(X), G(Y)$ 的联合分布函数是一个联结函数。同理，由于 F 和 G 都是递增函数，因此当且仅当 $F(X) \leq F(x), G(Y) \leq G(y)$ 时，$X \leq x, Y \leq y$。因此，如果选择联结函数 $C(x,y)$ 作为 $F(X), G(Y)$ 的联合分布函数，则：

$$\begin{aligned}H(x,y) &= P(X \leq x, Y \leq y) \\ &= P[F(X) \leq F(x), G(Y) \leq G(y)] \\ &= C[F(x), G(y)]\end{aligned}$$

为随机变量 X 和 Y 选择合适的联合概率分布函数的联结方法是，首先确定它们的边缘分布函数 F 和 G，然后选择合适的联结函数，对 $F(X), G(Y)$ 的联合分布进行建模。一个合适的联结函数应该是对 $F(X)$ 和 $G(Y)$ 之间假定的相关关系进行建模。由于 F 和 G 是单调递增的，因此所选联结函数的相关关系应该与我们认为的 X 和 Y 之间的相关关系相似。例如，如果我们认为 X 和 Y 之间的相关性是 ρ，那么可以尝试选择一个联结函数，使得由该联结函数得出分布函数的随机变量的相关性等于 ρ（由于相关性仅衡量随机变量之间的线性关系，因此 X 与 Y 的相关性并不等于 $F(X)$ 与 $G(Y)$ 的相关性）。

例 6b（高斯联结函数）：令 ϕ 为标准正态分布函数。如果 X 和 Y 是标准正态随机变量，其联合分布函数是具有相关性 ρ 的二元正态分布函数，则 $\phi(X)$ 和 $\phi(Y)$ 的联合分布函数称为高斯联结函数。也就是说，得出高斯联结函数 C 为：

$$\begin{aligned}C(x,y) &= P[\phi(X) \leq x, \phi(Y) \leq y] \\ &= P[X \leq \phi^{-1}(x), Y \leq \phi^{-1}(y)] \\ &= \int_{-\infty}^{\phi^{-1}(x)} \int_{-\infty}^{\phi^{-1}(y)} \frac{1}{2\pi\sqrt{1-\rho^2}} \times \exp\left\{-\frac{1}{2(1-\rho^2)}(x^2 + y^2 - 2\rho xy)\right\} dy dx\end{aligned}$$

注释：之所以使用"高斯联结"这个术语，是为了纪念著名数学家高斯（J.F.Gauss）。由于高斯在其天文学研究中重点运用了正态分布函数，因此通常将正态分布函数称为高斯分布函数。

假设 X,Y 有一个联合分布函数 $H(X,Y)$，并令：
$$F(x) = \lim_{y \to \infty} H(x,y)$$

和
$$G(y) = \lim_{x \to \infty} H(x,y)$$

分别是 X 和 Y 的边缘分布函数。$F(X), G(Y)$ 的联合分布函数称为 X,Y 生成的联结函数，表示为 $C_{X,Y}$，即

$$\begin{aligned} C_{X,Y}(x,y) &= P[F(X) \le x, G(Y) \le y] \\ &= P[X \le F^{-1}(x), Y \le G^{-1}(y)] \\ &= H[F^{-1}(x), G^{-1}(y)] \end{aligned}$$

例如，高斯联结函数是由具有均值为 0、方差为 1、相关性为 ρ 的二元正态分布函数的随机变量生成的联结函数。

现在证明，如果 $s(x)$ 和 $t(x)$ 是递增函数，那么由 $s(X), t(Y)$ 生成的联结函数等于由 X,Y 生成的联结函数。

命题：如果 $s(x)$ 和 $t(x)$ 是递增函数，那么
$$C_{s(X),t(Y)}(x,y) = C_{X,Y}(x,y)$$

证明：如果 F 和 G 分别是 X 和 Y 的分布函数，那么 $s(X)$ 的分布函数称为 F_s，为
$$\begin{aligned} F_s(x) &= P[s(X) \le x] \\ &= P[X \le s^{-1}(x)] \quad [\text{由于} s(x) \text{是递增函数}] \\ &= F[s^{-1}(x)] \end{aligned}$$

同理，$t(Y)$ 的分布函数称为 F_t，为
$$F_t(y) = G[t^{-1}(y)]$$

因此：
$$F_s[s(X)] = F[s^{-1}(s(X))] = F(X)$$

且
$$F_t[t(Y)] = G(Y)$$

结果证明：
$$\begin{aligned} C_{s(X),t(Y)}(x,y) &= P[F_s(s(X)) \le x, F_t(t(Y)) \le y] \\ &= P[F(X) \le x, G(Y) \le y] \\ &= C_{X,Y}(x,y) \end{aligned}$$

再次假设 X,Y 有一个联合分布函数 $H(x,y)$，并且连续边缘分布函数是 F 和 G。除使用 $F(X)$ 和 $G(Y)$ 在区间 $(0,1)$ 内都均匀分布之外，另一种得到联结函数的方法是使用 $1-F(X)$ 和 $1-G(Y)$ 在区间 $(0,1)$ 内也为均匀分布这一事实。因此：

$$\begin{aligned} C(x,y) &= P(1-F(X) \le x, 1-G(Y) \le y) \\ &= P(F(X) \ge 1-x, G(Y) \ge 1-y) \\ &= P(X \ge F^{-1}(1-x), Y \ge G^{-1}(1-y)) \end{aligned} \tag{6.10}$$

也是一个联结函数，它有时被称为由 X 和 Y 的尾部分布函数生成的联结函数。

例 6c（Marshall-Olkin 联结函数）：尾部分布函数生成的联结函数表示 X 和 Y 之间呈正

相关关系，并得出 $X=Y$ 为 Marshall-Olkin 联结函数的正概率。生成该函数的模型如下所示。假设有 3 种类型的冲击。令 T_i 表示直到类型 i 冲击发生的时间，并假设 T_1, T_2, T_3 是独立的指数分布随机变量，其各自的均值为 $E[T_i]=1/\lambda_i$。现在假设有两个项目，类型 1 冲击导致项目 1 失败，类型 2 冲击导致项目 2 失败，类型 3 冲击导致两个项目都失败。令 X 为项目 1 失败的时间、Y 为项目 2 失败的时间。由于当发生类型 1 或类型 3 冲击时，项目 1 将失效，因此独立指数分布随机变量的最小值也是指数分布随机变量，其均值等于所有均值之和，X 是速率为 $\lambda_1+\lambda_3$ 的指数分布随机变量。同理，Y 是速率为 $\lambda_2+\lambda_3$ 的指数分布随机变量。也就是说，X 和 Y 的分布函数分别为

$$F(x)=1-\exp\{-(\lambda_1+\lambda_3)x\}, x\geq 0 \tag{6.11}$$

$$G(y)=1-\exp\{-(\lambda_2+\lambda_3)y\}, y\geq 0 \tag{6.12}$$

现在，当 $x\geq 0, y\geq 0$ 时：

$$\begin{aligned}
P(X>x, Y>y) &= P(T_1>x, T_2>y, T_3>\max(x,y)) \\
&= P(T_1>x)P(T_2>y)P[T_3>\max(x,y)] \\
&= \exp\{-\lambda_1 x-\lambda_2 y-\lambda_3\max(x,y)\} \\
&= \exp\{-\lambda_1 x-\lambda_2 y-\lambda_3[x+y-\min(x,y)]\} \\
&= \exp\{-(\lambda_1+\lambda_3)x\}\exp\{-(\lambda_2+\lambda_3)y\}\exp\{\lambda_3\min(x,y)\} \\
&= \exp\{-(\lambda_1+\lambda_3)x\}\exp\{-(\lambda_2+\lambda_3)y\}\times\min(\exp\{\lambda_3 x\}),\exp\{\lambda_3 y\}) \quad (6.13)
\end{aligned}$$

现在，如果 $p(x)=1-e^{-ax}$，那么 $p^{-1}(x)$ 使：

$$x=p[p^{-1}(x)]=1-e^{-ap^{-1}(x)}$$

得到：

$$p^{-1}(x)=-\frac{1}{a}\ln(1-x) \tag{6.14}$$

因此，在式（6.14）中设 $a=\lambda_1+\lambda_3$，可以从式（6.11）中得出：

$$F^{-1}(1-x)=-\frac{1}{\lambda_1+\lambda_3}\ln(x), \quad 0\leq x\leq 1$$

同理，在式（6.14）中设 $a=\lambda_2+\lambda_3$，可以从式（6.12）中得出：

$$G^{-1}(1-y)=-\frac{1}{\lambda_2+\lambda_3}\ln(y), \quad 0\leq y\leq 1$$

因此：

$$\exp\{-(\lambda_1+\lambda_3)F^{-1}(1-x)\}=x$$
$$\exp\{-(\lambda_2+\lambda_3)G^{-1}(1-y)\}=y$$
$$\exp\{\lambda_3 F^{-1}(1-x)\}=x^{-\frac{\lambda_3}{\lambda_1+\lambda_3}}$$
$$\exp\{\lambda_3 G^{-1}(1-y)\}=y^{-\frac{\lambda_3}{\lambda_2+\lambda_3}}$$

因此，从式（6.10）和式（6.13）中可以得出，由 X 和 Y 的尾部分布函数生成的联结函数称为 Marshall-Olkin 联结函数，即

$$\begin{aligned}
C(x,y) &= P(X\geq F^{-1}(1-x), Y\geq G^{-1}(1-y)) \\
&= xy\min\left(x^{-\frac{\lambda_3}{\lambda_1+\lambda_3}}, y^{-\frac{\lambda_3}{\lambda_2+\lambda_3}}\right)
\end{aligned}$$

$$= \min(x^\alpha y, xy^\beta)$$

式中，$\alpha = \dfrac{\lambda_1}{\lambda_1 + \lambda_3}$ 且 $\beta = \dfrac{\lambda_2}{\lambda_2 + \lambda_3}$。

也可以使用联结函数来对 n 维概率分布函数进行建模。如果所有 n 个边缘分布函数在区间 $(0,1)$ 内均匀分布，则称 n 维分布函数 $C(x_1, x_2, \cdots, x_n)$ 为联结函数。现在可以通过首先选择边缘分布函数 $F_i, i = 1, 2, \cdots, n$，然后为 $F_1(X_1), \cdots, F_n(X_n)$ 的联合分布函数选择联结函数来选择 $X_1, X_2, \cdots, X_n$ 的联合分布函数。当 $W_1, \cdots, W_n$ 具有均值向量为 0 的多元正态分布函数和对角（方差）值均为 1 的指定协方差矩阵时，该联结函数取 C 为 $\phi(W_1), \phi(W_2), \cdots, \phi(W_n)$ 的联合分布函数[协方差矩阵的对角值为 1，使得 $\phi(W_1)$ 的分布在区间 $(0,1)$ 内均匀分布]。此外，为了使 X_i 和 X_j 之间的关系与 W_i 和 W_j 之间的关系相似，通常令 $\mathrm{Cov}(W_i, W_j) = \mathrm{Cov}(X_i, X_j), i \ne j$。

6.4 由联结函数模型生成变量

假设要生成具有边缘分布函数 $F_1, F_2, \cdots, F_n$ 和联结函数 C 的随机向量 $\boldsymbol{X} = (X_1, X_2, \cdots, X_n)$。假设可以生成一个分布函数为 C 的随机向量，并且可以对分布函数 $F_i(i=1,2,\cdots,n)$ 进行求反，那么容易生成 $\boldsymbol{X}$。由于 $F_1(X_1), F_2(X_2), \cdots, F_n(X_n)$ 的联合分布函数是 C，那么我们可以通过首先生成具有分布函数 C 的随机向量，然后将生成值求反以得到期望向量 $\boldsymbol{X}$ 来生成 $X_1, X_2, \cdots X_n$。也就是说，如果联结分布函数的生成值是 $y_1, y_2, \cdots y_n$，则 $X_1, X_2, \cdots, X_n$ 的生成值是 $F_1^{-1}(y_1), F_2^{-1}(y_2), \cdots, F_n^{-1}(y_n)$。

例 6d：通过使用高斯联结函数，我们可以使用以下方法生成具有边缘分布函数 $F_1, F_2, \cdots, F_n$ 和协方差 $\mathrm{Cov}(X_i, X_j), i \ne j$ 的 $X_1, X_2, \cdots X_n$：

（1）使用 Choleski 分解方法，从均值均等于 0、方差均等于 1 且 $\mathrm{Cov}(W_i, W_j) = \mathrm{Cov}(X_i, X_j), i \ne j$ 的多元正态分布函数生成 $W_1, W_2, \cdots, W_n$。

（2）计算值 $\phi(W_i), i = 1, 2, \cdots, n$，且 $\phi(W_1), \phi(W_2), \cdots, \phi(W_n)$ 的联合分布函数是高斯联结函数。

（3）令 $F_i(X_i) = \phi(W_i), i = 1, 2, \cdots, n$。

（4）求反得到 $X_i = F_i^{-1}[\phi(W_i)], i = 1, 2, \cdots, n$。

例 6e：假设要使用 Marshall-Olkin 尾部联结函数生成具有边缘分布函数 H 和 R 的 V, W。直接从联结函数生成，不如先生成 Marshall-Olkin 向量容易。当 F 和 G 表示 X 和 Y 的边缘分布函数时，将 $1 - F(X) = \mathrm{e}^{-(\lambda_1 + \lambda_3)X}, 1 - G(Y) = \mathrm{e}^{-(\lambda_2 + \lambda_3)Y}$ 作为具有联结函数分布的向量的生成值。然后，将这些值设为 $H(V)$ 和 $R(W)$，并求解 V 和 W。也就是说，使用以下方法：

（1）生成速率为 $\lambda_1, \lambda_2, \lambda_3$ 的独立指数分布随机变量 T_1, T_2, T_3。

（2）令 $X = \min(T_1, T_3), Y = \min(T_2, T_3)$。

（3）令 $H(V) = \mathrm{e}^{-(\lambda_1 + \lambda_3)X}, R(W) = \mathrm{e}^{-(\lambda_2 + \lambda_3)Y}$。

（4）求解上述问题，得到 V, W。

习题

1. 假设 $Y_1, Y_2, \cdots, Y_m$ 是均值为 $E[Y_i] = \mu_i$、方差为 $\mathrm{Var}(Y_i) = \sigma_i^2$，$i = 1, 2, \cdots, m$ 的独立正态分布随机变量。如果

$$X_i = a_{i1}Y_1 + a_{i2}Y_2 + \cdots + a_{im}Y_m, \quad i = 1, 2, \cdots, n$$

则证明 $X_1, X_2, \cdots, X_n$ 是一个多元正态随机向量。

2. 假设 $X_1, X_2, \cdots, X_n$ 具有多变量正态分布函数。证明当且仅当：
$$\text{Cov}(X_i, X_j) = 0 \quad i \neq j$$
时，$X_1, \cdots, X_n$ 是独立函数。

3. 如果 $\boldsymbol{X}$ 是具有均值向量 $\boldsymbol{\mu}$ 和协方差矩阵 $\boldsymbol{C}$ 的多变量正态 n 向量，则证明当 $\boldsymbol{A}$ 是 $m \times n$ 矩阵时，$\boldsymbol{AX}^{\text{T}}$ 是具有均值向量 $\boldsymbol{A\mu}^{\text{T}}$ 和协方差矩阵 $\boldsymbol{ACA}^{\text{T}}$ 的多元正态函数。

4. 求以下矩阵的 Choleski 分解：
$$\begin{bmatrix} 4 & 2 & 2 & 4 \\ 2 & 5 & 7 & 0 \\ 2 & 7 & 19 & 11 \\ 4 & 0 & 11 & 25 \end{bmatrix}$$

5. 设 X_1, X_2 具有二元正态分布，均值分别为 $E[X_i] = \mu_i$、方差为 $\text{Var}(X_i) = \sigma_i^2$，$i = 1, 2$、相关系数为 ρ。证明在已知 $X_1 = x$ 的情况下，X_2 的条件分布是正态分布，其均值为 $\mu_2 + \rho \dfrac{\sigma_2}{\sigma_1}(x_1 - \mu_1)$、方差为 $\sigma_2^2(1 - \rho^2)$。

6. 假设 $X_1, \cdots, X_n$ 为独立函数，且 X_i 是均值为 μ_i、方差为 σ_i^2，$i = 1, 2, \cdots, n$ 的正态分布函数。令 $S_n = \sum_{i=1}^{n} X_i$。

a. 已知 $S_n = x$ 时，X_n 的条件分布函数是什么？

b. 简要说明如何生成以 $S_n = x$ 为条件的 $X_1, X_2, \cdots, X_n$。

7. 求出一种生成具有均值 $E[X_i] = i$，$i = 1, 2, 3$、协方差矩阵为
$$\begin{bmatrix} 3 & -2 & 1 \\ -2 & 5 & 3 \\ 1 & 3 & 4 \end{bmatrix}$$
的多元正态分布函数的随机变量 X_1, X_2, X_3 的算法。

8. 求联结函数 $C_{X,X}$。

9. 求联结函数 $C_{X,-X}$。

10. 当 X 和 Y 为独立函数时，求联结函数 $C_{X,Y}$。

11. 如果 s 是一个递增函数，t 是一个递减函数，则根据 $C_{X,Y}$ 求 $C_{s(X),t(Y)}$。

第 7 章 离散事件仿真方法

模拟一个概率模型涉及生成模型的随机机制，然后观察模型随时间的结果流动。根据仿真的目的，需要确定某些相关的量。然而，由于模型随时间的演变往往涉及其元素的复杂逻辑结构，并不是总能清楚地跟踪这种演变以确定这些相关的量。围绕"离散事件"的概念，已经开发了一个通用框架，旨在帮助人们随时间跟踪模型并确定相关的量。基于这个框架的仿真方法通常被称为离散事件仿真方法。

7.1 通过离散事件进行仿真

离散事件仿真中的关键元素是变量和事件。为了进行仿真，需要不断跟踪某些变量。常见的变量类型有 3 种——时间变量、计数器变量和系统状态（**SS**）变量。

（1）时间变量 t：指的是已过去的（模拟的）时间。

（2）计数器变量：这些变量记录在时间 t 时，某些事件发生的次数。

（3）系统状态变量：描述在时间 t 时系统的"状态"。

每当一个"事件"发生时，上述变量的值会被改变或更新，并且我们将收集相关的数据作为输出。为了确定下一个事件何时发生，我们维护一个"事件列表"，该列表列出了最近的未来事件及其预定发生的时间。每当一个事件"发生"时，我们将重置时间、所有状态和计数器变量，并收集相关数据。通过这种方式，我们能够随着时间的推移"跟踪"系统的发展。

由于上述内容仅对离散事件仿真的元素进行了粗略介绍，接下来我们可以通过一些例子进行详细说明。在 7.2 节中，我们考虑了模拟单服务台等待队列或排队系统。在 7.3 节和 7.4 节中，我们考虑了多服务台排队系统。在 7.3 节中的模型中，我们假定服务台以串联事件的方式排列，而 7.4 节中的模型中，我们则以并联事件的方式排列。在 7.5 节中，我们考虑了一个库存补充模型，7.6 节中是一个保险风险模型。在 7.7 节中，我们讨论了一个多机器维修问题。在 7.8 节中，我们考虑了一个关于股票期权的模型。

在所有排队模型中，我们假设顾客按照非齐次泊松过程到达，并且具有有界密度函数 $\lambda(t), t > 0$。在模拟这些模型时，将用以下子程序来生成随机变量 T_s 的值，该值定义为时间 s 后第一次到达的时间。

设 λ 使对于所有 λ，满足 $\lambda(t) \leq \lambda$。假设 $\lambda(t), t > 0$，且 λ 为指定的，以下步骤可以生成 T_s。

步骤 1：令 $t = s$。

步骤 2：生成随机数 U。

步骤 3：令 $t = t - \frac{1}{\lambda} \log U$。

步骤 4：生成随机数 U。

步骤 5：如果 $U \leq \lambda(t)/\lambda$，则设 $T_s = t$ 并停止。

步骤 6：返回步骤 2。

7.2 单服务台排队系统

现在考虑一个服务站，顾客以齐次泊松过程的方式到达，其到达时间的密度函数为 $\lambda(t)$，$t \geq 0$。该站只有一个服务台，当顾客到达时，如果该服务台在该时刻空闲，那么顾客可以进入服务；如果服务台忙碌，则顾客将加入等待队列。当服务台完成对一个顾客的服务后，如果有正在等待的顾客，它便开始为等待最长时间的顾客服务（所谓"先来后到"），如果没有等待的顾客，它在下一个顾客到达之前保持空闲。每个顾客的服务时间是一个具有概率分布 G 的随机变量（该变量独立于所有其他服务时间和顾客到达过程）。此外，存在一个固定时间 T，在该时间之后，不允许新的顾客进入系统，尽管服务台在时间 T 对已经在系统中的所有人完成了服务。

假设我们需要模拟上述系统来确定顾客在系统中花费的平均时间，以及最后一个顾客过了时间 T 后离开的平均时间，即服务台的平均空闲时间。

为了模拟上述系统，使用以下变量：

时间变量	t
计数器变量	N_A：到达的顾客数量（到达时间 t 时） N_D：离开的顾客数量（到达时间 t 时）
系统状态变量	n：系统中顾客的数量（在时间 t 时）

由于上述变量的自然变化时机是顾客到达或离开时，我们将这些作为"事件"。也就是说，有两种类型的事件：到达事件和离开事件。事件列表包含下一个顾客到达的时间和当前正在服务的顾客的离开时间。也就是说，事件列表是：

$$\mathbf{EL} = t_A, t_D$$

其中，t_A 是下一个顾客的到达时间（时间 t 后），t_D 是当前服务的顾客的服务完成时间。如果当前没有顾客在接受服务，那么 t_D 就等于 ∞。

将要收集的输出变量有：$A(i)$，顾客 i 的到达时间；$D(i)$，顾客 i 的离开时间；T_p，时间 T 之后最近一个顾客离开的时间。

为了进行仿真，将变量和事件时间进行如下初始化：

(1) 设 $t = N_A = N_D = 0$。
(2) 设 $\mathbf{SS} = 0$。
(3) 生成 T_0，并设 $t_A = T_0$，$t_D = \infty$。

为了更新系统，我们沿着时间轴推进，直到遇到下一个事件。为了实现这一点，我们需要根据事件列表中哪个时间较小来考虑不同的情况。在下文中，Y 指的是具有分布 G 的服务时间随机变量：

时间变量 t，$\mathbf{SS} = n$，$\mathbf{EL} = t_A, t_D$

情形 1： $t_A \leq t_D$，$t_A \leq T$

- 重设：$t = t_A$（移动到时间 t_A）。
- 重设：$N_A = N_A + 1$（因为在时间 t_A 时有一个新的到达）。
- 重设：$n = n + 1$（因为现在多了一位顾客）。
- 生成 T_t，并重设 $t_A = T_t$（下一位顾客到达的时间）。
- 如果 $n = 1$，则生成 Y 并重设 $t_D = t + Y$（由于系统已空，因此需要生成新顾客的服务时间）。

- 收集输出数据 $A(N_A) = t$ （由于顾客 N_A 在时间 t 到达）。

情形 2：$t_D < t_A$，$t_D \leq T$
- 重设：$t = t_D$。
- 重设：$n = n - 1$。
- 重设：$N_D = N_D + 1$（由于在时间 t 时有一位顾客离开）。
- 如果 $n = 0$，则重设 $t_D = \infty$；否则，生成 Y 并重设 $t_D = t + Y$。
- 收集输出数据 $D(N_D) = t$ （由于顾客刚离开）。

情形 3：$\min(t_A, t_D) > T$，$n > 0$
- 重设：$t = t_D$。
- 重设：$n = n - 1$。
- 重设：$N_D = N_D + 1$。
- 如果 $n > 0$，则生成 Y 并重设 $t_D = t + Y$。
- 收集输出数据 $D(N_D) = t$。

情形 4：$\min(t_A, t_D) > T$，$n = 0$
- 收集输出数据 $T_p = \max(t - T, 0)$。

上述内容如图 7.1 所示的流程图所示。每次到达"停止"框时，都会收集到达的总人数 N_A、离开的总人数 N_D。对于每个 $i, i = 1, 2, \cdots, N_A$，我们有 $A(i)$ 和 $D(i)$，分别是顾客 i 的到达时间和离开时间［因此 $D(i) - A(i)$ 表示顾客 i 在系统中花费的时间］。最后得到 T_p，即时间 T 之后最后一位顾客离开的时间。每次在收集上述数据时，可以认为已经完成一次仿真。每次运行结束后，系统都会重新初始化并进行新的仿真，直到收集到足够的数据为止（第 8 章将讨论如何确定仿真结束的问题）。已经生成的所有 T_p 的平均值将作为对最后一个顾客在时间 T 之后离开的平均时间的估算；同样，$D - A$ 的所有观测值的平均值（在所有仿真运行期间观察到的所有顾客在系统中花费的平均时间）将作为对顾客在系统中花费的平均时间的估算。

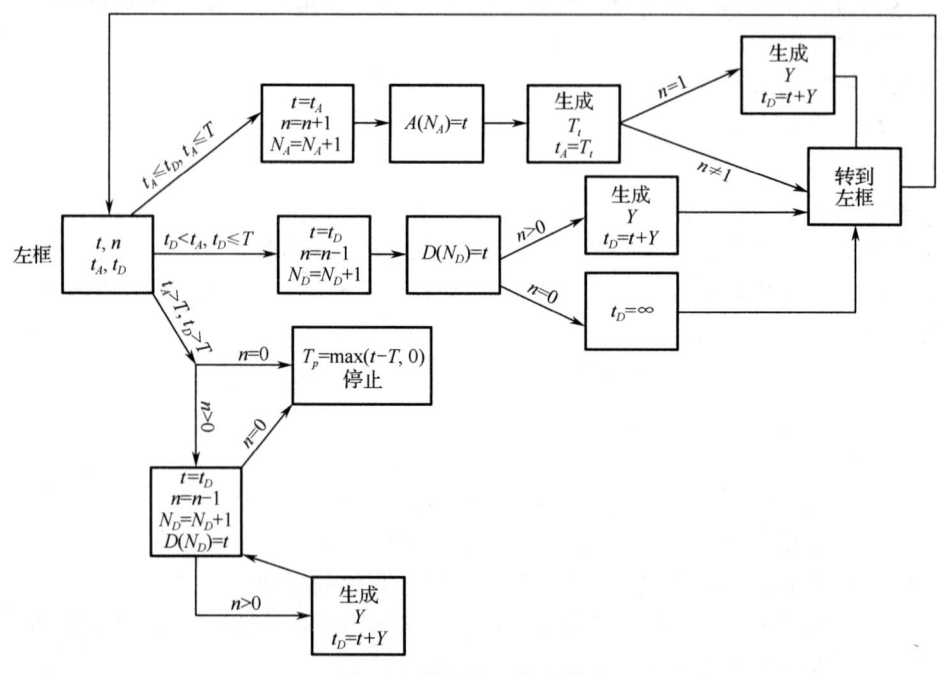

图 7.1 模拟单服务台排队

注释：如果你想要使用输出数据来确定某一时刻（s）系统中顾客的数量，记为 $N(s)$，那么可以通过以下方式来实现：

$$N(s) = i \text{ 的数量}: A(i) \leqslant s \leqslant D_i(s)$$

7.3 两个服务台的串联排队系统

现在考虑一个双服务台系统，其中顾客按照非齐次泊松过程到达，并假设每次到达时，首先由服务台 1 为顾客提供服务，在服务台 1 完成服务后，顾客转到服务台 2。这样的系统被称为串联或顺序排队系统。当顾客到达时，如果服务台 1 空闲，则顾客直接进入服务台 1 接受服务，否则，顾客会排队等候服务台 1 服务。类似地，当顾客在服务台 1 完成服务后，如果服务台 2 空闲，则该顾客进入服务台 2 接受服务；否则，顾客会排队等候服务台 2 服务。在服务台 2 处接受服务之后，顾客离开系统。服务台 i 的服务时间分布为 G_i（$i=1,2$）（见图 7.2）。

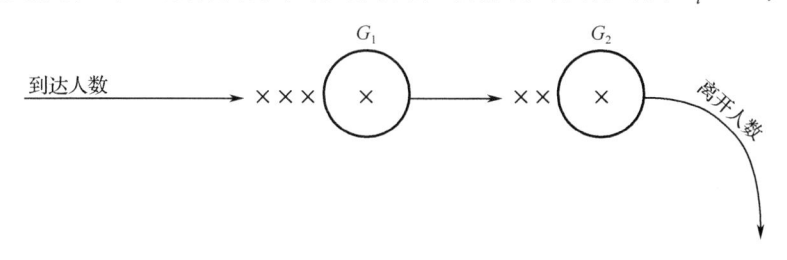

图 7.2 串联排队

假设我们有兴趣通过仿真来研究顾客在服务台 1 和服务台 2 上花费时间的分布。为此，我们将使用以下变量。

（1）时间变量 t。
（2）系统状态变量 SS。
(n_1, n_2)：如果服务台 1 有 n_1 个顾客（包括在排队中的顾客和在服务中的顾客），服务台 2 有 n_2 个顾客。
（3）计数器变量。
N_A：时间 t 时的到达人数。
N_D：时间 t 时的离开人数。
（4）输出变量。
$A_1(n)$：顾客 n 到达服务台 1 的时间，$n \geqslant 1$
$A_2(n)$：顾客 n 到达服务台 2 的时间，$n \geqslant 1$
$D(n)$：顾客 n 的离开时间，$n \geqslant 1$
（5）事件列表 t_A, t_1, t_2。
t_A 是下一个顾客的到达时间，t_i 是当前正在服务台 i（$i=1,2$）接受服务的顾客的服务完成时间。如果服务台 i 当前没有顾客，那么 $t_i = \infty$（$i=1,2$）。事件列表总是由 3 个变量 (t_A, t_1, t_2) 组成。

为了开始仿真，首先将变量和事件列表进行如下初始化操作。
（1）设 $t = N_A = N_D = 0$。
（2）设 **SS** $= (0,0)$。
（3）生成 T_0，并设 $t_A = T_0$，$t_1 = t_2 = \infty$。

为了更新系统，及时推进，直到遇到下一个事件。我们必须考虑不同的情况，这取决于事件列表的哪个时间更早。在下文中，Y_i 指的是具有分布 G_i ($i=1,2$) 的随机变量。

$$\mathbf{SS} = (n_1, n_2), \qquad \mathbf{EL} = t_A, t_1, t_2$$

情形 1： $t_A = \min(t_A, t_1, t_2)$
- 重设：$t = t_A$。
- 重设：$N_A = N_A + 1$。
- 重设：$n_1 = n_1 + 1$
- 如果 $n_1 = 1$，则生成 Y_1 并重设 $t_1 = t + Y_1$。
- 收集输出数据 $A_1(N_A) = t$。

情形 2： $t_1 < t_A$，$t_1 \leq t_2$
- 重设：$t = t_1$。
- 重设：$n_1 = n_1 - 1$，$n_2 = n_2 + 1$。
- 如果 $n_1 = 0$，则重设 $t_1 = \infty$；否则，生成 Y_1 并重设 $t_1 = t + Y_1$。
- 如果 $n_2 = 1$，则生成 Y_2 并重设 $t_2 = t + Y_2$。
- 收集输出数据 $A_2(N_A - n_1) = t$。

情形 3： $t_2 < t_A$，$t_2 \leq t_1$
- 重设：$t = t_2$。
- 重设：$N_D = N_D + 1$。
- 重设：$n_2 = n_2 - 1$。
- 如果 $n_2 = 0$，则重设 $t_2 = \infty$。
- 如果 $n_2 > 0$，则生成 Y_2，并重设 $t_2 = t + Y_2$。
- 收集输出数据 $D(N_D) = t$。

使用上述更新方案，很容易模拟系统并收集相关数据。

7.4 两个服务台的并联排队系统

现在考虑一个模型，在该模型中顾客到达一个具有两个服务台的系统。顾客到达时，如果两个服务台都在忙，那么顾客将加入队列；如果服务台 1 空闲，则进入服务台 1 接受服务；如果服务台 1 忙而服务台 2 空闲，顾客进入服务台 2 接受服务。无论在服务台 1 还是服务台 2 完成服务，该顾客将离开系统，排队时间最长的顾客（如果有顾客在排队）就会进入空闲服务台接受服务。服务台 i 处的服务分布是 G_i ($i=1,2$)（见图 7.3）。

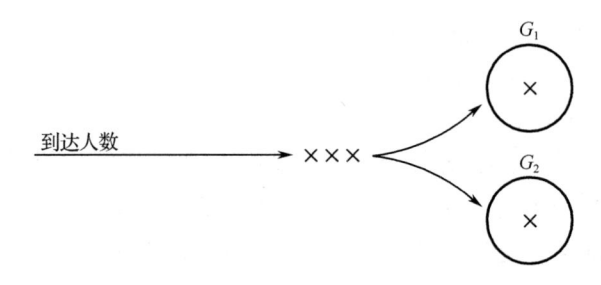

图 7.3 两个并联服务台的队列

假设我们要对上述模型进行仿真，我们要跟踪每个顾客在系统中花费的时间，以及每个服务台执行的服务次数。由于有多个服务台，顾客的离开顺序可能与到达顺序不同。因此，为了确定每个顾客的离开时间,我们必须跟踪所有顾客。因此,我们在顾客到达时对他们进行编号,第一个到达的顾客是 1 号,下一个是 2 号,以此类推。由于顾客按照到达顺序接受服务,我们可以通过了解当前接受服务的顾客及排队等候的顾客,识别等待中的顾客。假设顾客 i 和顾客 j 正在接受服务,且 $i<j$,并且有 $n-2>0$ 个其他顾客正在排队等候。因为所有编号小于 j 的顾客都会在顾客 j 之前进入服务,而编号大于 j 的顾客还不可能完成服务(因为要完成服务,他们必须在 i 或 j 之前进入服务),所以顾客 $j+1,\cdots,j+n-2$ 正在排队等候。

为了分析系统,使用以下变量:

(1)时间变量 t。

(2)系统状态变量 SS。

(n_1,i_1,i_2):如果系统中有 n 个顾客,i_1 是服务台 1,i_2 是服务台 2。当系统为空时,$\mathbf{SS}=(0)$,当唯一的顾客是 j 并且当他分别接受服务台 1 或服务台 2 服务时,$\mathbf{SS}=(1,j,0)$。

(3)计数器变量。

N_A:时间 t 时的到达人数。

(4)输出变量。

$A(n)$:顾客 n 的到达时间,$n \geq 1$。

$D(n)$:顾客 n 的离开时间,$n \geq 1$。

$S(n)$:顾客 n 的服务台,$n \geq 1$。

(5)事件列表 t_A,t_1,t_2。

t_A 是下一个顾客的到达时间,t_i 是当前正在服务台 $i(i=1,2)$ 接受服务的顾客的服务完成时间。如果服务台 i 当前没有顾客,那么 $t_i=\infty(i=1,2)$。因此,事件列表将总是由 3 个变量 (t_A,t_1,t_2) 组成。

为了开始仿真,我们将变量和事件列表进行如下初始化操作。

(1)设 $t=N_A=C_1=C_2=0$。

(2)设 $\mathbf{SS}=(0)$。

(3)生成 T_0,并设 $t_A=T_0$,$t_1=t_2=\infty$。

为了更新系统,及时推进,直到遇到下一个事件。在以下情形中,Y_i 总是指具有分布 $G_i(i=1,2)$ 的随机变量。

情形 1: $\mathbf{SS}=(n,i_1,i_2)$ 且 $t_A=\min(t_A,t_1,t_2)$

- 重设:$t=t_A$。
- 重设:$N_A=N_A+1$。
- 生成 T_t,并重设 $t_A=T_t$。
- 收集输出数据 $A(N_A)=t$。

如果 $\mathbf{SS}=(0)$:

- 则重设:$\mathbf{SS}=(1,N_A,0)$。
- 生成 Y_1,并重设 $t_1=t+Y_1$。
- 收集输出数据 $S(N_A)=1$。

如果 $\mathbf{SS}=(1,j,0)$:

- 则重设:$\mathbf{SS}=(2,j,N_A)$。
- 生成 Y_2,并重设 $t_2=t+Y_2$。
- 收集输出数据 $S(N_A)=2$。

如果 $\mathbf{SS} = (1, 0, j)$：
- 则重设：$\mathbf{SS} = (2, N_A, j)$。
- 生成 Y_1，并重设 $t_1 = t + Y_1$。
- 收集输出数据 $S(N_A) = 1$。

如果 $n > 1$：
- 则重设：$\mathbf{SS} = (n+1, i_1, i_2)$。

情形 2：$\mathbf{SS} = (n, i_1, i_2)$ 且 $t_1 < t_A$，$t_1 \leq t_2$
- 重设：$t = t_1$。
- 收集输出数据 $D(i_1) = t$。

如果 $n = 1$：
- 则重设：$\mathbf{SS} = (0)$。
- 重设：$t_1 = \infty$。

如果 $n = 2$：
- 则重设：$\mathbf{SS} = (1, 0, i_2)$。
- 重设：$t_1 = \infty$。

如果 $n > 2$：则设 $m = \max(i_1, i_2)$ 且
- 重设 $\mathbf{SS} = (n-1, m+1, i_2)$。
- 生成 Y_1 并重设 $t_1 = t + Y_1$。
- 收集输出数据 $S(m+1) = 1$。

情形 3：$\mathbf{SS} = (n, i_1, i_2)$ 且 $t_2 < t_A$，$t_2 < t_1$
情形 3 中的更新留作习题。

如果根据上述方法对系统进行仿真，在某个预定的终止点停止仿真，然后通过使用输出变量以及计数变量 C_1 和 C_2 的最终值，可以得到各个顾客的到达时间和离开时间，以及每个服务台执行的服务次数。

7.5 库存模型

现在考虑一家商店，该商店要储存一种特定类型的产品，并且以每单位价格 r 销售该产品。需要该产品的顾客按照速率为 λ 的泊松过程出现，每个顾客的需求量是一个具有分布 G 的随机变量。为了满足需求，店主必须保留一定数量的库存，每当现有库存量变低时，就会从经销商处订购更多产品。店主使用熟知的 (s, S) 订购政策，即只要现有库存小于 s，并且当前没有未完成的订单，则订购一定数量的产品，使其达到 S，其中 $s < S$。也就是说，如果当前库存水平为 x，并且没有未完成订单，如果 $x < s$，那么订购数量为 $S - x$。订购 y 个单位的产品的成本是一个特定函数 $c(y)$，在交付订单之前需要 L 个单位的时间，货款在交付时支付。此外，商店每单位时间每单位物品支付 h 的库存持有成本。进一步假设，每当顾客需要的产品超过当前可用的库存时，商店会出售现有的库存，失去剩余订单。

我们希望通过仿真来估算商店在某个固定时间 T 内的预期利润。为此，我们首先定义以下变量和事件。

（1）时间变量 t。
（2）系统状态变量 (x, y)。 其中 x 是现有库存量，y 是订单量。
（3）计数器变量。

C：截至时间t时的订单成本总额。

H：截至时间t时的库存持有成本总额。

R：截至时间t时的收益总额。

（4）事件。

包括顾客的到达或订单到达。事件时间为

- t_0：下一个顾客的到达时间。
- t_1：当前订单交货的时间。如果没有未完成的订单，那么取t_1的值为∞。

通过研究哪个事件时间较早来完成更新。如果当前时间是t，并且我们已经知道之前的变量值，那么我们按照以下方式推进时间。

情形 1：$t_0 < t_1$

- 重设：$H = H + (t_0 - t)xh$，因为在时间t和t_0之间，我们会为每个在库存中的x单位商品支付持有成本$(t_0 - t)h$。
- 重设：$t_0 = t$。
- 生成D，它是一个具有分布G的随机变量。D是在时间t_0时到达的顾客的产品需求量。
- 设$w = \min(D, x)$是可以补充的订单量。补充此订单后的库存为$x - w$。
- 重设：$R = R + wr$。
- 重设：$x = x - w$。
- 如果$x < s$，且$y = 0$，则重设$y = S - x$，$t_1 = t + L$。
- 生成U，且重设$t_0 = t - \frac{1}{\lambda}\log(U)$。

情形 2：$t_0 \leqslant t_1$

- 重设：$H = H + (t_1 - t)xh$。
- 重设：$t = t_1$。
- 重设：$C = C + c(y)$。
- 重设：$x = x + y$。
- 重设：$y = 0$，$t_1 = \infty$。

通过使用上述更新方案，编写一个仿真程序来分析模型是很容易的。我们可以运行仿真程序，直到第一个事件在某个大的预分配时间T之后发生，然后可以使用$(R - C - H)/T$对商店每单位时间的平均利润进行估算。对s和S的不同值进行此操作能够为商店确定一个合理的库存订购策略。

7.6 保险风险模型

假设一家伤亡保险公司的不同投保人根据具有共同速率λ的独立泊松过程生成索赔，并且每个索赔金额遵循分布函数F。此外，假设新顾客根据速率为v的泊松过程注册，并且每个现有投保人在该公司停留的时间服从速率为μ的指数分布。最后，假设每个投保人以每单位时间c的固定速率向保险公司付款。从n_0个顾客和初始资本$a_0 \geqslant 0$开始，通过仿真来估算公司的资本在时间T时的任何时间都为非负的概率。为了模拟上述内容，对变量和事件进行如下定义。

(1) 时间变量 t。

(2) 系统状态变量 (n,a)。其中，n 是投保人的数量，a 是公司的流动资本。

(3) 事件。

有 3 种类型的事件：新的投保人、流失的投保人和索赔。事件列表由一个单一值组成，表示下一事件发生的时间。

(4) EL t_E。

由于 2.9 节中给出了关于指数随机变量的结果，所以我们能够使事件列表仅包含下一事件发生的时间。具体来说，如果 (n,a) 是时间 t 时的系统状态，那么，由于独立指数随机变量的最小值也是指数随机变量，所以下一个事件发生的时间将等于 $t+X$，其中 X 是速率为 $v+n\mu+n\lambda$ 的指数随机变量。此外，无论下一个事件何时发生，它将是以下 3 中情况之一：

- 新投保人到达，概率为 $\dfrac{v}{v+n\mu+n\lambda}$。

- 投保人流失，概率为 $\dfrac{n\mu}{v+n\mu+n\lambda}$。

- 发生索赔，概率为 $\dfrac{n\lambda}{v+n\mu+n\lambda}$。

在确定下一个事件何时发生后，生成一个随机数来确定 3 种可能性中的哪一种导致了该事件，然后使用这一信息来确定系统状态变量的新值。

在下文中，对于给定的状态变量 (n,a)，X 是一个速率为 $v+n\mu+n\lambda$ 的指数随机变量；J 是一个随机变量，该随机变量等于 1 的概率为 $\dfrac{v}{v+n\mu+n\lambda}$，等于 2 的概率为 $\dfrac{n\mu}{v+n\mu+n\lambda}$，等于 3 的概率为 $\dfrac{n\lambda}{v+n\mu+n\lambda}$；$Y$ 是具有索赔分布函数 F 的随机变量。

(5) 输出变量 I。

$$I = \begin{cases} 1, & \text{如果企业的资本在时间区间}[0,t]\text{内为非负} \\ 0, & \text{否则} \end{cases}$$

为了进行仿真，我们初始化变量如下。

(1) 初始化 $t=0$，$a=a_0$，$n=n_0$。

(2) 生成 X 并初始化，即 $t_E = X$。

为了更新系统，进入下一个事件，首先检查它是否超过了时间 T。

更新系统的步骤如下所述。

情形 1：$t_E > T$

- 设 $I=1$ 且结束该运行。

情形 2：$t_E \leqslant T$

- 重设：$a = a + nc(t_E - t)$，$t = t_E$。
- 生成 J。

    $J=1$：重设 $n = n+1$。

    $J=2$：重设 $n = n-1$。

    $J=3$：生成 Y。如果 $Y > a$，则设 $I=0$ 并结束该运行；否则重设 $a = a - Y$。

- 生成 X：重设 $t_E = t + X$。

然后不断重复更新步骤，直到运行完成。

7.7 维修问题

一个系统需要 n 台正常工作的机器才能运行。为了防止机器故障，还保留了额外的备用机器。每当一台机器发生故障时，它会立即被备用机器更换，并将故障机器送到维修机构。维修机构由一名维修人员组成，该维修人员一次维修一台故障机器。一旦故障机器得到维修，它就可以作为备用机器在需要时使用（见图 7.4）。所有维修时间都是具有共同分布函数 G 的独立随机变量。每次机器投入使用时，其在故障前的工作时间是一个随机变量，与过去时间无关，且满足分布函数 F。

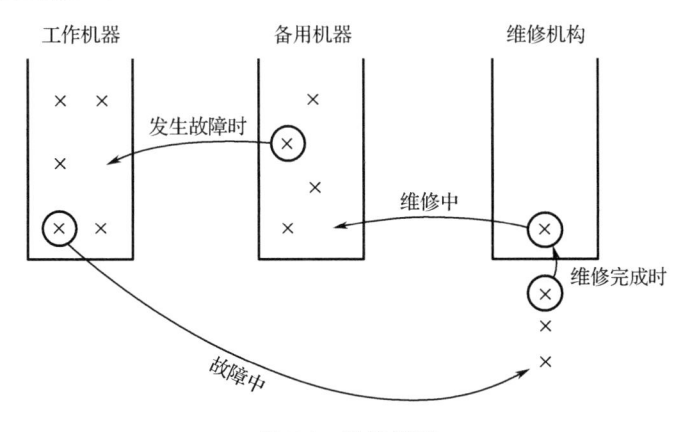

图 7.4 维修模型

当一台机器发生故障且没有可用的备用机器时，系统被认为"崩溃"了。假设最初有 $n+s$ 台正常工作的机器，其中 n 台正在使用，s 台作为备用，我们的目标是模拟这个系统，以近似计算 $E[T]$，其中 T 是系统崩溃的时间。

为了模拟上述情况，使用以下变量。

（1）时间变量 t。

（2）系统状态变量 r：表示在时间 t 时，系统中已经发生故障的机器数量。

由于系统状态变量会在工作机器发生故障或维修完成时发生变化，我们可以认为"事件"发生在这两种情况之一发生时。为了知道下一个事件何时发生，我们需要跟踪当前在用机器的故障时间以及正在维修的机器（如果有的话）完成维修的时间。因为我们始终要确定 n 台机器中最小的故障时间，所以将这些故障时间按顺序存储在一个有序列表中是很方便的。因此，我们将事件列表定义如下：

$$t_1 \leqslant t_2 \leqslant t_3 \leqslant \cdots \leqslant t_n, t^*$$

其中，$t_1,\cdots,t_n$ 是当前正在使用的 n 台机器发生故障的时间（按顺序排列），t^* 是当前正在维修的机器开始运行的时间，如果当前没有机器正在维修，则 $t^* = \infty$。

为了进行仿真，我们将这些量进行如下初始化。

（1）设 $t = r = 0$，$t^* = \infty$。

（2）生成 $X_1, X_2, \cdots, X_n$，它们是独立的随机变量，具有分布函数 F。

（3）将这些值按顺序排列，并设 t_i 为第 i 个最小值，$i = 1, 2, \cdots, n$。

（4）设事件列表：$t_1, t_2, \cdots, t_n, t^*$。

按照以下两种情形进行系统的更新。

情形 1：$t_1 < t^*$

- 重设：$t = t_1$。
- 重设：$r = r + 1$（因为又有一台机器出现故障）。
- 如果 $r = s+1$，则停止本次仿真并收集数据 $T = t$（因为现在有 $s+1$ 台机器发生故障，没有可用的备用机器）。
- 如果 $r < s+1$，则生成具有分布函数 F 的随机变量 X。该随机变量表示现在将投入使用的备用机器的工作时间。然后重新排序 $t_2, t_3, \cdots, t_n, t+X$，并且设 t_i 是这些值中的第 i 个最小值，$i = 1, 2, \cdots, n$。
- 如果 $r = 1$，则生成具有分布函数 G 的随机变量 Y，并重设 $t^* = t + Y$（这一步很有必要，因为在这种情况下，刚刚发生故障的机器是唯一出现故障的机器，因此将立即开始对其进行维修；Y 是其维修时间，维修将在时间 $t+Y$ 完成）。

情形 2：$t^* \leq t_1$

- 重设：$t = t^*$。
- 重设：$r = r - 1$。
- 如果 $r > 0$，则生成一个具有分布函数 G 的随机变量 Y，表示刚投入使用的机器的维修时间，并重设 $t^* = t + Y$。
- 如果 $r = 0$，则设 $t^* = \infty$。

上述更新规则如图 7.5 所示。

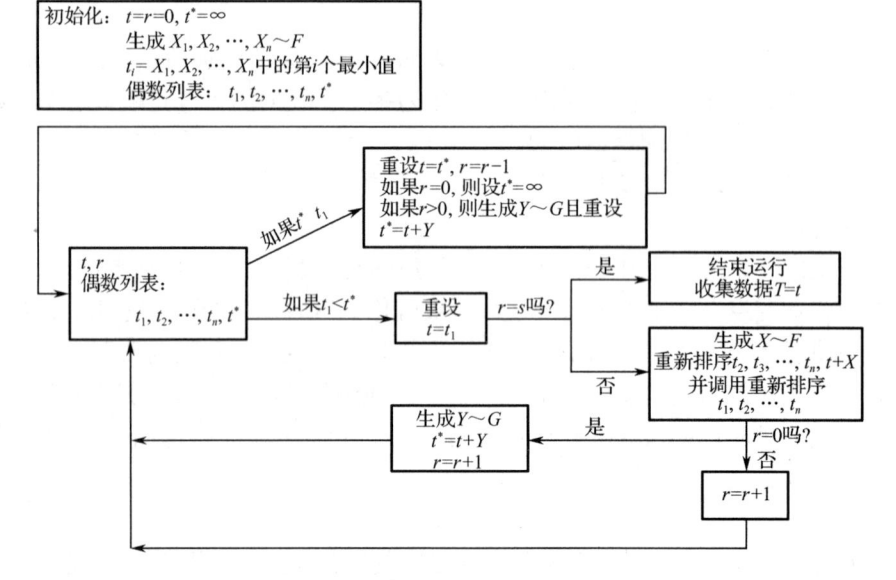

图 7.5 模拟维修模型

每次仿真结束时（当 $r = s+1$ 时），我们认为一次运行已经完成。该次运行的输出是系统崩溃时间 T 的值。然后，我们重新初始化并进行另一次仿真。总共运行了 k 次，分别得到输出变量 $T_1, \cdots, T_k$。由于这 k 个随机变量是独立的，并且每个随机变量都表示一个崩溃时间，因此它们的平均值 $\sum_{i=1}^{k} T_i / k$ 是平均前溃时间 $E[T]$ 的估算值。第 8 章将讨论如何确定何时停止仿真，

即确定 k 的值，并将介绍用于统计分析仿真运行输出的方法。

7.8 行使股票期权

设 $S_n(n \geq 0)$ 表示指定股票在第 n 天结束时的价格。一个常见的模型是假设：
$$S_n = S_0 \exp\{X_1 + X_2 + \cdots + X_n\}, \quad n \geq 0$$
其中 $X_1, X_2, \cdots$ 是一系列独立的正态随机变量，每个随机变量的均值为 μ，方差为 σ^2。这个模型假设每天的价格相对前一天的百分比变化有相同的分布，称为对数正态随机游走模型。设 $\alpha = \mu + \sigma^2/2$。假设你现在拥有一个期权，可以在未来 N 天内的任意一天以固定价格 K（称为执行价格）购买一只股票。如果你在股票价格为 s 时行使这一股票期权，那么因为你只支付了金额 K，所以我们将称为收益 $S - K$（因为理论上你可以立即转身以 S 的价格出售股票）。拥有期权的预期收益（如果股票价格在利息期内不超过 K，则显然永远不会行使期权）取决于你使用的期权行使策略。可以证明，如果 $\alpha \geq 0$，那么最佳策略是等到最后一个可能的时刻，在价格超过 K 的情况下行使期权，否则不行使期权。由于 $X_1 + X_2 + \cdots + X_N$ 是一个均值为 $N\mu$、方差为 $N\sigma^2$ 的正态随机变量，因此明确计算该策略的收益并不困难。然而，当 $\alpha < 0$ 时，很难描述最佳甚至接近最佳的策略，对于任何合理的策略，都不可能明确评估预期增益。现在给出一个可以在 $\alpha < 0$ 时使用的策略。这项策略虽然非最佳策略，但似乎相当合理。该策略要求在还剩 m 天时行使该期权，这种行为比 $i(i=1,2,\cdots,m)$ 天之后再行使（如果当时的价格大于 K）或放弃行使期权可以获得更高的预期回报。

设 $P_m = S_{N-m}$ 表示期权到期前还有 m 天时的股票价格。建议的策略如下。

如果还有 m 天到期，则在此时行使期权，当且仅当满足以下条件：
$$P_m > K$$
并且对于每个 $i = 1, 2, \cdots, m$，满足以下条件：
$$P_m > K + P_m e^{i\alpha} \phi(\sigma\sqrt{i} + b_i) - K\phi(b_i)$$
其中：
$$b_i = \frac{i\mu - \log(K/P_m)}{\sigma\sqrt{i}}$$
且 $\phi(x)$ 是标准正态分布函数，可以通过以下公式精确近似。

$x \geq 0$ 时：$\phi(x) \approx 1 - \dfrac{1}{\sqrt{2\pi}}(a_1 y + a_2 y^2 + a_3 y^3) e^{-x^2/2}$

$x < 0$ 时：$\phi(x) = 1 - \phi(-x)$。

其中，$y = \dfrac{1}{1 + 0.33267 x}$，$a_1 = 0.4361836$，$a_2 = -0.1201676$，$a_3 = 0.9372980$

如果行使了期权，则设 SP 表示行使期权时的股票价格；如果从未行使期权，则设 SP 为 K。为了确定上述策略的预期价值，即确定 $E[\text{SP}] - K$，有必要进行仿真。对于给定参数 μ, σ, N, K, S_0，很容易通过生成 X 来模拟股票在不同日期的价格，X 是一个均值为 μ 和标准差为 σ 的正态随机变量，并使用以下关系式：
$$P_{m-1} = P_m e^X$$

因此，如果 P_m 是还有 m 天到期时的股票价格，并且当前策略不要求在此时行使期权，那么我们将生成 X，并根据此值确定新的价格 P_{m-1}，然后让计算机检查当前策略是否要求在这一点上行使。如果是,则该仿真运行中的 $SP = P_{m-1}$;如果不是,那么将在第二天结束时确定价格,以此类推。最后,在大量仿真中,$SP - K$ 的平均值将是我们对采用上述策略时拥有期权的预期价值的估计。

7.9 仿真模型的校核

离散事件仿真方法的最终产物是一个希望没有错误的计算机程序。为了校核程序中确实没有错误,应该使用调试计算机程序的所有"标准"技术。有几种技术特别适用于调试仿真模型,我们现在讨论其中的一些。

与所有大型程序一样,应该尝试在"模块"或子程序中进行调试。也就是说,应该尝试将程序分解为逻辑整体的小型可管理实体,然后尝试调试这些实体。例如,在仿真模型中,随机变量的生成构成了一个这类模块,应该对这些模块进行单独检查。

仿真程序应该用大量的输入变量来编写。通常,通过选择合适的值,可以将仿真模型简化为可以分析评估的模型或之前已经广泛研究的模型,以便将仿真结果与已知答案进行比较。

在测试阶段,应该编写程序,将其生成的所有随机量作为输出。通过适当地选择简单的特殊情况,可以将模拟输出与人工计算的答案进行比较。例如,假设正在模拟一个 k 服务台排队系统的前 T 个时间单位。在输入值 $T = 8$ (一个小数字)和 $k = 2$ 之后,假设仿真程序生成以下数据:

顾客数量	1	2	3	4	5	6
到达时间	1.5	3.6	3.9	5.2	6.4	7.7
服务时间	3.4	2.2	5.1	2.4	3.3	6.2

并假设程序输出这 6 个顾客在系统中花费的平均时间为 5.12。

然而,通过人工计算,发现第一个顾客在系统中花费了 3.4 个时间单位;第二个花费了 2.2(回想一下有两个服务台)个时间单位;第三个在时间 3.9 到达,在时间 4.9 进入服务(当第一个顾客离开时),并且在服务中花费了 5.1 个时间单位——因此,顾客 3 在系统中花费了 6.1 个时间单位;顾客 4 在时间 5.2 到达,在时间 5.8(当顾客 2 离开时)进入服务,并且在另外的时间 2.4 之后离开——因此,顾客 4 在系统中花费了时间 3.0;以此类推。计算如下所示:

到达时间	1.5	3.6	3.9	5.2	6.4	7.7
服务开始时间	1.5	3.6	4.9	5.8	8.2	10.0
离开时间	4.9	5.8	10.0	8.2	11.5	16.2
在系统中的时间	3.4	2.2	6.1	3.0	5.1	8.5

因此,所有到达顾客在时间 $T = 8$ 之前在系统中花费的平均时间的输出应该是:

$$\frac{3.4 + 2.2 + 6.1 + 3.0 + 5.1 + 8.5}{6} = 4.71666\cdots$$

从而证明在求出输出值 5.12 的计算机程序中存在错误。

在计算机程序中搜索错误的一种有用技术是跟踪。在跟踪中,状态变量、事件列表和计数器变量都会在每个事件发生后输出出来,这样能够随着时间的推移跟踪被模拟的系统,以便确定系统何时没有按预期执行程序(如果在跟踪时没有明显的错误,则应检查与输出变量

习题

1. 如何使用 7.2 节中的输出数据来确定顾客 i 在队列中等待的时间？

2. 假设在 7.2 节的模型中，还要获得有关服务台一天中空闲时间的信息。请说明如何做到这一点。

3. 假设任务按照非齐次泊松过程到达单服务台排队系统，其速率最初为每小时 4 次，在 5 小时后稳步增加，直到达到每小时 19 次，然后稳步减少，直到在另外的 5 小时后达到每小时 4 次。然后，速率以这种方式无限重复——$\lambda(t+10) = \lambda(t)$。假设服务分布呈指数分布，速率为每小时 25 次。假设，每当服务台完成一项服务并发现没有任务在等待时会休息一段时间，该时间在区间 $(0, 0.3)$ 内均匀分布。如果从休息返回时没有任务在等，那么该服务台会再休息一次。通过仿真来估算服务台在运行的前 100 小时内处于休息状态的预期时间。进行 500 次仿真。

4. 在 7.4 节的模型中补充情形 3 的更新方案。

5. 考虑一个单服务台排队模型，其中顾客按照非齐次泊松过程到达。到达后，如果服务台空闲，他们要么进入服务，要么加入队列。然而，假设每个顾客在离开系统之前只在队列中等待随机量的时间（具有分布 F）。设 G 表示服务分布。对变量和事件进行定义以分析该模型，并给出更新过程。假设要估算到时间 T 的平均流失顾客的数量，在进入服务之前离开的顾客被视为流失顾客。

6. 假设在习题 5 中，到达过程是速率为 5 的泊松过程；F 在区间 $(0, 5)$ 内均匀分布；并且 G 是速率为 4 的指数随机变量。进行 500 次仿真，以估算到时间 100 时流失顾客的预期数量。假设按照顾客到达的顺序为他们提供服务。

7. 重复习题 6，这一次假设每次服务台完成服务时，下一个要服务的顾客是队列离开时间最早的顾客。也就是说，如果两个顾客正在等待，并且如果一个顾客的服务在时间 t_1 之前还没有开始，则一个顾客将离开队列，而另一个顾客，如果他的服务在时间 t_2 之前还没有开始，则 $t_1 < t_2$ 时，前者将进入服务，否则后者进入服务。你认为这会增加还是减少在进入服务之前离开的平均人数？

8. 在 7.4 节讲述的模型中，假设 G_1 是速率为 4 的指数分布函数，G_2 是速率为 3 的指数分布函数。假设顾客按照速率为 6 的泊松过程到达。编写一个仿真程序来生成对应于前 1000 个到达顾客的数据。用这个仿真程序来估算：

   a. 这些顾客在系统中花费的平均时间。
   b. 由服务台 1 执行的服务的比例。
   c. 对前 1000 个到达顾客进行第二次仿真，并用它回答 a 和 b 部分的问题。将你的答案与前面获得的答案进行比较。

9. 假设在 7.4 节讲述的两个服务台并联模型中，每个服务台都有自己的队列，并且在顾客到达时，加入最短的队列。如果发现两个队列大小相同（或发现两个服务台都为空），到达顾客转到服务台 1。

   a. 确定适当的变量和事件来分析该模型，并给出更新过程。
   b. 使用与习题 8 中相同的分布和参数，求出前 1000 个顾客在系统中花费的平均时间。
   c. 由服务台 1 执行的前 1000 次服务的比例。

在运行程序之前，你希望 b 和 c 部分的答案比习题 8 中的相应答案大还是小？

10. 假设在习题 9 中，每个到达顾客都以概率 p 分配到服务台 1，与其他任何事件无关。

a. 确定适当的变量和事件来分析该模型，并给出更新过程。

b. 使用习题 9 的参数，取 p 等于你对该问题 c 部分的估算，模拟系统以估算习题 9 第 b 部分中定义的量。你希望自己的答案比习题 9 中得到的答案大还是小？

11. 假设一个保险公司根据泊松过程每天接到 10 个理赔请求。每笔理赔金额是一个随机变量，遵循均值为 1000 美元的指数分布。保险公司每天以恒定的速率 11000 美元收到支付。初始资本为 25000 美元。通过仿真来估算公司前 365 天内，其资本始终保持正值的概率。

12. 假设在 7.6 节介绍的模型中，以公司的资本在时间 T 之前为负为条件，要计算资本变为负的时间和缺口的数量。如何使用给定的仿真方法来获得相关数据？

13. 针对 7.7 节中介绍的维修模型：

a. 为这个模型编写一个计算机程序。

b. 在 $n=4, s=3, F(x)=1-e^{-x}$ 且 $G(x)=1-e^{-2x}$ 的情况下，使用你编写的程序估算崩溃时间。

14. 在 7.7 节介绍的模型中，假设维修设施由两个服务台组成，每个服务台都需要具有分布函数 G 的随机时间量来为故障机器提供服务。为这个系统画一个流程图。

15. 系统崩溃按照速率为 1 次 / 小时 的泊松过程发生。每一次崩溃都有一定程度的损坏。假设这些损坏为独立随机变量（也与冲击发生的时间无关），具有共同密度函数：

$$f(x) = xe^{-x}, \quad x > 0$$

损坏以指数速率 α 随时间消散——也就是说，一个初始损伤为 x 的崩溃，在经过 s 时间后，其剩余损坏值为 $xe^{-\alpha x}$。此外，损坏值是累积的。例如，如果在时间 t 时总共发生了两次崩溃，分别发生在 t_1 和 t_2 时，并且初始损坏分别为 x_1 和 x_2，那么在时间 t 时的总损坏为 $\sum_{i=1}^{2} x_i e^{-\alpha(t-t_i)}$。当总损坏超过某个固定常数 C 时，系统发生故障。

a. 假设我们希望通过仿真来估算系统故障的平均时间。定义此模型中的"事件"和"变量"，并绘制一个流程图，说明如何进行仿真。

b. 编写一个程序来生成 k 次运行。

c. 通过将输出与人工计算进行比较来验证你的程序。

d. 当 $\alpha = 0.5$，$C = 5$ 且 $k = 1000$ 时，运行程序并使用输出来估算系统故障前的预期时间。

16. 消息按照速率为每小时 2 次的泊松过程到达通信设施。该设施由 3 个信道组成，如果其中任何一个信道空闲，到达的消息将转到空闲信道。否则，如果所有信道都繁忙，则消息将丢失。消息连接信道的时间是一个随机变量，取决于消息到达时的天气状况。具体来说，如果消息在天气"好"的时候到达，那么它的处理时间是一个具有分布函数的随机变量：

$$F(x) = x, \quad 0 < x < 1$$

而如果消息在天气"不好"时到达，那么它的处理时间具有分布函数：

$$F(x) = x^3, \quad 0 < x < 1$$

起初天气很好，好天气时段和坏天气时段交替出现——好天气时段的固定长度为 2 小时，坏天气时段的固定时间为 1 小时（例如，在时间 5 时，天气从良好变为恶劣）。

假设要计算时间 $T = 100$ 时丢失消息的数量分布。

a. 定义使我们能够使用离散事件方法的事件和变量。
b. 写出以上内容的流程图。
c. 为上述内容编写一个程序。
d. 通过将输出与人工计算进行比较来验证你的程序。
e. 运行你的程序来估算在运行前 100 小时内丢失的消息的平均数量。

17. 通过仿真研究，如果股票的当前价格为 100，则估算在未来 20 天内任何时候以 100 的价格购买股票的期权的预期价值。假设使用 7.8 节中介绍的模型，$\mu = -0.05$，$\sigma = 0.3$，并采用该节中提供的策略。

18. 一家商店里售卖某种玩具。想要玩具的顾客按照速率为 λ 的泊松过程到达。每个顾客想要以概率 p_i 购买 i 个玩具，其中 $p_1 = \frac{1}{2}$，$p_2 = \frac{1}{3}$，$p_3 = \frac{1}{6}$。这家商店最初有 4 个这样的玩具，店主使用的策略是，只有在他卖完玩具时才订购更多玩具。比如，订购 10 个玩具并立即交付。任何不能完全满足要求的顾客都不进行购买就离开了（例如，如果商店里有 2 个玩具，而一个想要 3 个的顾客来了，那么这个顾客将在没有购买任何玩具的情况下离开）。假设我们想通过仿真来估算在前 T 个时间单位内没有购买就离开的预期顾客数量。那么如何使用离散事件方法来实现这一点？对所有变量进行定义并证明如何对其进行更新。

参考文献

Banks, J., Carson, J., 1984. Discrete-Event System Simulation. Prentice-Hall, New Jersey.
Clymer, J., 1990. Systems Analysis Using Simulation and Markov Models. Prentice-Hall, New Jersey.
Gottfried, B., 1984. Elements of Stochastic Process Simulation. Prentice-Hall, New Jersey.
Law, A.M., Kelton, W.D., 1997. Simulation Modelling and Analysis, 3rd ed. McGraw-Hill, New York.
Mitrani, I., 1982. Simulation Techniques for Discrete Event Systems. Cambridge University Press, Cambridge, U.K.
Peterson, R., Silver, E., 1979. Decision Systems for Inventory Management and Production Planning. Wiley, New York.
Pritsker, A., Pedgen, C., 1979. Introduction to Simulation and SLAM. Halsted Press, New York.
Shannon, R.E., 1975. Systems Simulation: The Art and Science. Prentice-Hall, New Jersey.
Solomon, S.L., 1983. Simulation of Waiting Line Systems. Prentice-Hall, New Jersey.

第 8 章　模拟数据的统计分析

一般通过进行仿真研究来确定与特定随机模型相关的某个量 θ 的值，通常遵循以下流程：首先，对相关系统进行仿真得到输出数据 X，这是一个随机变量，其期望值为我们关心的量 θ。然后，进行第二次独立仿真，这将产生一个新的、具有相同均值 θ 的独立随机变量。持续这一仿真过程直到完成 k 次运行，得到 k 个独立同分布的随机变量 $X_1, X_2, \cdots, X_k$，它们的均值均为 θ。最后，将这 k 个值的平均值 $\bar{X} = \sum_{i=1}^{k} X_i / k$ 用作 θ 的估计量或近似值。

在本章中，我们讨论了决定何时停止仿真研究的问题，即决定 k 的适当值。考虑 θ 估计量的质量有利于决定何时停止。此外，我们还将介绍如何获得一个区间，在该区间内，我们可以以一定的置信度确定 θ 的值。

本章的最后一节将介绍如何通过使用一种称为"自举法估计"的重要统计技术来估算比样本均值更复杂的估计量的质量。

8.1　样本均值与样本方差

假设 $X_1, X_2, \cdots, X_n$ 是具有相同分布函数的独立随机变量，设 θ 和 σ^2 分别表示它们的均值和方差，即 $\theta = E[X_i]$ 和 $\sigma^2 = \mathrm{Var}(X_i)$。

$\bar{X} = \sum_{i=1}^{n} \dfrac{X_i}{n}$ 是 n 个数据值的算术平均值，称为样本平均值。当总体均值 θ 未知时，通常使用样本均值对其进行估算。

由于：

$$\begin{aligned} E[\bar{X}] &= E\left[\sum_{i=1}^{n} \frac{X_i}{n}\right] \\ &= \sum_{i=1}^{n} \frac{E[X_i]}{n} = \frac{n\theta}{n} = \theta \end{aligned} \qquad (8.1)$$

因此，$\bar{X}$ 是 θ 的无偏估计量。其中，如果估计量的期望值等于该参数，则参数的估计量是该参数的无偏估计量。

为了确定 $\bar{X}$ 作为总体均值 θ 的估计量的"价值"，我们考虑其均方误差，即 $\bar{X}$ 和 θ 之间的平方差的期望值。现有：

$$\begin{aligned} E[(\bar{X} - \theta)^2] &= \mathrm{Var}(\bar{X}) &&\text{（由于 } E[\bar{X}] = \theta\text{）} \\ &= \mathrm{Var}\left(\frac{1}{n}\sum_{i=1}^{n} X_i\right) \\ &= \frac{1}{n^2}\sum_{i=1}^{n} \mathrm{Var}(X_i) &&\text{（独立）} \\ &= \frac{\sigma^2}{n} &&\text{（由于 } \mathrm{Var}(X_i) = \sigma^2\text{）} \end{aligned} \qquad (8.2)$$

因此，$\bar{X}$ 作为 n 个数据值 $X_1, X_2, \cdots, X_n$ 的样本均值，它是一个均值为 θ 和方差为 σ^2/n 的随机变量。因为随机变量不太可能与其均值有太多的标准差，即方差的平方根。因此，当 $\theta/\sqrt{n}$ 小时，$\bar{X}$ 是 θ 一个很好的估计量。

注释：以上关于随机变量不太可能与其均值有太多的标准差这一说法来自切比雪夫不等式，更重要的是，对于仿真研究来说，这种说法来自中心极限定理。事实上，对于任何 $(c > 0)$，切比雪夫不等式（见第 2 章第 2.7 节）给出了一个相当保守的界限：

$$P\left\{\left|\bar{X} - \theta\right| > \frac{c\sigma}{\sqrt{n}}\right\} \leq \frac{1}{c^2}$$

然而，当 n 较大时，通常在仿真中会出现这种情况，我们可以应用中心极限定理来断言 $(\bar{X} - \theta)/(\sigma/\sqrt{n})$ 近似服从标准正态分布。因此：

$$P\left\{\left|(\bar{X} - \theta)\right| > c\sigma/\sqrt{n}\right\} \approx P\left\{|Z| > c\right\}$$

其中，Z 是标准正态随机变量，且有：

$$P\left\{|Z| > c\right\} = 2[1 - \phi(c)] \tag{8.3}$$

其中，ϕ 是标准正态分布函数。例如，由于 $\phi(1.96) = 0.975$，那么式（8.3）表明样本均值与 θ 相差超过 $1.96\sigma/\sqrt{n}$ 的概率约为 0.05，而切比雪夫不等式仅得出该概率小于 $1/(1.96)^2 = 0.2603$。

直接使用 σ^2/n 的值来衡量 n 个数据值的样本均值估计总体均值的准确性存在困难，因为总体方差 σ^2 通常是未知的。因此，我们还需要对总体方差进行估算。由于 $\sigma^2 = E[(X - \theta)^2]$ 是基准值与其（未知）均值之间差的平方的平均值，假设我们使用 $\bar{X}$ 作为均值的估计量，那么 σ^2 的自然估计量可能是 $\sum_{i=1}^{n}(X_i - \bar{X})^2/n$，即数据值与估计均值之间的平方距离的平均值。然而，为了使估计量无偏（以及出于其他技术原因），更倾向于将平方和除以 $n-1$，而不是 n。

定义：量 S^2，定义为

$$S^2 = \frac{\sum_{i=1}^{n}(X_i - \bar{X})^2}{n-1}$$

称为样本方差。

使用代数恒等式：

$$\sum_{i=1}^{n}(X_i - \bar{X})^2 = \sum_{i=1}^{n}X_i^2 - n\bar{X}^2 \tag{8.4}$$

其证明留作习题。我们现在证明样本方差是 σ^2 的无偏估计量。

命题：

$$E[S^2] = \sigma^2$$

证明：使用恒等式（8.4），我们可以得到：

$$(n-1)E[S^2] = E\left[\sum_{i=1}^{n}X_i^2\right] - nE[\bar{X}^2] \tag{8.5}$$

$$= nE[X_1^2] - nE[\bar{X}^2]$$

其中最后一个等式成立是因为所有的 X_i 都有相同的分布。回顾对于任何随机变量 Y，有

$\mathrm{Var}(Y) = E[Y^2] - (E[Y])^2$，或者等价地：
$$E[Y^2] = \mathrm{Var}(Y) + (E[Y])^2$$

因此，我们得到：
$$E[X_1^2] = \mathrm{Var}(X_1) + (E[X_1])^2$$
$$= \sigma^2 + \theta^2$$

且
$$E[\bar{X}^2] = \mathrm{Var}(\bar{X}) + (E[\bar{X}])^2$$
$$= \frac{\sigma^2}{n} + \theta^2 \qquad [根据式（8.2）和式（8.1）得出]$$

因此，从式（8.5）我们得到：
$$(n-1)E[S^2] = n(\sigma^2 + \theta^2) - n\left(\frac{\sigma^2}{n} + \theta^2\right) = (n-1)\sigma^2$$

结果得到证明。

我们使用样本方差 S^2 作为总体方差 σ^2 的估计量，并使用 $S = \sqrt{S^2}$，即所谓的样本标准差，作为 σ 的估计量。

现在假设在仿真过程中，我们可以连续生成额外的数据值 X_i。如果我们的目标是估算 $\theta = E[X_i]$ 的值，那么我们应该在何时停止生成新的数据值呢？这个问题的答案是，我们首先选择一个可以接受的标准差值 d 作为估计量的标准差。如果 d 是估计量 $\bar{X}$ 的标准差，我们有 95%的把握，那么 $\bar{X}$ 不会偏离 θ 超过 $1.96d$。然后我们应继续生成新的数据，直到生成了 n 个数据值，使 $\sigma/\sqrt{n}$ 的估计值 $S/\sqrt{n}$ 小于可接受值 d。由于样本标准差 S 在样本量较小时可能不是 σ 较好的估计量（正态近似也可能无效），因此我们建议采用以下方法来确定何时停止生成新的数据值。

确定何时停止生成新的数据值的方法如下所述。

（1）为估计量的标准偏差选择一个可接受的值 d。

（2）生成至少 100 个数据值。

（3）继续生成额外的数据值，当生成 k 个数据值，并且 $S/\sqrt{k} < d$，其中 S 是基于这 k 个数据值计算出的样本标准偏差。

（4）θ 的估计值为 $\bar{X} = \sum_{i=1}^{k} X_i / k$。

示例 8a：考虑一个服务系统，其中在下午 5 点之后不允许有新的顾客进入。假设每天的概率分布是相同的，并且我们感兴趣的是估计最后一位顾客离开系统的时间。此外，假设我们希望至少 95%确定我们的估计结果不会与真实值相差超过 15 秒。

为了满足上述要求，我们需要不断生成与最后一位顾客离开时间相关的数据值（每次通过进行一次仿真实现），直到我们生成了总共 k 个数据值，其中 k 至少为 100 且满足 $1.96 S/\sqrt{k} < 15$，其中 S 是这 k 个数据值的样本标准差（以秒为单位测量）。我们对最后一位顾客离开时间的估计值是这 k 个数据值的平均值。

为了有效运用上述方法来确定何时停止生成新的数据值，如果能够递归地计算连续的样本均值和样本方差，而不是每次生成新的基准值时都重新计算，这将是非常有价值的。接下来，我们将展示如何做到这一点。考虑数据值 $X_1, X_2, \cdots$，设：

$$\bar{X}_j = \sum_{i=1}^{j} \frac{X_i}{j}$$

且：

$$S_j^2 = \sum_{i=1}^{j} \frac{(X_i - \bar{X}_j)^2}{j-1}, j \geq 2$$

分别表示前 j 个数据值的样本均值和样本方差。以下递归公式应用于连续计算当前的样本均值和样本方差。其中 $S_1^2 = 0$，$\bar{X}_0 = 0$：

$$\bar{X}_{j+1} = \bar{X}_j + \frac{X_{j+1} - \bar{X}_j}{j-1} \tag{8.6}$$

$$S_{j+1}^2 = \left(1 - \frac{1}{j}\right) S_j^2 + (j+1)(\bar{X}_{j+1} - \bar{X}_j)^2 \tag{8.7}$$

示例 8b：假设前 3 个数据值是 $X_1 = 5, X_2 = 14, X_3 = 9$，则由式（8.6）和式（8.7）得到：

$$\bar{X}_1 = 5$$

$$\bar{X}_2 = 5 + \frac{9}{2} = \frac{19}{2}$$

$$S_2^2 = 2\left(\frac{19}{2} - 5\right)^2 = \frac{81}{2}$$

$$\bar{X}_3 = \frac{19}{2} + \frac{1}{3}\left(9 - \frac{19}{2}\right) = \frac{28}{3}$$

$$S_3^2 = \frac{81}{4} + 3\left(\frac{28}{3} - \frac{19}{2}\right)^2 = \frac{61}{3}$$

当数据值是伯努利（0 或 1）随机变量时，分析会有所不同，这种情况出现在我们估算概率时。假设我们能够生成随机变量 X_i，使：

$$X_i = \begin{cases} 1, & \text{概率为} p \\ 0, & \text{概率为} 1-p \end{cases}$$

并且假设要估算 $E[X_i] = p$。在这种情况下，由于：

$$\mathrm{Var}(X_i) = p(1-p)$$

因此不需要使用样本方差来估算 $\mathrm{Var}(X_i)$。实际上，如果已经生成了 n 个数据值 $X_1, X_2, \cdots, X_n$，则 p 的估计值将是：

$$\bar{X}_n = \sum_{i=1}^{n} \frac{X_i}{n}$$

而 $\mathrm{Var}(X_i)$ 的自然估算值是 $\bar{X}_n(1 - \bar{X}_n)$。因此，在这种情况下，我们通过以下方法来决定何时停止生成新的数据值。

（1）选择一个可以接受的估计量标准差 d。
（2）生成至少 100 个数据值。
（3）继续生成更多的数据值，直到生成 k 个数据值，并且满足 $[\bar{X}_k(1-\bar{X}_k)/k]^{1/2} < d$。
（4）p 的估计值是 $\bar{X}_k$，即这 k 个数据值的平均值。

示例 8c：假设在示例 8a 中，我们要估计 5:30 商店中仍有顾客的概率。为此，我们将模拟连续的几天，并设：

$$X_i = \begin{cases} 1, & \text{如果在第} i \text{天} 5:30 \text{时店里有顾客} \\ 0, & \text{如果在第} i \text{天} 5:30 \text{时店里没有顾客} \end{cases}$$

我们将模拟至少 100 天，并继续模拟，直到第 k 天，其中 k 满足：

$$[p_k(1-p_k)/k]^{1/2} < d$$

其中，$p_k = \bar{X}_k$ 是这 k 天中 5:30 时店里有顾客的比例，而 d 是可接受的标准差估计值。

8.2 总体均值的区间估计

假设 $X_1, X_2 \cdots, X_n$ 是来自同一分布的随机变量，均值为 θ 和方差为 σ^2。虽然样本均值 $\bar{X}$ 是 θ 的有效估计量，但我们实际上并不期望 $\bar{X}$ 等于 θ，只是期望它"接近" θ。因此，有时能够指定一个区间，以便我们能有一定的信心认为 θ 落在该区间内，这将更有价值。

为了得到这样的区间，我们需要估计量 $\bar{X}$ 的（近似）分布。为此，我们首先回顾式（8.1）和式（8.2）得出的结果：

$$\mathrm{E}[\bar{X}] = \theta, \quad \mathrm{Var}(\bar{X}) = \frac{\sigma^2}{n}$$

因此，根据中心极限定理，n 较大时：

$$\sqrt{n}\frac{(\bar{X} - \theta)}{\sigma} \sim N(0,1)$$

其中，$\sim N(0,1)$ 表示"近似服从标准正态分布"。此外，如果我们用样本标准差 S 来代替未知标准差 σ，根据 Slutsky 定理的结果，所得的量仍然近似服从标准正态分布。也就是说，当 n 很大时：

$$\sqrt{n}(\bar{X} - \theta)/S \sim N(0,1) \tag{8.8}$$

现在，对于任何 α，其中 $0 < \alpha < 1$，设 z_α 满足：

$$P\{Z > z_\alpha\} = \alpha$$

其中，Z 是标准正态随机变量（例如，$z_{0.025} = 1.96$）。由标准正态密度函数关于原点的对称性可知，$z_{1-\alpha}$ 这个值对应于密度函数右侧累积分布函数值为 $1-\alpha$ 的点，这意味着 $z_{1-\alpha}$ 是满足从该点向右的密度函数下的面积等于 $1-\alpha$ 的特定值（见图 8.1）。因此：

$$z_{1-\alpha} = -z_\alpha$$

因此（见图 8.1）：

$$P\{-z_{\alpha/2} < Z < z_{\alpha/2}\} = 1 - \alpha$$

由此，根据式（8.8），我们得到：

$$P\left\{-z_{\alpha/2} < \sqrt{n}\frac{(\bar{X} - \theta)}{S} < z_{\alpha/2}\right\} \approx 1 - \alpha$$

或者，等效地，乘以 -1 得到：

$$P\left\{-z_{\alpha/2} < \sqrt{n}\frac{(\theta - \bar{X})}{S} < z_{\alpha/2}\right\} \approx 1 - \alpha$$

等价于：

$$P\left\{\bar{X} - z_{\alpha/2}\frac{S}{\sqrt{n}} < \theta < \bar{X} + z_{\alpha/2}\frac{S}{\sqrt{n}}\right\} \approx 1 - \alpha \tag{8.9}$$

换句话说，在概率为 $1-\alpha$ 的情况下，总体均值 θ 将位于 $\bar{X} \pm z_{\alpha/2} S/\sqrt{n}$ 区域内。

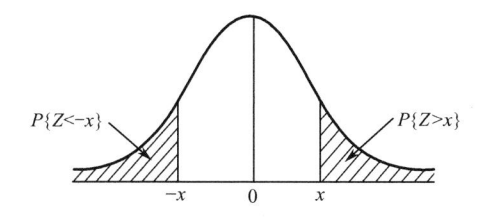

图 8.1 标准正态密度函数

定义： 如果样本均值和样本标准差的观测值分别为 $\bar{X} = \bar{x}$ 和 $S = s$，则将区间 $\bar{x} \pm z_{\alpha/2} s\sqrt{n}$ 称为 θ 的（近似）$100(1-\alpha)\%$ 置信区间估计值。

注释：（1）为了阐明"$100(1-\alpha)\%$ 置信区间"的含义，以 $\alpha = 0.05$ 为例，此时 $z_{\alpha/2} = 1.96$。在观察数据之前，假设样本均值 $\bar{X}$ 和样本标准差 S 将使 θ 以 0.95 得概率落在区间 $\bar{X} \pm 1.96 S/\sqrt{n}$ 内。在观察到 $\bar{X}$ 和 S 分别等于 $\bar{x}$ 和 s 之后，不再有任何关于 θ 是否位于区间 $\bar{x} \pm 1.96 S/\sqrt{n}$ 的概率，因为它要么位于该区间，要么不位于该区间。然而，我们"95%确信"在这种情况下，它确实位于这个区间（因为我们知道，从长远来看，这样的区间确实有 95% 的概率包含均值）。

（2）（技术注释）上述分析基于式（8.8），即当 n 较大时，$\sqrt{n}(\bar{X} - \theta)/S$ 近似为标准正态随机变量。如果原始数据值 X_i 本身服从正态分布，那么该量实际上服从一个自由度为 $n-1$ 的 t 分布。出于这个原因，许多作者建议在原始分布不必是正态分布的情况下使用这一近似分布。然而，由于尚不清楚自由度为 $n-1$ 的 t 分布是否在一般情况下比正态分布提供更好的近似值，并且因为对于大样本量 n，两者的分布大致相等，因此我们采用了正态分布的近似，而不是引入 t 随机变量。

（3）如果 ϕ 是标准正态分布函数，Z 是标准正态随机变量，那么：
$$\alpha = P(Z > z_\alpha) = 1 - \phi(z_\alpha)$$
这表明 $z_\alpha = \phi^{-1}(1-\alpha)$。在 R 中，$\phi^{-1}(x)$ 表示为 qnorm(x)。

现在，考虑在仿真研究中的情况，假设可以生成更多数据值，问题是确定何时停止生成新的数据值。解决方案之一是首先选择值 α 和 l，然后继续生成数据，直到 θ 的近似 $100(1-\alpha)\%$ 置信区间估计值小于 l。由于该区间的长度为 $2z_{\alpha/2} S/\sqrt{n}$，因此可以通过以下方法实现这一点。

（1）生成至少 100 个数据值。

（2）继续生成更多的数据值，直到生成的数据值的数量达到 k，并满足条件 $2z_{\alpha/2} S/\sqrt{k} < l$，其中 S 是基于这 k 个数据值计算的样本标准差［随着新数据值的生成，S 的值应不断更新，使用式（8.6）和式（8.7）中给出的递归关系］。

（3）如果 $\bar{x}$ 和 s 是 $\bar{X}$ 和 S 的观测值，则长度小于 l 的 θ 的 $100(1-\alpha)\%$ 置信区间估计值为 $\bar{x} \pm z_{\alpha/2} s/\sqrt{k}$。

技术注释： 对于有统计学背景的读者，可能会对我们使用一个近似的置信区间感到疑惑，因为该理论基于假设样本量是固定的，而在上述情况下，样本量显然是一个随机变量，取决于生成的数据值。然而，当样本量较大时，这一点可以得到合理解释，因此从模拟的角度来看，我们可以忽略这一细节。

如前所述，当 $X_1, X_2, \cdots, X_n$ 是伯努利随机变量时，分析会有所不同，在这种情况下：
$$X_i = \begin{cases} 1, & \text{概率为} p \\ 0, & \text{概率为} 1-p \end{cases}$$

由于在这种情况下，$\text{Var}(X_i)$ 可以通过 $\bar{X}(1-\bar{X})$ 来估算，因此式（8.8）的等效表述为当 n 较大时，有：

$$\sqrt{n}\frac{(\bar{X}-p)}{\sqrt{\bar{X}(1-\bar{X})}} \sim N(0,1) \tag{8.10}$$

因此，对于任何 α，有：

$$P\left\{-z_{\alpha/2} < \sqrt{n}\frac{(\bar{X}-p)}{\sqrt{\bar{X}(1-\bar{X})}} < z_{\alpha/2}\right\} = 1-\alpha$$

或者等效地：

$$P\left\{\bar{X} - z_{\alpha/2}\sqrt{\bar{X}(1-\bar{X})/n} < p < \bar{X} + z_{\alpha/2}\sqrt{\bar{X}(1-\bar{X})/n}\right\} = 1-\alpha$$

因此，如果 $\bar{X}$ 的观测值是 p_n，那么我们可以说 p 的"$100(1-\alpha)\%$ 置信区间估计值"是：
$$p_n \pm z_{\alpha/2}\sqrt{p_n(1-p_n)/n}$$

8.3 估算均方误差的自举技术

假设现在 $X_1, X_2, \cdots, X_n$ 是独立的随机变量，具有相同的分布函数 F，并且假设我们要用它们来估算分布函数 F 的某个参数 $\theta(F)$。例如，$\theta(F)$ 可能是（如本章前几节所述）F 的均值，也或者它可能是 F 的中值、方差，或 F 的任何其他参数。进一步假设已经提出了 $\theta(F)$ 的一个估计量为 $g(X_1, X_2, \cdots, X_n)$，为了评估其作为 $\theta(F)$ 的估计量的价值，我们现在估算其均方误差，即估算下式的值：

$$\text{MSE}(F) \equiv E_F[(g(X_1, X_2, \cdots, X_n) - \theta(F))^2]$$

在此，我们选择 $\text{MSE}(F)$ 减少了对估计量 g 的依赖，并且使用 E_F 表示在假设所有随机变量都具有分布函数 F 的情况下取得期望值。然而，尽管在特定条件下存在直接的估计量，如当 $\theta(F) = E[X_i]$ 且 $g(X_1, X_2, \cdots, X_n) = \bar{X}$ 时，可以立即得到 MSE 的直接估计量 S^2/n，但在其他情况下，如何对其进行估算无法直接明显确定。现在建议使用一种称为自举技术的有用技术来估算这个均方误差。

首先，如果分布函数 F 已知，那么可以从理论上计算 θ 与其估计量之间的差的期望平方；也就是说，可以计算均方误差。然而，在观察了 n 个数据点的值之后，对潜在分布函数有了一个很好的了解。事实上，假设数据的观测值为 $X_i = x_i (i = 1, 2, \cdots, n)$。现在可以通过熟知的经验分布函数 F_e 估算潜在分布函数 F，其中 $F_e(x)$ 是 $F(x)$ 的估计值，即基准值小于或等于 x 的概率，它只是 n 个数据值中小于或等于 x 的比例。也就是说：

$$F_e(x) = \frac{i \text{的数量}: X_i \leq x}{n}$$

另一种理解 F_e 的方式是，它是一个随机变量 X_e 的分布函数，X_e 以相同的概率取值为 $x_1, x_2, \cdots, x_n$ 中的任意一个（如果这些 x_i 不全是不同的，则可以将上述理解为，X_e 取值为 x_i 的概率是相等的，等于有多少个 j 使 $x_j = x_i$ 除以 n。例如，如果 $n=3$ 且 $x_1 = x_2 = 1, x_3 = 2$，则

X_e 是一个以概率 $\frac{2}{3}$ 取值为 1、以概率 $\frac{1}{3}$ 取值为 2 的随机变量）。

现在，如果 F_e "接近于" F，正如当 n 较大时那样（事实上，强大数定律意味着当 $n \to \infty$ 时，几乎肯定 $F_e(x)$ 收敛于 $F(x)$，而另一个称为 Glivenko-Cantelli 定理的结论指出，这种收敛几乎肯定是对 x 的一致收敛），那么 $\theta(F_e)$ 很可能接近 $\theta(F)$，假设 θ 是分布的某种连续函数，并且 MSE(F) 应该近似等于：

$$\text{MSE}(F_e) = E_{F_e}[(g(X_1, X_2, \cdots, X_n) - \theta(F_e))^2]$$

在上述表达式中，将 X_i 视为具有分布函数 F_e 的独立随机变量，MSE(F_e) 被称为均方误差的自举近似值。

为了评估自举近似值对均方误差的有效性，我们考虑一种无须使用自举近似值的情况，即通过样本均值 $\bar{X}$ 来估算分布函数的均值（在这种情况下，非必要不使用自举近似值，因为已经有一种有效的方法来估算均方误差 $E[(\bar{X} - \theta)^2] = \sigma^2/n$，即通过使用 S^2/n 的观测值）。

示例 8d： 假设我们要通过使用样本均值 $\bar{X} = \sum_{i=1}^{n} X_i/n$ 来估算 $\theta(F) = E[X]$。如果观察到的数据是 x_i（$i = 1, 2, \cdots, n$），则经验分布函数 F_e 将权重 $1/n$ 施加在每个点 $x_1, x_2, \cdots, x_n$ 上（如果 x_i 不是完全不同，则组合权重）。因此，F_e 的均值为 $\theta(F_e) = \bar{x} = \sum_{i=1}^{n} x_i/n$，均方误差的自举估计值为 MSE($F_e$)，可表示为

$$\text{MSE}(F_e) = E_{F_e}\left[\left(\sum_{i=1}^{n} \frac{X_i}{n} - \bar{x}\right)^2\right]$$

其中 $X_1, X_2, \cdots, X_n$ 是各自根据 F_e 分布的独立随机变量。由于：

$$E_{F_e}\left[\sum_{i=1}^{n} \frac{X_i}{n}\right] = E_{F_e}[X] = \bar{x}$$

因此：

$$\text{MSE}(F_e) = \text{Var}_{F_e}\left(\sum_{i=1}^{n} \frac{X_i}{n}\right)$$
$$= \frac{\text{Var}_{F_e}(X)}{n}$$

现有：

$$\text{Var}_{F_e}(X) = E_{F_e}[(X - E_{F_e}[X])^2]$$
$$= E_{F_e}[(X - \bar{x})^2]$$
$$= \frac{1}{n}\left[\sum_{i=1}^{n}(x_i - \bar{x})^2\right]$$

因此：

$$\text{MSE}(F_e) = \frac{\sum_{i=1}^{n}(x_i - \bar{x})^2}{n^2}$$

这与均方误差的常见估计值 S^2/n 形成了较好的对比。事实上，由于 S^2/n 的观测值为

$\sum_{i=1}^{n}(x_i-\bar{x})^2/[n(n-1)]$，因此自举近似值几乎与此完全相同。

如果数据值是 $X_i=x_i(i=1,2,\cdots,n)$，那么，由于经验分布函数 F_e 在每个点 x_i 上赋予权重 $1/n$，因此通常很容易计算 $\theta(F_e)$ 的值。例如，如果参数 $\theta(F)$ 是分布函数 F 的方差，则 $\theta(F_e)=\text{Var}_{F_e}(X)=\sum_{i=1}^{n}(x_i-\bar{x})^2/n$。为了确定均方误差的自举近似值，我们需要计算：

$$\text{MSE}(F_e)=E_{F_e}[(g(X_1,X_2,\cdots,X_n)-\theta(F_e))^2]$$

然而，由于上述期望值是在假定 $X_1,X_2,\cdots,X_n$ 为根据 F_e 分布的独立随机变量的基础上计算的，这意味着向量 $(X_1,X_2,\cdots,X_n)$ 等可能地取 n^n 个可能值 $(x_{i_1},x_{i_2},\cdots,x_{i_n})$，其中 $i_j\in\{1,2,\cdots,n\}$，$j=1,2,\cdots,n$。因此：

$$\text{MSE}(F_e)=\sum_{i_n}\cdots\sum_{i_1}\frac{[g(x_{i_1},x_{i_2},\cdots,x_{i_n})-\theta(F_e)]^2}{n^n}$$

其中每个 i_j 从 1 到 n 取值，因此 $\text{MSE}(F_e)$ 的计算通常需要对 n^n 项求和，而当 n 较大时，这几乎是一项不可能完成的任务。

然而，众所周知，有一种有效的方法可以近似大量项的平均值，即通过仿真实现。实际上，可以生成一组 n 个独立的随机变量 $X_1^1,X_2^1,\cdots,X_n^1$，它们服从分布函数 F_e，然后设：

$$Y_1=[g(X_1^1,X_2^1,\cdots,X_n^1)-\theta(F_e)]^2$$

接下来，生成第二组随机变量 $X_1^2,X_2^2,\cdots,X_n^2$，并计算：

$$Y_2=[g(X_1^2,X_2^2,\cdots,X_n^2)-\theta(F_e)]^2$$

以此类推，直到我们收集了变量 $Y_1,Y_2,\cdots,Y_r$。因为这些 Y_i 是具有均值 $\text{MSE}(F_e)$ 的独立随机变量，所以可以使用它们的平均值 $\sum_{i=1}^{r}Y_i/r$ 作为 $\text{MSE}(F_e)$ 的估计值。

注释：(1) 生成一个服从 F_e 分布的随机变量 X 相当容易。因为这样的随机变量应该等可能地取值 $x_1,x_2,\cdots,x_n$，只需要生成一个随机数 U 并设 $X=x_I$，其中 $I=\text{Int}(nU)+1$（很容易验证，即使 x_i 不是完全不同，仍然成立）。

(2) 通过上述仿真方法可以近似计算 $\text{MSE}(F_e)$，而 $\text{MSE}(F_e)$ 本身是对期望值 $\text{MSE}(F)$ 的近似。因此大约进行 100 次仿真，即通常选择 $r=100$ 就足矣。

以下示例说明了如何在排队仿真结果分析中使用自举方法。

示例 8e：假设在示例 8a 中，要估算顾客在系统中花费的长期平均时间。也就是说，设 W_i 是第 i 个进入系统的顾客在系统中花费的时间，$i\geq 1$，要得出：

$$\theta=\lim_{n\to\infty}\frac{W_1+W_2+\cdots+W_n}{n}$$

为了证明上述极限确实存在（注意到随机变量 W_i 既不是独立变量也不是同分布变量），设 N_i 表示第 i 天到达的顾客数量，且定义：

$$D_1=W_1+W_2+\cdots+W_{N_1}$$
$$D_1=W_{N_1+1}+W_{N_1+2}+\cdots W_{N_1+N_2}$$

一般来说，对于 $i>2$，定义：

$$D_i=W_{N_1+N_2+\cdots+N_{i-1}+1}+W_{N_1+N_2+\cdots+N_{i-1}+2}+\cdots+W_{N_1+\cdots+N_i}$$

换句话说，D_i 是第 i 天所有到达顾客在系统中花费时间的总和。我们现在可以将 θ 表示为

$$\theta = \lim_{m \to \infty} \frac{D_1 + D_2 + \cdots + D_m}{N_1 + N_2 + \cdots + N_m}$$

上述表达式成立，因为分子就是前 m 天所有顾客在系统中花费时间的总和，分母是前 m 天到达的顾客总数。因此，我们可以将分子和分母分别除以 m，得到：

$$\theta = \lim_{m \to \infty} \frac{(D_1 + D_2 + \cdots + D_m)/m}{(N_1 + N_2 + \cdots + N_m)/m}$$

由于每一天的概率法则相同，说明随机变量 $D_1, D_2, \cdots, D_m$ 是独立同分布的，随机变量 $N_1, N_2, \cdots, N_m$ 也是独立同分布的。因此，根据强大数定律，前 m 个 D_i 的平均值以概率 1 收敛到它们的共同期望值，类似情况也适用于 N_i。因此，我们可以得到：

$$\theta = \frac{E[D]}{E[N]}$$

其中，$E[N]$ 是一天之内到达的预期顾客数量，$E[D]$ 是这些顾客在系统中花费的预期时间的总和。

为了估计 θ，我们可以通过模拟系统 k 天，收集第 i 次运行中的数据 N_i 和 D_i，其中 N_i 是第 i 天到达的顾客数量，D_i ($i = 1, 2, \cdots, k$) 是他们在系统中花费的时间的总和。因此，$E[D]$ 可以通过下式估算：

$$\bar{D} = \frac{D_1 + D_2 + \cdots + D_k}{k}$$

可以通过下式估算 $E[N]$：

$$\bar{N} = \frac{N_1 + N_2 + \cdots + N_k}{k}$$

因此，$\theta = E[D]/E[N]$ 可以通过下式估算：

$$\theta \text{的估计值} = \frac{\bar{D}}{\bar{N}} = \frac{D_1 + D_2 + \cdots + D_k}{N_1 + N_2 + \cdots + N_k}$$

值得注意的是，这实际上是前 k 天所有顾客到达的平均时间。

为了估算均方误差：

$$\text{MSE} = E\left[\left(\frac{\sum_{i=1}^{k} D_i}{\sum_{i=1}^{k} N_i} - \theta\right)^2\right]$$

我们采用自举方法。假设 D_i, N_i 的观测值为 d_i, n_i，其中 $i = 1, 2, \cdots, k$。也就是说，假设通过仿真得出第 i 天到达的 n_i 个顾客在系统中花费了总时间 d_i。因此，D, N 的经验联合分布函数将对每对 (d_i, n_i) 赋予相等的权重，其中 $i = 1, 2, \cdots, k$。也就是说，在经验分布函数下，有：

$$P_{F_e}\{D = d_i, N = n_i\} = \frac{1}{k}, \quad i = 1, 2, \cdots, k$$

因此：

$$E_{F_e}[D] = \bar{d} = \sum_{i=1}^{k} d_i/k, \quad E_{F_e}[N] = \bar{n} = \sum_{i=1}^{k} n_i/k$$

于是：

$$\theta(F_e) = \frac{\overline{d}}{\overline{n}}$$

因此，经验分布下的均方误差为

$$\text{MSE}(F_e) = E_{F_e}\left[\left(\frac{\sum_{i=1}^{k} D_i}{\sum_{i=1}^{k} N_i} - \frac{\overline{d}}{\overline{n}}\right)^2\right]$$

以上式子是在假设 k 对 D_i, N_i 独立地遵循经验分布 F_e 的情况下进行计算的。

由于 $\text{MSE}(F_e)$ 的精确计算需要求和 k^k 项，因此我们进行仿真实验来近似计算它。根据经验分布函数 F_e 生成 k 对独立的 $D_i^1, N_i^1 (i=1,2,\cdots,k)$，然后计算：

$$Y_1 = \left(\frac{\sum_{i=1}^{k} D_i^1}{\sum_{i=1}^{k} N_i^1} - \frac{\overline{d}}{\overline{n}}\right)^2$$

接着，生成第二组 D_i^2, N_i^2 并计算相应的 Y_2。持续这一操作，直到生成 r 个值 $Y_1, Y_2, \cdots, Y_r$（其中 $r=100$ 就足够了）。然后，使用这 r 个值的平均值 $\sum_{i=1}^{r} Y_i/r$ 估算 $\text{MSE}(F_e)$，这本身就是 MSE 的估计值，即我们对平均每个顾客在系统中花费时间的估算的均方误差。

注释（再生方法）：上述分析假设每天独立且遵循相同的概率定律。但在某些应用中，相同的概率定律并不是在固定长度的天数中描述系统的，而是在随机长度的周期中描述系统的。例如，在一个排队系统中，顾客根据泊松过程到达，并假设第一个顾客在时间 0 时到达。如果随机时间 T 代表下一次顾客到达时系统为空的时间，那么我们说从 0 到 T 的时间构成第一个周期。第二个周期是从 T 到 T 之后顾客到达后发现系统为空的第一个时间点的时间，以此类推。在大多数模型中，很容易看出，每个周期内的过程移动是独立同分布的。因此，如果将一个周期视为一"天"，那么上述所有分析都成立。例如，θ 是顾客在系统中花费的时间，可以表示为 $\theta = E[D]/E[N]$，其中 D 是一个周期内所有顾客在系统中花费的时间之和，N 是该周期内到达的顾客数。如果我们现在生成 k 个周期，那么我们对 θ 的估计仍为 $\sum_{i=1}^{k} D_i / \sum_{i=1}^{k} N_i$。此外，该估计的均方误差可以通过使用如上所述的自举方法来近似。

通过模拟"周期"（过程遵循相同概率定律的随机间隔）分析系统的技术称为再生方法。

习题

1. 对于任意一组数字 $x_1, x_2, \cdots x_n$，用代数方法证明：

$$\sum_{i=1}^{n}(x_i - \overline{x})^2 = \sum_{i=1}^{n} x_i^2 - n\overline{x}^2$$

式中：$\overline{x} = \sum_{i=1}^{n} x_i/n$。

2. 设 X 表示一个随机变量，该随机变量同等可能地取值 $x_1, x_2, \cdots x_n$，然后应用恒等式

$Var(X) = E[X^2] - (E[X])^2$，给出习题1结果的概率证明。

3. 在例 5h 描述的 100000 个标准正态变量绝对值的仿真中，样本均值和样本标准差分别为 0.7965162 和 0.600551。使用这些值为 $E[|Z|]$ 构造一个 95% 的置信区间，其中 Z 是标准正态变量（实际值为 $E[|Z|] = 0.7978846$）。

4. 继续生成 n 个标准正态随机变量，$n \geq 100$ 时使 $S/\sqrt{n} < 0.1$，S 是 n 个数据值的样本标准差。
   a. 你认为将生成多少个正态随机变量？
   b. 实际上生成了多少个正态随机变量？
   c. 生成的所有正态随机变量的样本均值是多少？
   d. 样本方差是多少？
   e. 对 c 和 d 的结果进行评论。它们让你感到惊讶吗？

5. 重复习题 4，但现在继续生成标准正态分布的随机数，直到 $S/\sqrt{n} < 0.1$。

6. 通过生成随机数来估算 $\int_0^1 \exp(x)^2$。生成至少 100 个值，当估计量的标准偏差小于 0.01 时停止。

7. 为了估算 $E[X]$，对 $X_1, X_2, \cdots, X_{16}$ 进行仿真得出值 10、11、10.5、11.5、14、8、13、6、15、10、11.5、10.5、12、8、16、5。基于这些数据，如果我们希望 $E[X]$ 的估计量的标准偏差小于 0.1，大约还需要进行多少次仿真？

8. 可以证明，如果我们将随机数相加，直到它们的总和超过 1，那么所加的期望数等于 e。也就是说，如果：
$$N = \min\left\{n: \sum_{i=1}^{n} U_i > 1\right\}$$
那么 $E[N] = e$。
   a. 根据题干内容通过进行 1000 次仿真来估算 e。
   b. 估算 a 中估计量的方差，并求出 e 的 95% 置信区间估计值。

9. 考虑一个随机数序列，设 M 表示第一个小于其前一个随机数的序列。也就是说，
$$M = \min\{n: U_1 \leq U_2 \leq \cdots \leq U_{n-1} > U_n\}$$
   a. 证明 $P\{M > n\} = \dfrac{1}{n!}$，$n \geq 0$。
   b. 用恒等式 $E[M] = \sum_{n=0}^{\infty} P\{M > n\}$ 证明 $E[M] = e$。
   c. 根据 b 的结果，通过进行 1000 次仿真来估算 e。
   d. 估算 c 中估计量的方差，并求出 e 的 95% 置信区间估计值。

10. 用第 3 章示例 3a 中提供的方法来求得小于 0.1 的区间，我们可以在 95% 的置信度下断言该区间包含 π。需要进行多少次仿真？

11. 当我们希望间隔不大于 0.01 时，重复习题 10。

12. 为了估算 θ，我们生成了 20 个具有均值 θ 的独立值。如果得到的连续值为

102, 112, 131, 107, 114, 95, 133, 145, 139, 117

93, 111, 124, 122, 136, 141, 119, 122, 151, 143

如果我们希望 99% 地确定 θ 的最终估计值在 ±0.5 以内，你认为我们还需要生成多少随机变量？

13. 设 $X_1, X_2, \cdots, X_n$ 是具有未知均值 μ 的独立同分布随机变量。给定常数 $a<b$ 时，我们要估算 $p = P\left\{a < \sum_{i=1}^{n} X_i/n - \mu < b\right\}$。

　　a. 说明如何使用自举方法来估算 p。

　　b. 如果 $n=10$ 并且 X_i 的值为 56、101、78、67、93、87、64、72、80 和 69，则估算 p。取 $a=-5$，$b=5$。

在以下 3 个习题中，$X_1, X_2, \cdots, X_n$ 是一个分布的样本，该分布的方差为 σ^2（未知的）。我们计划通过样本方差 $S^2 = \sum_{i=1}^{n}(X_i - \bar{X})^2/(n-1)$ 估算 σ^2，且希望使用自举方法来估算 $\mathrm{Var}(S^2)$。

14. 如果 $n=2$ 且 $X_1=1$，$X_2=3$，那么 $\mathrm{Var}(S^2)$ 的自举估计值是什么？

15. 如果 $n=15$，且数据为

$$5, 4, 9, 6, 21, 17, 11, 20, 7, 10, 21, 15, 13, 16, 8$$

（通过仿真）近似 $\mathrm{Var}(S^2)$ 的自举估计值。

16. 考虑一个单服务台系统，其中潜在顾客根据泊松过程以 4.0 的速率到达。潜在顾客到达时，只有当系统中有三个或更少的其他顾客时，他/她才会进入系统。顾客的服务时间呈指数分布，速率为 4.2。在时间 $T=8$ 之后，不允许其他顾客进入。进行仿真研究，以估算进入系统的顾客在系统中花费的平均时间（所有时间单位均为每小时）。用自举方法估算估计量的均方误差。

参考文献

Bratley, P., Fox, B.L., Schrage, L.E., 1988. A Guide to Simulation, 2nd ed. Springer-Verlag, New York.

Crane, M.A., Lemoine, A.J., 1977. An Introduction to the Regenerative Method for Simulation Analysis. Springer-Verlag, New York.

Efron, B., Tibshirani, R., 1993. Introduction to the Bootstrap. Chapman-Hall, New York.

Kleijnen, J.P.C., 1974/1975. Statistical Techniques in Simulation, Parts 1 and 2. Marcel Dekker, New York.

Law, A.M., Kelton, W.D., 1997. Simulation Modeling and Analysis, 3rd ed. McGraw-Hill, New York.

第9章 方差缩减技术

在仿真研究过程中，研究人员需要确定与某个随机模型相关的参数 θ。为了估计 θ，需要对模型进行仿真，以获得输出数据 X，使 $\theta = E[X]$。重复进行仿真，第 i 次仿真运行产生输出变量 X_i。当进行 n 次仿真后，仿真终止，θ 的估计值 $E[X] = \bar{X} = \sum_{i=1}^{n} X_i / n$。这样得出的 θ 的估计值是无偏估计，即 $E[\bar{X}] = \theta$。因此其均方误差（MSE）等于其方差，也就是说：

$$\text{MSE} = E[(\bar{X} - \theta)^2] = \text{Var}(\bar{X}) = \frac{\text{Var}(X)}{n}$$

因此，如果可以得到 θ 的另一个不同的无偏估计值，其方差小于 $\bar{X}$ 的方差，那么我们就可以得到一个改进的估计值。

在本章中，我们将介绍各种不同的方法，尝试通过这些方法来减少原始仿真估算值 $\bar{X}$ 的方差。然而，在介绍这些方差缩减技术之前，我们首先通过一个简单的例子来说明，在一些相对简单的模型中，使用原始仿真估计值（即使在相当简单的模型中）可能会遇到的潜在问题。

例 9a（质量控制）：考虑一个按顺序生成项的过程。假设这些项具有可测量的值，并且在过程"受控"时，这些值（经过适当标准化）来自标准正态分布。进一步假设，当过程"失控"时，这些值的分布从标准正态分布变为其他分布。

为了检测过程何时失控，通常使用以下称为指数加权移动平均控制规则的方法。设 $X_1, X_2, \cdots$ 表示数据值的序列。对于固定值 α ($0 \leq \alpha \leq 1$)，通过下式定义序列 S_n ($n \geq 0$)：

$$S_0 = 0$$
$$S_n = \alpha S_{n-1} + (1-\alpha) X_n, \quad n \geq 1$$

当过程"受控"时，所有的 X_n 均值为 0。因此可以验证，在这种情况下，指数加权的移动平均值 S_n 的均值也是 0。移动平均控制规则是固定一个常数 B 和 α 的值，然后当 $|S_n|$ 超过 B 时宣布过程"失控"。也就是说，在随机时间 N 处宣布过程失控，其中：

$$N = \min\{n : |S_n| > B\}$$

显而易见的是，$|S_n|$ 最终将超过 B，因此即使过程仍在正常运行（数据值仍来自标准正态分布），也会被宣布为"失控"。为了确保这种情况不会频繁发生，谨慎的做法是选择合适的 α 和 B。这样，当来自实际标准正态分布的 X_n ($n \geq 1$) 时，$E[N]$ 要足够。假设在这些条件下，$E[N]$ 的值为 800 是可接受的。进一步假设，预设 $\alpha = 0.9$ 和 $B = 0.8$ 可以实现 $E[N]$ 的范围在 800 附近。如何核实这一说法？

验证上述假设的一种方法是通过仿真实现。也就是说，可以生成标准正态分布的 X_n ($n \geq 1$)，直到 $|S_n|$ 超过 0.8（其中 $\alpha = 0.9$）。对于第一次仿真，输出变量 N_1 表示发生这种情况之前所需的正态变量数。继续仿真，$E[N]$ 的估计值就是所有仿真中获得的输出数据的平均值。

假设希望在过程"受控"时有 99% 的置信度，即对 $E[N]$ 的估计准确度在 ±0.1 以内。由于一个正态随机变量99%的时间都在其平均值的±2.58标准差以内（$z_{0.005} = 2.58$），故所需的运行次数（称为n）将使：

$$\frac{2.58\sigma_n}{\sqrt{n}} \approx 0.1$$

其中，σ_n是前n个数据值的样本标准差，现在σ_n近似等于$\sigma(N)$，即N的标准偏差。现在要论证的是σ_n近似等于$E[N]$。论证过程如下：假定过程始终处于"受控"状态之中，因此指数加权移动平均值大部分时间都在原点附近。在这种情况下，指数加权移动平均值可能会超过B，运行也就结束了；也可能会出现一连串正常的数据值，这些值在短时间后消除了移动平均值变大的事实（因为S_i的旧值不断乘以0.9）。因此，如果这个过程在某个固定的时间k之前还尚未失控，那么无论k的值是多少，S_k的值都在原点附近。换句话说，直观地看移动平均值超过控制极限之前的时间分布是近似无记忆的；也就是说，它近似一个指数随机变量。

对于指数随机变量Y，有$\text{Var}(Y) = \frac{1}{\lambda^2} = \left(\frac{1}{\lambda}\right)^2 = (E[Y])^2$。由于标准差是方差的平方根，因此，在整个控制过程中，$\sigma(N) \approx E[N]$。因此，当最初假设$E[N] \approx 800$是正确的时候，那么所需的运行次数为

$$\sqrt{n} \approx 25.8 \times 800$$

即

$$n \approx (25.8 \times 800)^2 \approx 4.26 \times 10^8$$

由于每次运行需要大约800个正态随机变量（假设该说法正确），要进行此仿真，需要大约$800 \times 4.26 \times 10^8 \approx 3.41 \times 10^{11}$个正态随机变量，这是一项艰巨的任务。

9.1 对偶变量的使用

假设要通过仿真来估算$\theta = E[X]$，并且假设我们已经生成了X_1和X_2，它们是均值为θ的同分布随机变量。那么有：

$$\text{Var}\left(\frac{X_1 + X_2}{2}\right) = \frac{1}{4}[\text{Var}(X_1) + \text{Var}(X_2) + 2\text{Cov}(X_1, X_2)]$$

如果X_1和X_2不是独立的，而是负相关的，那么方差将会减小。如何使X_1和X_2负相关？假设X_1是m个随机数的函数，即令

$$X_1 = h(U_1, U_2, \cdots, U_m)$$

其中$U_1, U_2, \cdots, U_m$是m个独立的随机数。如果U在$(0,1)$上服从均匀分布，那么$1-U$也服从均匀分布。因此，随机变量$X_2 = h(1-U_1, 1-U_2, \cdots, 1-U_m)$具有与$X_1$相同的分布。此外，由于$1-U$与$U$明显负相关，我们可以希望$X_2$与$X_1$负相关。事实上，如果$h$是其每个自变量的单调（递增或递减）函数，则$X_2$与$X_1$负相关[一组独立随机变量的两个递增（或递减）函数是正相关的，证明在本章附录中给出]。

因此，在这种情况下，生成$U_1, U_2, \cdots, U_m$计算X_1之后，直接使用$1-U_1, 1-U_2, \cdots, 1-U_m$计算$X_2$就能得到$X_2$与$X_1$负相关。这样处理的好处是：估计值具有较小的方差（至少当h是单调函数时）；节省了生成第二组随机数的生成时间。

例 9b（模拟可靠性函数）：考虑一个由n个部件组成的系统，每个部件要么正常工作，要么出现故障。设：

$$s_i = \begin{cases} 1, & \text{如果组件} i \text{工作} \\ 0, & \text{否则} \end{cases}$$

称 $s = (s_1, \cdots, s_n)$ 为状态向量。假设存在一个非递减函数 $\phi(s_1, s_2, \cdots, s_n)$，使：

$$\phi(s_1, s_2, \cdots, s_n) = \begin{cases} 1, & \text{如果系统在状态向量} s \text{下工作} \\ 0, & \text{否则} \end{cases}$$

函数 $\phi(s_1, s_2, \cdots, s_n)$ 被称为结构函数。一些常见的结构函数如下。

- 串联结构：对于串联结构，只有当串联系统的所有部件都正常工作时，串联系统才能工作。其中，$\phi(s_1, s_2, \cdots, s_n) = \min_i s_i$

- 并联结构：对于并联结构，如果并联系统的至少一个部件工作，则并联系统工作。其中 $\phi(s_1, s_2, \cdots, s_n) = \max_i s_i$

- $k - \text{of} - n$ 系统：对于 $k - \text{of} - n$ 系统，结构函数为

$$\phi(s_1, \cdots, s_n) = \begin{cases} 1, & \text{如果} \sum_{i=1}^n s_i \geq k \\ 0, & \text{否则} \end{cases}$$

其中，$\sum_{i=1}^n s_i$ 表示系统中正常工作的部件的数量。$k - \text{of} - n$ 系统仅在至少有 k 个部件正常工作的情况下才能正常工作。值得注意的是，串联系统是一个 $n - \text{of} - n$ 系统，而并联系统是一个 $1 - \text{of} - n$ 系统。

- 桥接结构：对于一个五个部件的系统，结构函数为

$$\phi(s_1, s_2, s_3, s_4, s_5) = \max(s_1 s_3 s_5, s_2 s_3 s_4, s_1 s_4, s_2 s_5)$$

该系统具有桥接结构，如图 9.1 所示。该图表示，如果信号可以从左到右穿过系统，系统就能正常工作。信号可以通过任意一个节点 i，前提是部件 i 正常工作。作为习题留给读者来验证桥接结构函数的公式。

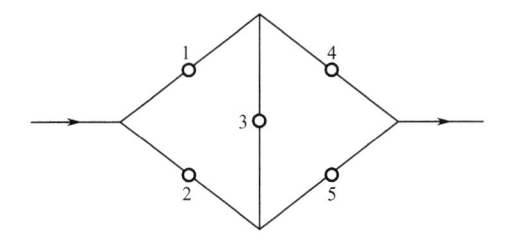

图 9.1 桥接结构

假设现在系统部件的状态 S_i（$i = 1, 2, \cdots, n$）是独立的随机变量，且：

$$P\{S_i = 1\} = p_i = 1 - P\{S_i = 0\} \quad i = 1, 2, \cdots, n$$

定义 $r(p_1, \cdots, p_n)$ 为系统工作的概率：

$$\begin{aligned} r(p_1, p_2, \cdots, p_n) &= P\{\phi(S_1, S_2, \cdots, S_n) = 1\} \\ &= E[\phi(S_1, S_2, \cdots, S_n)] \end{aligned}$$

函数 $r(p_1, p_2, \cdots, p_n)$ 被称为可靠性函数，它表示系统工作的概率。其中各部件是独立的，第 i 个部件以概率 p_i（$i = 1, 2, \cdots, n$）工作。

对于串联系统，可靠性函数为

$$r(p_1, p_2, \cdots, p_n) = P\{S_i = 1, \forall i = 1, 2, \cdots, n\}$$
$$= \prod_{i=1}^{n} P\{S_i = 1\}$$
$$= \prod_{i=1}^{n} P_i$$

对于并联系统，可靠性函数为
$$r(p_1, p_2, \cdots, p_n) = P\{S_i = 1, \exists i = 1, 2, \cdots, n\}$$
$$= 1 - P\{S_i = 0, \forall i = 1, 2, \cdots, n\}$$
$$= 1 - \prod_{i=1}^{n} P(S_i = 0)$$
$$= 1 - \prod_{i=1}^{n} (1 - P_i)$$

然而，对于大多数系统来说，计算可靠性函数仍然是一个艰巨的问题（即使对于像 5-of-10 系统或桥接系统这样的小系统，计算起来也可能相当烦琐）。因此，假设对于一个给定的非递减结构函数 ϕ 和给定的概率 $p_1, p_2, \cdots, p_n$，通过仿真来估计：
$$r(p_1, p_2, \cdots, p_n) = E[\phi(S_1, S_2, \cdots, S_n)]$$

现在，我们可以通过生成均匀分布的随机数 $U_1, U_2, \cdots, U_n$ 来模拟 S_i，并设：
$$S_i = \begin{cases} 1, & U_1 < p_i \\ 0, & 否则 \end{cases}$$

因此，我们可以看到：
$$\phi(S_1, S_2, \cdots, S_m) = h(U_1, U_2, \cdots, U_n)$$

其中，h 是 $U_1, U_2, \cdots, U_n$ 的一个递减函数。因此，协方差满足：
$$\text{Cov}[h(U), h(1-U)] \leq 0$$

因此，使用 $U_1, U_2, \cdots, U_n$ 生成 $h(U_1, U_2, \cdots, U_n)$ 和 $h(1-U_1, 1-U_2, \cdots, 1-U_n)$ 的对偶变量方法比使用一组独立随机数生成第二个 h 值时得到的方差要小。

通常仿真的输出是关于输入随机变量 $Y_1, Y_2, \cdots, Y_m$ 的函数。也就是说，相关输出是 $X = h(Y_1, Y_2, \cdots, Y_m)$。假设 Y_i 具有分布 $F_i (i = 1, 2, \cdots, m)$。如果这些输入变量是通过逆变换生成的，我们可以写成：
$$X = h(F_1^{-1}(U_1), F_2^{-1}(U_2), \cdots, F_m^{-1}(U_m))$$

其中，$U_1, U_2, \cdots, U_m$ 是独立的随机数。由于分布函数是递增的，因此它的反函数也是递增的。于是，如果 $h(Y_1, Y_2, \cdots, Y_m)$ 在坐标系内是单调函数，那么 $h(F_1^{-1}(U_1), F_2^{-1}(U_2), \cdots, F_m^{-1}(U_m))$ 将是 U_i 的单调函数。因此，使用对偶变量法，首先生成 $U_1, U_2, \cdots, U_m$ 来计算 X_1，然后使用 $1-U_1, 1-U_2, \cdots, 1-U_n$ 计算 X_2，将比使用一组新的随机数生成 X_2 获得更小的方差。

例 9c（模拟排队系统）：考虑一个给定的排队系统，设 D_i 表示第 i 个到达顾客的排队时间，仿真该系统，从而估计 $\theta = E[X]$，其中 $X = D_1 + D_2 + \cdots + D_n$ 是前 n 个到达顾客排队时间的总和。设 $I_1, I_2, \cdots, I_n$ 表示前 n 个顾客到达的时间间隔（I_j 是顾客 j 和顾客 $j-1$ 之间的到达时间间隔），而 $S_1, S_2, \cdots, S_n$ 表示前 n 个顾客的服务时间，假设这些随机变量相互独立。现在，在许多系统中，X 是 $2n$ 个随机变量 $I_1, \cdots, I_n, S_1, \cdots, S_n$ 的一个函数。例如：

$$X = h(I_1, I_2, \cdots, I_n, S_1, S_2, \cdots, S_n)$$

此外，由于某个顾客的排队等待时间通常会随着其他顾客服务时间的增加而增加（具体取决于所采用的模型），并且通常会随着顾客到达时间的增加而减少（有更多的时间处理已经在排队的顾客）。因此，对于许多模型，h 是其坐标系内的单调函数，如果使用逆变换法来生成随机变量 $I_1, I_2, \cdots, I_n$，$S_1, S_2, \cdots, S_n$，那么对偶变量法的方差会更小。也就是说，如果最初使用 $2n$ 个随机数 $U_i(i=1,2,\cdots,2n)$，通过设 $I_i = F_i^{-1}(U_i)$，$S_i = G_i^{-1}(U_{n+i})$ 来生成到达间隔时间和服务时间，其中 F_i 和 G_i 分别是 I_i 和 S_i 的分布函数，那么第二次仿真应以相同的方式进行，但使用随机数 $1-U_i(i=1,2,\cdots,2n)$ 比生成一组新的 $2n$ 个随机数会得到更小的方差。

以下示例说明了使用对偶变量法时可能获得的改进效果。

例 9d：假设我们通过仿真来估算：

$$\theta = E[\mathrm{e}^U] = \int_0^1 \mathrm{e}^x \mathrm{d}x$$

当然，我们知道 $\theta = \mathrm{e} - 1$；然而，这个例子的目的是通过使用对偶变量法实现改进。由于函数 $h(u) = \mathrm{e}^u$ 显然是一个单调函数，因此对偶变量法可以使方差减少，接下来我们来计算其确定值。首先，注意：

$$\begin{aligned}\mathrm{Cov}(\mathrm{e}^U, \mathrm{e}^{1-U}) &= E[\mathrm{e}^U \mathrm{e}^{1-U}] - E[\mathrm{e}^U]E[\mathrm{e}^{1-U}] \\ &= \mathrm{e} - (\mathrm{e}-1)^2 \\ &= -0.2342\end{aligned}$$

此外，因为：

$$\begin{aligned}\mathrm{Var}(\mathrm{e}^U) &= E[\mathrm{e}^{2U}] - (E[\mathrm{e}^U])^2 \\ &= \int_0^1 \mathrm{e}^{2x}\mathrm{d}x - (\mathrm{e}-1)^2 \\ &= \frac{\mathrm{e}^2 - 1}{2} - (\mathrm{e}-1)^2 = 0.2420\end{aligned}$$

我们可以看到，使用独立随机数会导致方差为

$$\mathrm{Var}\left(\frac{\exp\{U_1\} + \exp\{U_2\}}{2}\right) = \frac{\mathrm{Var}(\mathrm{e}^U)}{2} = 0.1210$$

而使用对偶变量生成的随机数 U 和 $1-U$ 会导致方差为

$$\mathrm{Var}\left(\frac{\mathrm{e}^U + \mathrm{e}^{1-U}}{2}\right) = \frac{\mathrm{Var}(\mathrm{e}^U)}{2} + \frac{\mathrm{Cov}(\mathrm{e}^U, \mathrm{e}^{1-U})}{2} = 0.0039$$

方差减少 96.7%。

例 9e（估计 e）：考虑一个随机数序列，定义 N 是第一个数值大于其紧邻前一个元素的随机数位置，即

$$N = \min(n : n \geq 2, U_n > U_n - 1)$$

现有：

$$\begin{aligned}P\{N > n\} &= P\{U_1 \geq U_2 \geq \cdots \geq U_n\} \\ &= 1/n!\end{aligned}$$

由于 $U_1, U_2, \cdots, U_n$ 所有可能的排列是等可能的，所以最后的等式成立。于是：

$$P\{N = n\} = P\{N > n-1\} - P\{N > n\} = \frac{1}{(n-1)!} - \frac{1}{n!} = \frac{n-1}{n!}$$

因此：
$$E[N] = \sum_{N=2}^{\infty} \frac{1}{(n-2)!} = e$$

同时：
$$E[N^2] = \sum_{n=2}^{\infty} \frac{n}{(n-2)!} = \sum_{n=2}^{\infty} \frac{2}{(n-2)!} + \sum_{n=2}^{\infty} \frac{n-2}{(n-2)!}$$
$$= 2e + \sum_{n=3}^{\infty} \frac{1}{(n-3)!} = 3e$$

因此：
$$\text{Var}(N) = 3e - e^2 \approx 0.7658$$

因此，可以通过生成一系列随机数，并在序列中出现第一个数值大于其紧邻前一个元素的情况时停止，以此来估计 e 的值。

如果我们使用对偶变量法，那么我们也可以令：
$$M = \min(n : n \geq 2, 1 - U_n > 1 - U_{n-1}) = \min(n : n \geq 2, U_n < U_{n-1})$$

由于 N 和 M 其中的一个值将为 2，而另一个值将大于 2，尽管它们不是 U_n 的单调函数，但估计量 $(N+M)/2$ 应该具有比两个独立随机变量的平均值更小的方差。为了确定 $\text{Var}(N+M)$，首先考虑随机变量 N_a，其分布与在已知 $U_2 \leq U_1$ 的条件下，观察到第一个大于其前一个随机数所需的附加随机数数量的条件分布相同。因此，我们可以写出：

$$N = 2, \quad P = \frac{1}{2}$$
$$N = 2 + N_a, \quad P = \frac{1}{2}$$

因此：
$$E[N] = 2 + \frac{1}{2}E[N_a]$$
$$E[N^2] = \frac{1}{2} \times 4 + \frac{1}{2}E[(2+N_a)^2]$$
$$= 4 + 2E[N_a] + \frac{1}{2}[N_a^2]$$

利用之前获得的 $E[N]$ 和 $\text{Var}(N)$ 的结果，通过一些代数运算，我们得到：
$$E[N_a] = 2e - 4$$
$$E[N_a^2] = 8 - 2e$$

这意味着：
$$\text{Var}(N_a) = 14e - 4e^2 - 8 \approx 0.4997$$

现在考虑随机变量 N 和 M。很容易看出，在观察到前两个随机数后，N 和 M 中的一个将等于 2，另一个等于 2 加上与 N_a 具有相同分布的随机变量。因此：
$$\text{Var}(N+M) = \text{Var}(4+N_a) = \text{Var}(N_a)$$

因此：
$$\frac{\text{Var}(N_1+N_2)}{\text{Var}(N+M)} \approx \frac{1.5316}{0.4997} \approx 3.065$$

因此，使用对偶变量法可将估计值的方差缩小 3 倍多一点。

对于一个均值为 μ 和方差为 σ^2 的正态随机变量，我们可以使用对偶变量法。首先生成一个随机变量 Y，然后将 $2\mu - Y$ 作为对偶变量，它也是均值为 μ 和方差为 σ^2 的正态随机变量，并且与 Y 明显负相关。如果我们通过仿真来计算 $E[h(Y_1, Y_2, \cdots, Y_n)]$，其中 Y_i 是均值为 μ_i $(i=1,2,\cdots,n)$ 的独立正态随机变量，且 h 是坐标系内的单调函数。则与生成第二组 n 个正态随机变量相比，首先生成 n 个正态随机变量 $Y_1, Y_2, \cdots, Y_n$ 计算 $h(Y_1, Y_2, \cdots, Y_n)$，然后使用对偶变量法 $2\mu_i - Y_i$ $(i=1,2,\cdots,n)$ 计算 h 的下一个仿真值。这将比生成第二组 n 个正态随机变量的方式减少方差。

9.2 控制变量的使用

假设我们想通过仿真来估计 $\theta = E[X]$，其中 X 是仿真的输出变量。假设对于另一个输出变量 Y，其期望值是已知的，如 $E[Y] = \mu_y$。那么，对于任何常数 c，变量 $X + c(Y - \mu_y)$ 也是 θ 的无偏估计量。为了确定 c 的最佳值，注意到：

$$\text{Var}(X + c(Y - \mu_y)) = \text{Var}(X + cY)$$
$$= \text{Var}(X) + c^2 \text{Var}(Y) + 2c\text{Cov}(X, Y)$$

通过求导、求极值，当 $c = c^*$ 时，上式为最小，其中：

$$c^* = -\frac{\text{Cov}(X, Y)}{\text{Var}(Y)} \tag{9.1}$$

对于这个值，估计量的方差是：

$$\text{Var}(X + c^*(Y - \mu_y)) = \text{Var}(X) - \frac{[\text{Cov}(X, Y)]^2}{\text{Var}(Y)} \tag{9.2}$$

Y 被称为仿真估计量 X 的控制变量。为了理解为什么它有效，注意到当 X 和 Y 呈正（负）相关时，c^* 为负（正）。假设 X 和 Y 是正相关的，这意味着当 Y 较大时，X 也大，反之亦然。因此，如果仿真运行的结果是 Y 的值很大（小），即 Y 比其已知均值 μ_y 大（小），那么很可能 X 也比其均值 θ 大（小）。由于 c^* 为负（正），因此我们希望通过降低（提高）估计量 X 的值来纠正这一点。当 X 和 Y 负相关时，证明也成立。

将式（9.2）除以 $\text{Var}(X)$，得到：

$$\frac{\text{Var}(X + c^*(Y - \mu_y))}{\text{Var}(X)} = 1 - \text{Corr}^2(X, Y)$$

其中：

$$\text{Corr}(X, Y) = \frac{\text{Cov}(X, Y)}{\sqrt{\text{Var}(X)\text{Var}(Y)}}$$

它为 X 和 Y 之间的相关系数。因此，使用控制变量 Y 时所获得的方差减少量是 $\text{Corr}^2(X, Y)$。

$\text{Cov}(X, Y)$ 和 $\text{Var}(Y)$ 通常不知道，必须根据仿真数据进行估计。如果进行 n 次仿真，得到输出数据 X_i, Y_i $(i=1,2,\cdots,n)$，则：

$$\widehat{\text{Cov}}(X, Y) = \sum_{i=1}^{n}(X_i - \overline{X})(Y_i - \overline{Y})/(n-1)$$

同时：

$$\widehat{\text{Var}(Y)} = \sum_{i=1}^{n}(Y_i - \overline{Y})^2/(n-1)$$

用 $\hat{c}^*$ 来近似 c^*，其中：

$$\hat{c}^* = -\frac{\sum_{i=1}^{n}(X_i - \overline{X})(Y_i - \overline{Y})}{\sum_{i=1}^{n}(Y_i - \overline{Y})^2}$$

受控估计量的方差为

$$\text{Var}(\overline{X} + c^*(\overline{Y} - \mu_y)) = \frac{1}{n}\left(\text{Var}(X) - \frac{\text{Cov}^2(X,Y)}{\text{Var}(Y)}\right)$$

然后可以使用 Cov(X,Y) 的估计量以及 Var(X) 和 Var(Y) 的样本方差估计量来估算。

注释： 另一种计算方法是使用简单线性回归模型。考虑简单线性回归模型：

$$X = a + bY + e$$

其中 e 是均值为 0 且方差为 σ^2 的随机变量，则基于数据 X_i, Y_i ($i = 1,2,\cdots,n$)，a 和 b 的最小二乘估计量 $\hat{a}$ 和 $\hat{b}$ 为

$$\hat{a} = \overline{X} - \hat{b}\overline{Y}$$

$$\hat{b} = \frac{\sum_{i=1}^{n}(X_i - \overline{X})(Y_i - \overline{Y})}{\sum_{i=1}^{n}(Y_i - \overline{Y})^2}$$

因此，$\hat{b} = -\hat{c}^*$。此外，由于：

$$\overline{X} + \hat{c}^*(\overline{Y} - \mu_y) = \overline{X} - \hat{b}(\overline{Y} - \mu_y) = \hat{a} + \hat{b}\mu_y$$

由此可知，控制变量估计值就是回归直线在 $Y = \mu_y$ 处的估计值。此外，由于 σ^2 的回归估计 $\hat{\sigma}^2$ 是 Var($X - \hat{b}Y$) 的估计值，因此控制变量估计值 $\overline{X} + \hat{c}^*(\overline{Y} - \mu_y)$ 的估计方差为 $\hat{\sigma}^2/n$。

例 9f： 如同例 9b，假设我们通过仿真来估计可靠性函数：

$$r(p_1, p_2, \cdots, p_n) = E[\phi(S_1, S_2, \cdots, S_n)]$$

其中：

$$S_i = \begin{cases} 1, & \text{若 } U_i < p_i \\ 0, & \text{否则} \end{cases}$$

由于 $E[S_i] = p_i$，于是有：

$$E\left[\sum_{i=1}^{n} S_i\right] = \sum_{i=1}^{n} P_i$$

因此，可以使用工作部件的数量 $Y = \sum S_i$ 作为估计量 $X = \phi(S_1, S_2, \cdots, S_n)$ 的控制变量。由于 $\sum_{i=1}^{n} S_i$ 和 $\phi(S_1, S_2, \cdots, S_n)$ 都是 S_i 的递增函数，它们为正相关，因此 c^* 为负。

例 9g： 考虑一个排队系统，其中顾客根据强度函数 $\lambda(s)$ ($s > 0$) 的非齐次泊松过程到达。假设服务时间是独立的随机变量，分布为 G，并且与到达时间无关。假设我们需要估计在时间 t 之前到达的所有顾客在系统中花费的总时间。也就是说，如果设 W_i 表示第 i 个进入的顾客在系统内花费的时间，则需要计算的是 $\theta = E[X]$，其中：

$$X = \sum_{i=1}^{N(t)} W_i$$

且 $N(t)$ 是时间 t 之前到达的顾客数。这种情况下控制变量是所有顾客的服务时间总和。也就是说，令 S_i 表示第 i 个顾客的服务时间，并令：

$$Y = \sum_{i=1}^{N(t)} S_i$$

由于服务时间与 $N(t)$ 无关，因此：

$$E[Y] = E[S]E[N(t)]$$

其中，$E[S]$ 是服务时间的均值，$E[N(t)]$ 是到达顾客数 $N(t)$ 的均值，它们都是已知的。

例 9h：与例 9d 一样，假设我们需要仿真计算 $\theta = E[e^U]$。此时，控制变量是随机数 U。为了了解与原始估计量相比会有什么样的改进，注意到：

$$\mathrm{Cov}(e^U, U) = E[Ue^U] - E[U]E[e^U]$$

$$= \int_0^1 xe^x dx - \frac{(e-1)}{2} = 1 - \frac{(e-1)}{2} = 0.14086$$

由于 $\mathrm{Var}(U) = \frac{1}{12}$，因此从式（9.2）可知：

$$\mathrm{Var}\left(e^U + c^*\left(U - \frac{1}{2}\right)\right) = \mathrm{Var}(e^U) - 12(0.14086)^2$$

$$= 0.2420 - 0.2380 = 0.0039$$

上述计算中使用了来自例 9d 的结果，即 $\mathrm{Var}(e^U) = 0.2420$。因此，在这种情况下，使用控制变量 U 可以缩减 98.4% 的方差。

例 9i（列表记录问题）：假设我们有 n 个元素，编号为 1 到 n，需要将这些元素排列成一个有序列表。在每个时间单位内，都会请求从这些元素中检索一个元素，其中请求元素 i 的概率为 $p(i)$，且满足 $\sum_{i=1}^{n} p(i) = 1$。每次请求后，将该元素放回列表中，但不一定位于相同的位置。例如，一个常见的重新排序规则是将所请求的元素与紧挨在它之前的一个元素进行交换。因此，如果 $n = 4$，并且当前排序为 1,4,2,3，则根据该规则，对元素 2 的请求将导致排序变为 1,2,4,3。假设我们从一个初始排序开始，初始排序是所有 $n!$ 种排序中任何一种的等概率选择，并使用此交换规则，假设我们需要计算前 N 个请求的元素位置的期望总和。我们如何通过仿真有效地完成这一任务呢？

一种有效的方法如下：首先生成 $1,2,\cdots,n$ 的一个随机排列来确定初始排序，然后在接下来的 N 个时间单位内，通过生成一个随机数 U 确定每次请求的元素。如果 $\sum_{k=1}^{j-1} p(k) < U \le \sum_{k=1}^{j} p(k)$，则请求元素 j。然而，更好的方法是通过生成请求的元素，使得较小的 U 值对应靠近前面的元素。具体来说，如果当前排序是 $i_1, i_2, \cdots, i_n$，那么通过生成一个随机数 U 来决定请求的元素 i_j，使若满足 $\sum_{k=1}^{j-1} p(i_k) < U \le \sum_{k=1}^{j} p(i_k)$，则选择元素 i_j。例如，如果 $n = 4$ 且当前排序为 3,1,2,4，那么我们生成 U，并根据 U 的值选择元素：如果 $U \le p(3)$，选择 3；如果 $p(3) < U \le p(3) + p(1)$，选择 1，以此类推。由于较小的 U 值对应于靠近前面的元素，我

们可以使用 $\sum_{r=1}^{N} U_r$ 作为控制变量，其中 U_r 是第 r 个请求的随机数。另一种方法是使用对偶变量法（小型仿真表明，使用对偶变量比使用控制变量更能减少方差）实现。

当然，我们可以使用多个变量作为控制变量。例如，如果仿真结果中有输出变量 $Y_i (i=1,2,\cdots,k)$，且 $E[Y_i] = \mu_i$ 已知，那么对于任何常数 $c_i (i=1,2,\cdots,k)$，我们可以使用：

$$X + \sum_{i=1}^{k} c_i(Y_i - \mu_i)$$

作为 $E[X]$ 的无偏估计量。

例 9j（二十一点）：玩二十一点游戏时，庄家通常会洗多副牌，把用过的牌放在一边，最后当剩余牌数低于限度时重新洗牌。假设，每当庄家重新洗牌时都是新的一轮游戏开始，需要通过仿真来估计玩家每轮游戏的预期收益 $E[X]$。假设玩家正在使用某个固定策略，这种策略可能是"算牌"，即计算本轮中已经玩过的牌，并根据"算牌"下注不同的金额。假设游戏由一名玩家与庄家组成。

这个游戏的随机性源于庄家洗牌的过程。如果庄家使用 k 副 52 张牌的扑克牌，那么可以通过生成数字 1 到 $52 \times k$ 的随机排列来模拟洗牌过程；设 $I_1, I_2, \cdots, I_{52k}$ 表示这个排列。如果我们现在设：

$$u_j = I_j \bmod 13 + 1$$

并且：

$$u_j = \min(u_j, 10)$$

则 $u_j (j=1,2,\cdots,52k)$ 代表洗牌后的牌面值，其中 1 代表一张王牌。

设 N 表示一轮中的牌型数量，且设 B_j 表示在牌型 j 上的投注量。为了减少方差，我们可以使用一个控制变量，当玩家得到比庄家更多的好牌时，该变量较大，而在相反的情况下，该变量较小。由于获得 19 点或以上的就是好牌，定义：

$W_j = 1$，如果玩家在牌型 j 中发的两张牌加起来至少19点

否则令 W_j 为 0。同理，定义：

$Z_j = 1$，如果庄家在牌型 j 中发的两张牌加起来至少19点

否则令 Z_j 为 0。由于 W_j 和 Z_j 显然具有相同的分布，因此 $E[W_j - Z_j] = 0$，并且不难证明：

$$E\left[\sum_{j=1}^{N} B_j(W_j - Z_j)\right] = 0$$

因此，我们建议使用 $\sum_{j=1}^{N} B_j(W_j - Z_j)$ 作为控制变量。当然，19 是否是最佳值尚不清楚，应该通过实验来确定 18 甚至 20 是不是一个关键值。然而，一些初步的工作表明 19 效果最佳，并且根据玩家采用的策略，已经实现了 15% 以上的方差降低。如果使用两个控制变量，应该会缩减更多方差。其中一个控制变量的定义与之前一样，不同之处在于如果牌型是 19 或 20，则 W_j 和 Z_j 被定义为 1。第二个变量也是类似的，当牌型由 21 点组成时，定义为 1。

当使用多个控制变量时，可以通过使用多元线性回归模型的计算机程序进行计算：

$$X = a + \sum_{i=1}^{k} b_i Y_i + e$$

其中 e 是一个均值为 0、方差为 σ^2 的随机变量。设 $\hat{c}_i^*$ 是最佳值 c_i 的估计值，对于 $i=1,2,\cdots,k$，则：

$$\hat{c}_i^* = -\hat{b}_i, i=1,2,\cdots,k$$

其中，$\hat{b}_i(i=1,2,\cdots,k)$ 是 $b_i(i=1,2,\cdots,k)$ 的最小二乘回归估计。受控估计值可以从以下等式得到：

$$\overline{X} + \sum_{i=1}^{k}\hat{c}_i^*(\overline{Y}_i - \mu_i) = \hat{a} + \sum_{i=1}^{k}\hat{b}_i\mu_i$$

也就是说，控制后的估计值就是在点（$\mu_1,\mu_2,\cdots,\mu_k$）处计算的多重回归线的估计值。

受控估计值的方差可以通过将 σ^2 的回归值除以仿真的次数来得到。

注释：（1）由于事先不知道受控估计量的方差，因此通常分两个阶段进行仿真。第一阶段，进行少量仿真，以便粗略估计 $\mathrm{Var}(X+c^*(Y-\mu_y))$（这个估计值可以从一个单一线性回归程序中通过使用 σ^2 的估计值来获得，其中 Y 是自变量，X 是因变量）。然后可以确定第二阶段所需的试验次数，使最终估计量的方差在可接受的范围内。

（2）解释控制变量方法的一个有价值的办法是将它与 θ 的估计量进行组合。也就是说，假设 X 和 W 的值都由仿真确定，并且假设 $E[X]=E[W]=\theta$。那么我们可以考虑以下形式的任何无偏估计量：

$$\alpha X + (1-\alpha)W$$

最佳估计量是通过选择 α 使方差最小化得到的，具体为

$$\alpha^* = \frac{\mathrm{Var}(W)-\mathrm{Cov}(X,W)}{\mathrm{Var}(X)+\mathrm{Var}(W)-2\mathrm{Cov}(X,W)} \tag{9.3}$$

现在，如果 $E[Y]=\mu_y$ 是已知的，有两个无偏估计量：X 和 $X+Y-\mu$。则组合估计量可以写成：

$$(1-c)X + c(X+Y-\mu_y) = X + c(Y-\mu_y)$$

为了在控制变量和组合估计量之间的等价性方面找出另一种方法，假设 $E[X]=E[W]=\theta$。那么，如果使用 X 用于控制变量 $Y=X-W$，已知其均值为 0，则我们得到以下形式的估计量：

$$X + c(X-W) = (1+c)X - cW$$

它是 $\alpha=1+c$ 的组合估计量。

（3）根据注释（2）中给出的解释，可以将对偶变量法视为控制变量的一个特例。也就是说，如果 $E[X]=\theta$，其中 $X=h(U_1,U_2,\cdots,U_n)$，那么同样，$E[W]=\theta$，其中 $W=h(1-U_1,1-U_2,\cdots,1-U_n)$。因此，我们可以将两者组合得到形式为 $\alpha X+(1-\alpha)W$ 的估计量。由于 $\mathrm{Var}(X)=\mathrm{Var}(W)$，且 X 和 W 具有相同的分布，所以从式（9.3）可以得出 α 的最佳值为 $\alpha=\frac{1}{2}$，这就是对偶变量估计量。

（4）注释（3）指出了为什么通常不可能有效地将对偶变量与控制变量进行组合。如果控制变量 Y 与 $h(U_1,U_2,\cdots,U_n)$ 具有较大正（负）相关性，则它就可能与 $h(1-U_1,1-U_2,\cdots,1-U_n)$ 存在较大负（正）相关性。因此，它不太可能与对偶估计量 $\dfrac{h(U_1,U_2,\cdots,U_n)+h(1-U_1,1-U_2,\cdots,1-U_n)}{2}$ 具有较大相关性。

9.3 通过条件作用缩减方差

回顾第 2 章 2.10 节中已证明的条件方差公式：
$$\mathrm{Var}(X) = E[\mathrm{Var}(X|Y)] + \mathrm{Var}(E[X|Y])$$
由于右边的两项都为非负（因为方差总是为非负的），我们可知：
$$\mathrm{Var}(X) \geq \mathrm{Var}(E[X|Y]) \tag{9.4}$$

现在假设我们需要进行仿真以确定 $\theta = E[X]$ 的值，其中 X 是仿真运行的输出变量。同样，假设存在第二个变量 Y，使 $E[X|Y]$ 是已知的，并且取一个可以从仿真运行中确定的值。由于：
$$E[E[X|Y]] = E[X] = \theta$$
因此 $E[X|Y]$ 也是 θ 的无偏估计量；由式（9.4）可知，作为 θ 的估计量，$E[X|Y]$ 优于（原始）估计量 X。

注释：为了理解为什么条件期望估计量优于原始估计量，注意到我们正在尽心仿真以估计 $E[X]$ 的值。我们可以想象，将仿真分两个阶段进行：首先，观察随机变量 Y 的仿真值，然后观察随机变量 X 的仿真值。然而，如果在观察到 Y 之后，我们能计算出 X 的（条件）期望值，那么通过使用这个值，我们就能获得 $E[X]$ 的估计值，从而消除了仿真中 X 的实际值所带来的额外方差。

此时，人们可能会考虑进行进一步改进，使用一种形式为 $\alpha X + (1-\alpha)E[X|Y]$ 的估计量。然而，根据式（9.3），该类型的最佳估计量有 $\alpha = \alpha^*$，其中：
$$\alpha^* = \frac{\mathrm{Var}(E[X|Y]) - \mathrm{Cov}(X, E[X|Y])}{\mathrm{Var}(X) + \mathrm{Var}(E[X|Y]) - 2\mathrm{Cov}(X, E[X|Y])}$$

接下来，我们将证明 $\alpha^* = 0$，从而说明将 X 和 $E[X|Y]$ 组合并不能比只使用 $E[X|Y]$ 更好。

注意到：
$$\begin{aligned}\mathrm{Var}(E[X|Y]) &= E[(E[X|Y])^2] - (E[E[X|Y]])^2 \\ &= E[(E[X|Y])^2] - (E[X])^2\end{aligned} \tag{9.5}$$

另一方面：
$$\begin{aligned}\mathrm{Cov}(X, E[X|Y]) &= E[XE[X|Y]] - E[X]E[E[X|Y]] \\ &= E[XE[X|Y]] - (E[X])^2 \\ &= E[E[XE[X|Y]|Y]] - (E[X])^2 \quad \text{（以 }Y\text{ 为条件）} \\ &= E[E[X|Y]E[X|Y]] - (E[X])^2 \quad \text{（由于给定 }Y\text{，}E[X|Y]\text{ 为常数）} \\ &= \mathrm{Var}(E[X|Y]) \quad \text{（由式（9.5）可知）}\end{aligned}$$

因此，我们看到，结合 X 和 $E[X|Y]$ 并不会进一步减少方差，也就是说，这样的组合不会比仅使用 $E[X|Y]$ 更有效。

假设我们想用一个以 Y 为条件的条件期望估计量来估计 $P(A)$，那么设 $I\{A\}$ 为事件 A 的指示变量，如果 A 发生则等于 1，否则等于 0。
$$P(A) = E[I\{A\}]$$
因此，条件概率估计量为 $E[I\{A\}|Y] = P(A|Y)$。

现在用一系列的例子来说明"条件作用"的用法。

例 9k：重新考虑通过仿真来估计 π。在第 3 章的例 3a 中，我们展示了如何通过确定在以原点为中心、面积为 4 的正方形中随机选择的一个点落在半径为 1 的内切圆内的频率来估计 π。具体地说，设 $V_i = 2U_i - 1$，其中 U_i $(i=1,2)$ 是随机数，并且设 I 是事件的指示变量，即：

$$I = \begin{cases} 1, & \text{若 } V_1^2 + V_2^2 \leq 1 \\ 0, & \text{否则} \end{cases}$$

那么，如例 3a 所示，$E[I] = \pi/4$。

使用 I 的连续值的平均值来估计 $\pi/4$ 可以通过使用 $E[I|V_1]$ 而不是 I 来改进。现有：

$$\begin{aligned} E[I|V_1 = v] &= P\{V_1^2 + V_2^2 \leq 1 | V_1 = v\} \\ &= P\{v^2 + V_2^2 \leq 1 | V_1 = v\} \\ &= P\{V_2^2 \leq 1 - v^2\} \quad \text{（通过 } V_1 \text{ 和 } V_2 \text{ 的独立性可得）} \\ &= P\{-(1-v^2)^{1/2} \leq V_2 \leq (1-v^2)^{1/2}\} \\ &= \int_{-(1-v^2)^{1/2}}^{(1-v^2)^{1/2}} \left(\frac{1}{2}\right) dx \quad [\text{由于 } V_2 \text{ 在 } (-1,1) \text{ 上均分分布}] \\ &= (1-v^2)^{1/2} \end{aligned}$$

因此，条件期望为

$$E[I|V_1] = (1-V_1^2)^{1/2}$$

所以估计量 $(1-V_1^2)^{1/2}$ 的均值也是 $\pi/4$，方差小于 I。由于：

$$P(V_1^2 \leq x) = P(-\sqrt{x} \leq V_1 \leq \sqrt{x}) = \sqrt{x} = P(U^2 \leq x)$$

由此可见，V_1^2 和 U^2 具有相同的分布，因此可以使用估计量 $(1-U^2)^{1/2}$ 进行一些简化，其中 U 是一个随机数。

使用估计量 $(1-U^2)^{1/2}$ 比使用估计量 I 得到的方差改进更容易计算：

$$\begin{aligned} \text{Var}\left[(1-U^2)^{\frac{1}{2}}\right] &= E[1-U^2] - \left(\frac{\pi}{4}\right)^2 \\ &= \frac{2}{3} - \left(\frac{\pi}{4}\right)^2 \approx 0.0498 \end{aligned}$$

其中，第一个等式使用了恒等式 $\text{Var}(W) = E[W^2] - (E[W])^2$。另一方面，由于 I 是均值为 $\pi/4$ 的伯努利随机变量，于是有：

$$\text{Var}(I) = \left(\frac{\pi}{4}\right)\left(1 - \frac{\pi}{4}\right) \approx 0.1686$$

这表明，使用条件期望估计量导致方差减少了 70.44%（此外，每次仿真只需要一个而不是两个随机数，尽管需要计算平方根的计算成本）。

由于函数 $(1-u^2)^{1/2}$ 在 $0 < u < 1$ 区域内明显是关于 u 的单调递减函数，因此可以通过使用对偶变量对估计量 $(1-U^2)^{1/2}$ 进行改进。也就是估计量 $\frac{1}{2}[(1-U^2)^{1/2} + (1-(1-U)^2)^{1/2}]$ 比估计量 $\frac{1}{2}[(1-U_1^2)^{1/2} + (1-U_2^2)^{1/2}]$ 具有更小的方差。

另一种改进估计量 $(1-U^2)^{1/2}$ 的方法是使用控制变量。在这种情况下，自然控制变量是 U。现在：

$$\text{Cov}(X,U) = E[XU] - E[X]E[U]$$
$$= E\left[U(1-U^2)^{\frac{1}{2}}\right] - \frac{\pi}{8}$$
$$= \int_0^1 x(1-x^2)^{1/2}dx - \frac{\pi}{8}$$
$$= \frac{1}{2}\int_0^1 \sqrt{y}\,dy - \frac{\pi}{8} \quad (\diamondsuit y = 1-x^2)$$
$$= \frac{1}{3} - \pi/8$$

由于 Var(U)=1/12，我们可以看到：

$$\text{Var}\left(X + c^*\left(U - \frac{1}{2}\right)\right) = \text{Var}(X) - \frac{\text{Cov}^2(X,U)}{\text{Var}(U)}$$
$$= \text{Var}(X) - 12\left(\frac{1}{3} - \frac{\pi}{8}\right)^2$$
$$= 0.0498 - 0.0423 = 0.0075$$

因此，我们使用 U 作为控制变量比仅仅使用 $(1-U^2)^{1/2}$ 能大幅减少方差（事实上，使用 U^2 作为控制变量能减少更大的方差-见习题 15）。

例 9l：假设有 r 种类型的优惠券，并每收集到一个新的优惠券，其为 i 类型的优惠券的概率为 p_i，且满足 $\sum_{i=1}^r p_i = 1$。假设优惠券是逐个收集的，并且我们持续收集优惠券，直到收集到每种类型的优惠券数量达到 n_i 或更多（对于所有 $i = 1,2,\cdots,r$）。设 N 表示所需的优惠券数量，我们希望通过仿真来估计 $E[N]$ 和 $P(N > m)$。

为了获得有效的估计值，假设收集优惠券的时间服从 $\lambda = 1$ 的泊松分布。也就是说，每当收集到新的优惠券时，就会发生一个泊松事件。假设收集到的是 i 类型的优惠券，则发生 i 类型的泊松事件。如果令 $N_i(t)$ 表示在时间 t 之前收集到 i 类型的优惠券的数量，那么从 2.8 节中给出的泊松随机变量的结果可以得出，对于 $i = 1,2,\cdots,r$，过程 $\{N_i(t), t \geq 0\}$ 是具有各自概率为 p_i 的独立泊松过程。因此，如果令 T_i 为收集到 n_i 张 i 类型优惠券的时间，则 $T_1,T_2,\cdots,T_r$ 是独立的伽马随机变量，具有各自的参数 (n_i, p_i) ［为了获得这种独立性，假设优惠券的收集时间按照泊松过程分布。假设将 M_i 定义为获得 n_i 张 i 类型优惠券所需收集的优惠券数量。那么，尽管 M_i 为具有参数 (n_i, p_i) 的负二项分布，但随机变量 $M_1, M_2, \cdots, M_r$ 并不独立］。

为了得到 $E[N]$ 的估计值，我们生成随机变量 $T_1, T_2, \cdots, T_r$，并令 $T = \max_i T_i$。因此，T 是我们收集到至少 n_i 张 i 类型的优惠券的时刻（对于每个 $i = 1,2,\cdots,r$）。此时，在 T_i 时刻总共收集了 n_i 张 i 类型的优惠券。由于在时间 T_i 和 T 之间收集的 i 类型优惠券的数量将是均值为 $p_i(T - T_i)$ 的泊松分布，因此收集到的 i 类型的优惠券总数 $N_i(T)$ 的分布为 N_i 加上均值为 $p_i(T - T_i)$ 的泊松随机变量。由于泊松到达过程是独立的，因此利用独立泊松随机变量之和本身是泊松分布的原理，可以得到在给定 $T_1, T_2, \cdots, T_r$ 的情况下，N 的条件分布是 $\sum_i n_i$ 加上均值为 $\sum_{i=1}^r p_i(T - T_i)$ 的泊松随机变量。因此，当 $n = \sum_{i=1}^r n_i$ 且 $\boldsymbol{T} = (T_1, T_2, \cdots, T_r)$ 时，我们有：

$$E[N|\boldsymbol{T}] = n + \sum_{i=1}^{r} p_i(T - T_i)$$
$$= T + n - \sum_{i=1}^{r} p_i T_i \quad (9.6)$$

另外，由于 T 是事件 N 发生的时间，因此：
$$T = \sum_{i=1}^{N} X_i$$

其中，$X_1, X_2, \cdots$ 是泊松过程的到达间隔时间，且这些间隔时间是独立的指数分布，均值为 1。由于 N 与 X_i 无关，由前面的恒等式得出：
$$E[T] = E[E[T|N]] = E[NE[X_i]] = E[N]$$

因此，T 也是 $E[N]$ 的无偏估计量，即加权平均估计量：
$$\alpha E[N|\boldsymbol{T}] + (1-\alpha)T = T + a\left(n - \sum_{i=1}^{r} p_i T_i\right)$$

因为 $E\left[\sum_{i=1}^{r} p_i T_i\right] = n$，这相当于通过使用无偏估计量 T 和控制变量 $\sum_{i=1}^{r} p_i T_i$ 来估计 $E[N]$。也就是说，它等价于使用以下形式的估计量：
$$T + c\left(\sum_{i=1}^{r} p_i T_i - n\right)$$

从仿真数据中估计出 c 值，即 $c = -\dfrac{\mathrm{Cov}\left(T, \sum_{i=1}^{r} p_i T_i\right)}{\mathrm{Var}\left(\sum_{i=1}^{r} p_i T_i\right)}$，使前面的方差最小。

为了估计 $P(N > m)$，再次使用 $\boldsymbol{T}$ 的条件，N 分布为 $n + X$，其中 X 服从均值为 $\lambda(\boldsymbol{T}) = \sum_{i=1}^{r} p_i(T - T_i)$ 的泊松分布。结果是：
$$P(N > m|\boldsymbol{T}) = P(X > m - n) = 1 - \sum_{i=0}^{m-n} \mathrm{e}^{-\lambda(\boldsymbol{T})}(\lambda(\boldsymbol{T}))^i / i!, \quad m \geq n$$

用上述条件概率 $P(N > m|\boldsymbol{T})$ 作为 $P(N > m)$ 的估计量。

在下一个例子中，我们将使用条件期望方法来有效地估计复合随机变量超过某个固定值的概率。

例 9m：设 $X_1, X_2, \cdots$ 是独立且同分布的正随机变量序列，这些正随机变量独立于非负整数值随机变量 X。随机变量 $S = \sum_{i=1}^{N} X_i$ 称为复合随机变量。在保险应用中，X_i 可以表示向保险公司提出的第 i 笔索赔金额，N 可以表示在某一特定时间 t 前提出的索赔次数；S 将是时间 t 前提出的总索赔金额。在此类应用中，N 通常被假设为泊松分布变量（在这种情况下，S 被称为复合泊松随机变量）或混合泊松随机变量。如果存在另一个随机变量 Λ，使在已知 $\Lambda = \lambda$ 的条件下，N 的条件分布是均值为 λ 的泊松分布，则 N 是混合泊松随机变量。例如，如果 Λ 有一个概率密度函数 $g(\lambda)$，那么混合泊松随机变量 N 的概率质量函数为
$$P\{N = n\} = \int_0^\infty \frac{\mathrm{e}^{-\lambda} \lambda^n}{n!} g(\lambda) \mathrm{d}\lambda$$

混合泊松随机变量是指当存在一个随机确定的"环境状态"时，该环境状态决定了在某个时间段内发生事件的泊松分布的均值。这个环境状态的分布函数称为混合分布。

假设我们想通过仿真来估计以下概率：

$$p = P\left\{\sum_{i=1}^{N} X_i > c\right\}$$

其中 c 是一个指定的正常数。原始仿真的步骤是：首先生成 N 的值，假设 $N = n$，然后生成 $X_1, X_2, \cdots, X_n$ 的值，并使用它们来确定原始仿真估计量的值：

$$I = \begin{cases} 1, & \text{若} \sum_{i=1}^{N} X_i > c \\ 0, & \text{其他} \end{cases}$$

通过多次运行仿真并计算 I 的平均值，可以得到 p 的估计值。

我们可以通过条件期望方法改进上述过程，该方法首先按顺序生成 X_i 的值，并在生成的值的总和超过 c 时停止。设 M 表示所需的生成次数，即

$$M = \min\left(n : \sum_{i=1}^{n} X_i > c\right)$$

如果 M 的生成值是 m，那么使用 $P\{N \geq m\}$ 作为这次运行中 p 的估计值。为了证明这种方法的方差小于原始仿真估计量 I 的方差，可以注意到，因为 X_i 为正，所以：

$$I = 1 \Leftrightarrow N \geq M$$

因此：

$$E[I|M] = P\{N \geq M|M\}$$

现在：

$$P\{N \geq M|M = m\} = P\{N \geq m|M = m\} = P\{N \geq m\}$$

这里最后的等式利用了 N 和 M 的独立性。由此可见，如果仿真得到的 M 的值为 $M = m$，则得到的 $E[I|M]$ 的值为 $P\{N \geq m\}$。

接下来，通过使用控制变量，可以进一步改进前面的条件期望估计量。令 $\mu = E[X_i]$，并定义：

$$Y = \sum_{i=1}^{M} (X_i - \mu)$$

可以证明，$E[Y] = 0$。为了直观地理解为什么 Y 和条件期望估计量 $P\{N \geq M|M\}$ 强相关。注意到当 M 较大时，条件期望估计量会较小。但 M 是为了使和大于 c 所需的 X_i 的个数，所以当 X_i 较小时 M 就会很大，这就使 Y 很小。也就是说，$E[I|M]$ 和 Y 同时趋向于较小。类似的论证表明，如果 $E[I|M]$ 很大，那么 Y 也趋于很大。由此可见，$E[I|M]$ 与 Y 呈强正相关，表明 Y 应该是一个有效的控制变量。

即使在例 9m 中 $E[X_i - \mu] = 0$，但由于 $\sum_{i=1}^{M}(X_i - \mu)$ 中的项数是随机的，而不是固定的，因此并不能立即得出 $E\left[\sum_{i=1}^{M}(X_i - \mu)\right] = 0$。这一结果为零是由一个被称为沃尔德（Wald）方程的定理所推导出来的。为了说明这个结果，对于一列随机变量，需要引入一个"停止时间"的概念。

定义： 如果事件 $\{N = n\}$ 由 $X_1, \cdots, X_n$ 的值决定，则非负整数值随机变量 N 表示随机变量序

列 $X_1, X_2, \cdots$ 的停止时间。

停止时间背后的理念：依次观测随机变量 $X_1, X_2, \cdots$，在某一时刻上，根据目前观察到的值（但不依赖未来的值），我们决定停止观测。现在我们可以给出 Wald 方程。

Wald 方程：若 N 为有限均值为 $E[X]$ 的独立同分布随机变量 $X_1, X_2, \cdots$ 序列的停止时间，假设 $E[N]<\infty$，则

$$E\left[\sum_{n=1}^{N} X_n\right] = E[N]E[X]$$

例 9n（**有限容量排队模型**）：考虑一个排队系统，在该系统中，顾客只有在到达时系统中已有的顾客数少于 N 时才能进入。如果某个顾客到达时发现已有 N 个顾客，则该顾客被认为是流失的，无法进入系统。进一步假设潜在的顾客按照速率为 λ 的泊松过程到达；我们希望通过仿真来估计在某个固定时间 t 之前流失的顾客的预期数量。

一次仿真运行将包括模拟上述系统，直到时间 t。在给定的仿真运行中，令 L 表示流失的顾客数量，那么所有仿真运行中 L 的平均值就是 $E[L]$ 的（原始）仿真估计量。然而，我们可以通过系统处于容量状态的时间量来改进这个估计量。也就是说，不使用到时间 t 的实际顾客流失数量 L，而是考虑 $E[L|T_C]$，其中 T_C 是在 $(0, t)$ 区间内系统中有 N 个顾客的总时间。由于无论系统内发生了什么，顾客总是以泊松率 λ 到达，所以可以这样推断：

$$E[L|T_C] = \lambda T_C$$

因此，改进的估计量通过确定每次仿真中系统处于容量状态的总时间来获得，设第 i 次仿真中系统达到容量的时间为 $T_{C,i}$。那么 $E[L]$ 的改进估计量为 $\lambda \sum_{i=1}^{k} T_{C,i}/k$，其中 k 为仿真运行的次数（实际上，由于在给定满容量时间 T_C 内，预期的顾客流失数量仅为 λT_C，因此估计量所做的是使用实际的条件期望，而不是仿真和增加具有该均值的泊松随机变量估计量的方差）。

如果到达过程是一个强度函数为 $\lambda(s)(0 \leq s \leq t)$ 的非齐次泊松过程，那么如果只给定了满容量的总时间，将无法计算条件预期的流失顾客数量。现在需要的是系统达到满容量的实际时间。所以以系统处于满容量的时间间隔为条件，令 N_C 表示在 $(0, t)$ 期间系统处于满容量状态的间隔数，并令这些间隔由 $I_1, I_2, \cdots, I_{N_C}$ 指定，则：

$$E[L|N_C, I_1, \cdots, I_{N_C}] = \sum_{i=1}^{N_C} \int_{I_i} \lambda(s)\mathrm{d}s$$

在所有仿真中，使用上述数量的平均值可以得到比每次运行平均流失数量的原始仿真估计量更好的 $E[L]$ 估计量（均方误差更小）。

在估计 $E[L]$ 时，可以将上述方法与其他方差缩减技术相结合。例如，如果令 M 表示在时间 t 前实际进入系统的顾客数量，那么 $N(t)$ 等于在时间 t 前到达的顾客数量，我们有：

$$N(t) = M + L$$

取期望值得出：

$$\int_0^t \lambda(s)\mathrm{d}s = E[M] + E[L]$$

因此，$\int_0^t \lambda(s)\mathrm{d}s - M$ 也是 $E[L]$ 的无偏估计量，这提示我们使用组合估计量：

$$\alpha \sum_{i=1}^{N_C} \int_{I_i} \lambda(s)\mathrm{d}s + (1-\alpha)\left(\int_0^t \lambda(s)\mathrm{d}s - M\right)$$

要使用的 α 值由式（9.3）给出，可从仿真中估计。

例 9o：假设我们想要估计排队系统中前 n 个顾客在系统中花费时间的期望总和。也就是说，如果 W_i 是第 i 个顾客在系统中花费的时间，我们希望估算：

$$\theta = E\left[\sum_{i=1}^{n} W_i\right]$$

令 S_i 表示第 i 个顾客到达时的"系统状态"，并考虑以下估算量：

$$\sum_{i=1}^{n} E[W_i | S_i]$$

由于：

$$E\left[\sum_{i=1}^{n} E[W_i | S_i]\right] = \sum_{i=1}^{n} E[E[W_i | S_i]] = \sum_{i=1}^{n} E[W_i] = \theta$$

由此可知这是 θ 的无偏估计量。可以证明[①]，在广泛的模型类别中，估计量 $E[W_i | S_i]$ 的方差小于原始仿真估计量 $\sum_{i=1}^{n} W_i$（应该注意的是，虽然 $E[W_i | S_i]$ 的方差比 W_i 小，但这并不意味着 $\sum_{i=1}^{n} E[W_i | S_i]$ 的方差比 $\sum_{i=1}^{n} W_i$ 小）。

S_i 指第 i 个顾客到达时的系统状态，它表示能够计算顾客在系统中花费的条件预期时间的最少信息量。例如，如果有一个服务台，且服务时间都是均值为 μ 的指数分布，那么 S_i 指的是 N_i，即第 i 个顾客到达时在系统中遇到的顾客数量。在这种情况下：

$$E[W_i | S_i] = E[W_i | N_i] = [N_i + 1]\mu$$

这是因为第 i 个到达的顾客必须等待均值为 μ 的 N_i 次服务时间（其中一个是在第 i 个顾客到达时完成当前正在服务的顾客的服务时间，但是根据指数的无记忆属性，剩余时间也将是均值为 μ 的指数），然后加上它自己的服务时间。因此，在所有仿真中，取数量 $\sum_{i=1}^{n}(N_i + 1)\mu$ 平均值的估计量比取 $\sum_{i=1}^{n} W_i$ 的平均值的估计量更好。

例 9p：假设 $X_1, X_2, \cdots, X_n$ 是具有分布函数 F 的独立同分布连续随机变量。令 $S = \sum_{i=1}^{n} X_i$，假设要估计 $p = P(S > a)$，其中 $a > 0$ 是使得该概率非常小的值。下面的方法总会得出一个方差较小的估计量。首先，令 $M = \max_{i=1,2,\cdots,n} X_i$。由于事件 $\{S > a\}$ 是 n 个互斥事件 $\{(S > a, X_i = M)\}, i = 1, 2, \cdots, n$ 的并集，由此类推

$$P(S > a) = \sum_{i=1}^{n} P(S > a, X_i = M)$$

因为 $X_1, X_2, \cdots, X_n$ 是具有相同分布的独立变量，则对于所有 i，$P(S > a, X_i = M) = P(S > a, X_n = M)$。因此：

[①] S.M. Ross, "Simulating Average Delay—Variance Reduction by Conditioning" Probability Eng. Informational Sci. 2(3), 1988.

$$P(S > a) = nP(S > a, X_n = M)$$
$$= nE[I\{S > a, X_n = M\}]$$

因此，$nI\{S > a, X_n = M\}$ 是 p 的无偏估计量。鉴于这不是一个好的估计量（一方面，它可能与 n 一样大），但它可以通过对所有 $X_j (j \neq n)$ 的总和与最大值这一条件进行变换而变成一个好的估计量。即令 $S_{-n} = \sum_{j \neq n} X_j$，$M_{-n} = \max_{j \neq n} X_j$，考虑无偏估计量：

$$\varepsilon_n = nE[I\{S > a, X_i = M\}|S_{-n}, M_{-n}]$$
$$= nP(S > a, X_n = M|S_{-n}, M_{-n})$$

现在，如果 $S_{-n} = s$ 且 $M_{-n} = m$，那么由于 $S = S_{-n} + X_n$，因此为了 $S > a$ 且 $X_n = M$，X_n 必须大于 $a - s$ 和 m，也就是说，X_n 必须大于 $\max(a - S_{-n}, M_{-n})$。因此：

$$\varepsilon_n = n\overline{F}(\max(a - S_{-n}, M_{-n}))$$

估计量 ε_n 称为 Asmussen-Kroese 估计量。它通常用于当 F 是一个重尾分布时，重尾分布是指其对应的矩生成函数 $E_F[e^{tX}]$ 对于任意 $t > 0$ 都是无穷大的分布【当矩生成函数有限时，重要性采样是一种替代的方法来估计 $P(S > a)$（将在第 9.6 节中讨论）】。

估计量 ε_n 可以通过另一个条件期望得到改进。方法如下，令

$$\varepsilon_i = n\overline{F}(\max(a - S_{-i}, M_{-i}))$$

其中 $S_{-i} = \sum_{j \neq i} X_j$ 且 $M_{-i} = \max_{j \neq i} X_j$。进一步来说，如果 X_i 是位置 n 上的值，ε_i 就是 ε_n 的值。现在，令 C 是由 n 个值 $\{X_1, X_2, \cdots, X_n\}$ 组成的集合，知道 C 等于已知的 n 个值，但不知道哪个值对应 X_1、哪个值对应 X_2。估计量 ε_n 可以通过在给定 C 的情况下求它的条件期望来得到改进。因为在已知 C 的情况下，C 中 n 个值中的每个都同样可能是 X_n，因此可以得出：

$$E[\varepsilon_n|C] = \frac{1}{n}\sum_{i=1}^{n}\varepsilon_i$$

因此，估计量：

$$\varepsilon = \sum_{i=1}^{n}\overline{F}(\max(a - S_{-i}, M_{-i}))$$

也是无偏估计量，其方差比 ε_n 小。

注释：ε 是一个很好的估计量的原因在于它通常非常小，因此它的方差也必然很小（参见习题 9.35）。因为 $\max(a - S_{-i}, M_{-i})$ 的最小可能值在 $X_j = a/n, j \neq i$ 时是 a/n，所以它总是很小。这是因为，如果存在某个 $X_j > a/n, j \neq i$，则 $M_{-i} > a/n$，并且如果所有的 $X_j < a/n, j \neq i$，则 $S_{-i} < \frac{n-1}{n}a$，从而 $a - S_{-i} > a - \frac{n-1}{n}a = a/n$。因此，在所有情况下，$\max(a - S_{-i}, M_{-i}) \geq a/n$。由于 $\overline{F}(x)$ 是一个关于 x 的递减函数，这表明对于所有 $i, 0 \leq \varepsilon_i \leq n\overline{F}(a/n)$，因此 $0 \leq \varepsilon \leq n\overline{F}(a/n)$。例如，如果 $n = 10$，$a = 50$，且 F 是均值为 1 的指数分布，则 $0 \leq \varepsilon \leq 10e^{-5}$。

例 9q 假设 $X_1, X_2, \cdots, X_n$ 是独立的，其中 X_j 的分布函数为 F_j，$j = 1, 2, \cdots, n$，我们想要估计 $p = P(X_1 = \max_j X_j)$。与其生成 $X_1, X_2, \cdots, X_n$ 并使用指标变量估计量 $I = I\{X_1 = \max_j X_j\}$，我们可以使用条件期望估计量来改进：

$$E[I|X_1] = P(I = 1|X_1) = P(X_j \leq X_1, j \neq 1|X_1) = \prod_{j \neq 1}P(X_j \leq X_1|X_1) = \prod_{j \neq 1}F_j(X_1)$$

我们使用了一个事实：给定 X_1 的条件分布，$X_2, X_3, \cdots, X_n$ 的条件分布仍然是独立随机变量，且它们分别具有分布 $F_2, F_3, \cdots, F_n$。因此，p 可以通过模拟 X_1 并使用估计量 $\prod_{j \neq 1} F_j(X_1)$ 来估计。

现在假设可以通过 $X_1 = F_1^{-1}(U)$ 生成 X_1。然后，设 $h(x) = \prod_{j \neq 1} F_j(x_1)$，由此可得，对于任意整数 r：

$$p = E[h(X_1)] = E[h(F_1^{-1}(U))]$$
$$= \int_0^1 h(F_1^{-1}(U))du$$
$$= \sum_{i=1}^r \int_{(i-1)/r}^{i/r} h(F_1^{-1}(U))du$$

由于 $h(x)$ 和 $F_1^{-1}(x)$ 都是关于 x 的递增函数，因此 $h(F_1^{-1}(u))$ 随 u 递增。因此：

$$\frac{1}{r}\sum_{i=1}^r h(F_1^{-1}((i-1)/r)) \leq p \leq \frac{1}{r}\sum_{i=1}^r h(F_1^{-1}(i/r))$$

这给出了一个长度不超过 $1/r$ 的区间，p 在该区间内。如果用逆变换法不能生成 X_1，则可以用 X_1 作为控制变量对估计量 $\prod_{j \neq 1} F_j(X_1)$ 进行改进。

假设"事件"在时间上随机发生。令 T_1 表示第一个事件发生的时间，T_2 表示第一个事件和第二个事件之间的时间，以此类推，T_i 表示第 $(i-1)$ 个事件和第 i 个事件之间的时间，$i \geq 1$。如果令：

$$S_n = \sum_{i=1}^n T_i$$

那么第一个事件发生在时间 S_1，第二个事件发生在时间 S_2，以此类推，第 n 个事件发生在时间 S_n（见图 9.2）。令 $N(t)$ 表示在时间 t 前发生的事件总数，即

$$N(t) = \max\{n : S_n \leq t\}$$

如果时间间隔 $T_1, T_2 \cdots$ 是独立同分布的，且遵循某个分布函数 F，则该过程 $N(t), t \geq 0$ 被称为更新过程。

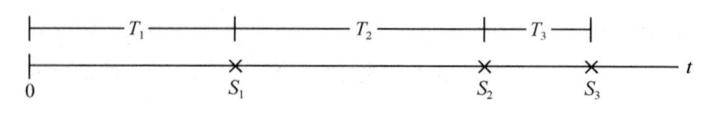

图 9.2 $x = $ 事件

更新过程可以通过生成事件间隔来轻松仿真。现在，假设我们想通过仿真估计 $\theta = E[N(t)]$，即某个固定时间 t 内发生的事件的平均数量。为此，我们需要逐次仿真事件间隔，跟踪它们的和（事件发生的时间），直到和超过 t。也就是说，我们继续生成事件间隔，直到遇到超过时间 t 的第一个事件时间。令 $N(t)$ 为仿真的原始估计量，表示到达时间 t 时已经发生的事件的数量。一个自然的控制变量是所生成的 $N(t)+1$ 个事件间隔的序列。也就是说，如果令 μ 表示事件间隔的平均时间，那么由于随机变量 $T_i - \mu$ 的均值为 θ，根据 Wald 方程，我们可以得出：

$$E\left[\sum_{i=1}^{N(t)+1}(T_i-\mu)\right]=0$$

因此，我们可以使用如下类型的估计量来进行控制：

$$N(t)+c\left[\sum_{i=1}^{N(t)+1}(T_i-\mu)\right]=N(t)+c\left[\sum_{i=1}^{N(t)+1}T_i-\mu(N(t)+1)\right]$$
$$=N(t)+c[S_{N(t)+1}-\mu N(t)-\mu]$$

由于 S_n 表示第 n 个事件的发生时间，而 $N(t)+1$ 表示在时间 t 内发生的事件数加 1，因此 $S_{N(t)+1}$ 表示时间 t 之后的第一个事件发生的时间。因此，如果我们令 $Y(t)$ 表示从时间 t 到下一个事件的时间间隔【$Y(t)$ 通常称为在时间 t 时的超额寿命】，则：

$$S_{N(t)+1}=t+Y(t)$$

所以上面的受控估计量可以写成：

$$N(t)+c[t+Y(t)-\mu N(t)-\mu]$$

其中，最佳的常数 c 由下式得出：

$$c^*=\frac{\mathrm{Cov}[N(t),Y(t)-\mu N(t)]}{\mathrm{Var}[Y(t)-\mu N(t)]}$$

当 t 较大时，可以证明涉及 $N(t)$ 的项会占主导地位，因为它们的方差会随着 t 线性增长，而其他项则保持有限。因此，对于较大的 t，有：

$$c^*\approx\frac{\mathrm{Cov}[N(t),-\mu N(t)]}{\mathrm{Var}[-\mu N(t)]}=\frac{\mu\mathrm{Var}[N(t)]}{\mu^2\mathrm{Var}[N(t)]}=\frac{1}{\mu}$$

因此，当 t 较大时，上述类型的最佳控制估计量接近于：

$$N(t)+\frac{1}{\mu}[t+Y(t)-\mu N(t)-\mu]=\frac{Y(t)}{\mu}+\frac{1}{\mu}-1 \tag{9.7}$$

换句话说，当 t 较大时，从仿真中确定的临界值为 $Y(t)$，即从 t 到下一个更新事件的时间。

上述估计量可以通过使用"条件作用"进一步改进。也就是说，我们不使用实际观察到的下一个事件发生的时间，而是可以对 $A(t)$ 进行条件化，其中 $A(t)$ 表示自上次事件以来的时间（见图 9.3）。$A(t)$ 通常被称为在时间 t 时更新过程的时期［如果我们想象一个由单个物品组成的系统，该物品以随机时间服役，其时间分布为 F，然后发生故障并立即被新物品替换，那么每个事件对应着物品的故障。在这种情况下，变量 $A(t)$ 就表示在时间 t 时正在使用的物品的时期，指的是它已经使用的时间］。

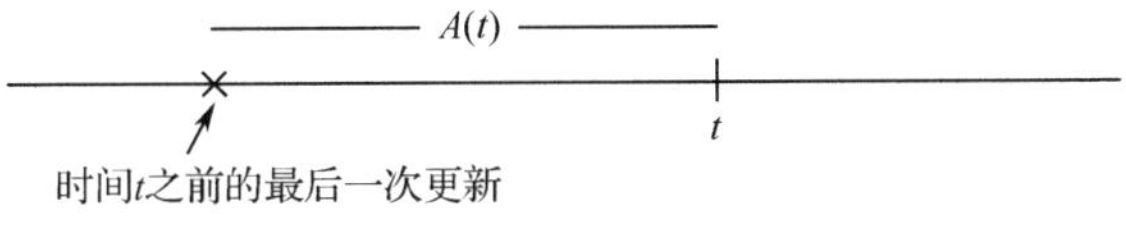

图 9.3 t 时的时期

现在，如果在时间 t 时过程的时期为 x，则物品的预期剩余寿命就是给定事件间隔大于 x 时，事件间隔超过 x 的预期值，即

$$E[Y(t)\mid A(t)=x]=E[T-x\mid T>x]$$
$$=\int_x^\infty(y-x)\frac{f(y)\mathrm{d}y}{1-F(x)}$$
$$=\mu[x]$$

这里假设 F 是一个具有密度函数 f 的连续分布。因此，定义 $\mu[x]$ 如上，表示 $E[T-x|T>x]$，我们可以得到：

$$E[Y(t)|A(t)] = \mu[A(t)]$$

因此，当 t 较大时，比式（9.7）中给出的估计量更好的 $E[N(t)]$ 的估计量为：

$$\frac{\mu[A(t)]}{\mu} + \frac{1}{\mu} - 1 \tag{9.8}$$

9.4 分层采样

假设要估计 $\theta = E[X]$，并且有一个离散随机变量 Y，其可能的取值为 $y_1, y_2, \cdots, y_k$，满足以下条件：

（1）已知概率 $p_i = P\{Y = y_i\}$，$i = 1, 2, \cdots, k$；

（2）对于每个 i（$i = 1, 2, \cdots, k$），我们可以在条件 $Y = y_i$ 下模拟 X 的值。

现在，如果我们打算通过 n 次仿真来估计 $E[X]$，通常的方法是生成 n 个独立的 X 随机变量的样本，然后使用它们的平均值 $\bar{X}$ 来估计 $E[X]$。这个估计量的方差是：

$$\text{Var}(\bar{X}) = \frac{1}{n}\text{Var}(X)$$

然而，我们可以将 $E[X]$ 写成：

$$E[X] = \sum_{i=1}^{k} E[X|Y = y_i]p_i$$

可以看到，我们可以通过估计 k 个独立随机变量 $E[X|Y = y_i]$（$i = 1, 2, \cdots, k$）来估计 $E[X]$。例如，假设我们不是生成 n 个独立的 X 复制样本，而是对每个 $Y = y_i$ 事件进行 np_i 次的仿真，如果令 $\bar{X}_i$ 是在 $Y = y_i$ 条件下生成的 X 的 np_i 次观测值的平均值，那么将得到无偏估计量 ε，称为 $E[X]$ 的分层采样估计量：

$$\varepsilon = \sum_{i=1}^{k} \bar{X}_i p_i$$

因为 $\bar{X}_i$ 是 np_i 个独立随机变量的平均值，其分布与在 $Y = y_i$ 条件下 X 的条件分布相同，因此可以得出：

$$\text{Var}(\bar{X}_i) = \frac{\text{Var}(X|Y = y_i)}{np_i}$$

因此，使用前面的公式以及 $\bar{X}_i$（$i = 1, 2, \cdots, k$）独立这一条件，可以得到：

$$\text{Var}(\varepsilon) = \sum_{i=1}^{k} p_i^2 \text{Var}(\bar{X}_i)$$

$$= \frac{1}{n} \sum_{i=1}^{k} p_i \text{Var}(X|Y = y_i)$$

$$= \frac{1}{n} E[\text{Var}(X|Y)]$$

因为 $\text{Var}(\bar{X}) = \frac{1}{n}\text{Var}(X)$，而 $\text{Var}(\varepsilon) = \frac{1}{n}E[\text{Var}(X|Y)]$，由条件方差公式：

$$\text{Var}(X) = E[\text{Var}(X|Y)] + \text{Var}(E[X|Y])$$

得出，使用分层采样估计量 ε 比通常的原始仿真估计量缩减的方差是：

$$\text{Var}(\overline{X}) - \text{Var}(\varepsilon) = \frac{1}{n}\text{Var}(E[X|Y])$$

也就是说，每次仿真的方差缩减是 $\text{Var}(E[X|Y])$，当 Y 的值对 X 的条件期望有很大影响时，缩减的方差可能很大。

注释：分层采样估计量的方差可以通过令 S_i^2 为以 $Y = y_i (i = 1, 2, \cdots, k)$ 为条件完成的 np_i 次仿真的样本方差来估计，而 S_i^2 是 $\text{Var}(X|Y = y_i)$ 的无偏估计量，从而得到 $\frac{1}{n}\sum_{i=1}^{k} p_i S_i^2$ 是 $\text{Var}(\varepsilon)$ 的无偏估计量。

例 9r：在晴朗的日子里，顾客们遵循每小时平均 12 次的泊松过程抵达无限服务台队列，而在其他日子，他们的到达速率则为每小时 4 次。不论天气如何，服务时间均呈指数分布，平均速率为每小时 1 次。每日营业时间为 10 小时，一旦系统关闭，所有正在接受服务的顾客都将被迫中断，即使他们的服务尚未完成。假设每天都是概率为 0.5 的独立好天气，希望通过仿真来估计 θ，即每天没有完成服务的平均顾客数量。

令 X 表示随机选取的某一天，服务未完成的顾客数量；如果是普通的日子，令 Y 等于 0，如果是好天气的日子，令 Y 等于 1。那么可以证明，当 $Y = 0$ 和 $Y = 1$ 时，X 的条件分布分别是具有以下均值的泊松分布：

$$E[X|Y=0] = 4(1-e^{-10}), \quad E[X|Y=1] = 12(1-e^{-10})$$

因为泊松随机变量的方差等于它的均值，前面证明：

$$\text{Var}(X|Y=0) = E[X|Y=0] \approx 4$$
$$\text{Var}(X|Y=1) = E[X|Y=1] \approx 12$$

因此：

$$E[\text{Var}(X|Y)] \approx \frac{1}{2}(4+12) = 8$$

且：

$$\text{Var}(E[X|Y]) = E[(E[X|Y])^2] - (E[X])^2 \approx \frac{4^2+(12)^2}{2} - 8^2 = 16$$

因此：

$$\text{Var}(X) \approx 8 + 16 = 24$$

它大约是 $E[\text{Var}(X|Y)]$ 的 3 倍，即分层采样估计量的方差的 3 倍，该估计量将一半的日子模拟为好天气的日子，另一半日子模拟为普通日子。

再次假设已知概率质量函数 $p_i = P(Y = y_i), i = 1, 2, \cdots, k$，可以以 $Y = i$ 为条件仿真 X，并进行 n 次仿真。虽然在 $Y = y_i (i = 1, 2, \cdots, k)$ 下进行 np_i 次仿真（熟知的比例分层采样策略），比生成 n 个独立重复的 X 要好，但这些不一定是执行条件仿真的最佳次数。假设在 $Y = y_i$ 的条件下进行 n_i 次仿真，其中 $n = \sum_{i=1}^{k} n_i$。那么，当 $\overline{X}_i$ 等于以 $Y = y_i$ 为条件的 n_i 次仿真的平均值时，分层采样估计量为

$$\hat{\theta} = \sum_{i=1}^{k} p_i \overline{X}_i$$

其方差由下式得出：

$$\mathrm{Var}(\hat{\theta}) = \sum_{i=1}^{k} p_i^2 \mathrm{Var}(X|Y=i)/n_i$$

而变量 $\mathrm{Var}(X|Y=i), i=1,2,\cdots,k$，最初是未知的，可以进行一次小型仿真来对其进行估计。假设使用估计量 S_i^2，然后可以通过求解以下优化问题来选择 n_i。

选择：

$$n_1, n_2, \cdots, n_k$$

使得：

$$\sum_{i=1}^{k} n_i = n$$

最小化：

$$\sum_{i=1}^{k} p_i^2 s_i^2 / n_i$$

利用拉格朗日乘子法，很容易证明，在上述优化问题中，n_i 的最优值为：

$$n_i = n \frac{p_i s_i}{\sum_{j=1}^{k} p_j s_j}, \quad i = 1, 2, \cdots, k$$

一旦确定了 n_i 并进行仿真，将通过 $\sum_{i=1}^{k} p_i \bar{X}_i$ 来估计 $E[X]$，并且将通过 $\sum_{i=1}^{k} p_i^2 s_i^2/n_i$ 来估计该估计量的方差，其中 s_i^2 是 n_i 次访真的样本方差，条件是 $Y=i(i=1,2,\cdots,k)$。

对于分层采样的另一个例子，假设希望使用 n 次仿真来估计：

$$\theta = E[h(U)] = \int_0^1 h(x)\mathrm{d}x$$

当 $\frac{j-1}{n} \leqslant U < \frac{j}{n}$, $j = 1, 2, \cdots, n$ 时，如果令：

$$S = j$$

那么：

$$\theta = \frac{1}{n} \sum_{j=1}^{n} E[h(U)|S=j]$$

$$= \frac{1}{n} \sum_{j=1}^{n} E[h(U_j)]$$

其中，U_j 在 $[(j-1)/n, j/n]$ 内是均匀分布的。因此，根据前文，可以得出比起生成 $U_1, \cdots, U_n$ 然后使用 $\sum_{j=1}^{n} h(U_j)/n$ 估计 θ，使用下式可以获得更好的估计量：

$$\hat{\theta} = \frac{1}{n} \sum_{j=1}^{n} h\left(\frac{U_j + j - 1}{n}\right)$$

例 9s： 在例 9k 中证明过：

$$\frac{\pi}{4} = E[\sqrt{1-U^2}]$$

因此，可以通过生成 $U_1, U_2, \cdots, U_n$ 并使用以下估计量来估计 π：

$$\pi = \frac{4}{n} \sum_{j=1}^{n} \sqrt{1 - [(U_j + j - 1)/n]^2}$$

实际上,可以利用对偶变量来改进前述估计量,从而得到以下估计量:

$$\hat{\pi} = \frac{2}{n}\sum_{j=1}^{n}\left(\sqrt{1-[(U_j+j-1)/n]^2} + \sqrt{1-[(j-U_j)/n]^2}\right)$$

使用估计量 $\hat{\pi}$ 进行仿真得到以下结果:

n	$\hat{\pi}$
5	3.161211
10	3.148751
100	3.141734
500	3.141615
1000	3.141601
5000	3.141593

当 $n=5000$ 时,估计量 $\hat{\pi}$ 精确到小数点后六位。

注释:(1)假设希望通过对具有分布函数 G 的连续随机变量 Y 的值分层仿真,并估计 $E[X]$。为了进行分层,首先生成 Y,然后根据该 Y 模拟 X。比如说,使用逆变换法生成 Y,即通过生成一个随机数 U 并令 $Y = G^{-1}(U)$ 得到 Y。如果计划进行 n 次仿真,那么与其使用 n 个独立随机数来生成 Y 的连续值,不如令第 i 个随机数为在 $\left(\frac{i-1}{n}, \frac{i}{n}\right)$ 内均匀分布的随机变量的值来进行分层。这样,通过生成一个随机数 U_i 并令 $Y_i = G^{-1}\left(\frac{U_i+i-1}{n}\right)$,可以在第 i 次运行中得到 Y 的值,称为 Y_i。然后,通过以 Y 等于 Y_i 的观测值为条件模拟 X,从而得到第 i 次运行中 X 的值 X_i。则随机变量 X_i 是 $E\left[X\bigg|G^{-1}\left(\frac{i-1}{n}\right) < Y \leqslant G^{-1}\left(\frac{i}{n}\right)\right]$ 的无偏估计量,从而得到 $\frac{1}{n}\sum_{i=1}^{n}X_i$ 是下式的无偏估计量

$$\frac{1}{n}\sum_{i=1}^{n}E\left[X\bigg|G^{-1}\left(\frac{i-1}{n}\right) < Y \leqslant G^{-1}\left(\frac{i}{n}\right)\right]$$
$$= \sum_{i=1}^{n}E\left[X\bigg|\frac{i-1}{n} < G(Y) \leqslant \frac{i}{n}\right]\frac{1}{n}$$
$$= \sum_{i=1}^{n}E\left[X\bigg|\frac{i-1}{n} < G(Y) \leqslant \frac{i}{n}\right]P\left\{\frac{i-1}{n} < G(Y) \leqslant \frac{i}{n}\right\}$$
$$= E[X]$$

其中倒数第二个等式使用了 $G(Y)$ 在区间 $(0,1)$ 内均匀分布的事实。

(2)假设独立重复仿真模拟了 n 次 X,没有做任何分层,并且在仿真运行的第 n_i 次中,Y 的值为 y_i,其中 $\sum_{i=1}^{k}n_i = n$。如果令 $\overline{X}_i$ 表示在 $Y=y_i$ 条件下 n_i 次仿真运行的平均值,那么 $\overline{X}$,即 X 在所有 n 次仿真运行中的平均值,可以写成:

$$\overline{X} = \frac{1}{n}\sum_{i=1}^{n}X_i = \sum_{i=1}^{k}n_i\overline{X}_i = \sum_{i=1}^{k}\frac{n_i}{n}\overline{X}_i$$

当这样写的时候，很明显，用 $\bar{X}$ 来估计 $E[X]$ 等于用 $\bar{X}_i$ 来估计 $E[X|Y=i]$，用 n_i/n 来估计 p_i。但是，由于 p_i 是已知的，因此不需要估计，似乎比 $\bar{X}$ 更好的 $E[X]$ 估计量是 $\sum_{i=1}^{k} p_i \bar{X}_i$。换句话说，应该像是提前决定进行分层采样一样，以 $Y=y_i (i=1,2,\cdots,k)$ 为条件来进行 n_i 次仿真。这种事实之后分层的方法称为事后分层。

在这一点上，人们可能会问，将随机变量 Y 进行分层与将 Y 作为控制变量进行比较有何不同。答案是，分层总是导致估计量的方差小于使用 Y 作为控制变量的估计量获得的方差，因为，根据式（9.9）和式（9.2），基于 n 次仿真的分层估计量的方差为 $\frac{1}{n}E[\mathrm{Var}(X|Y)]$，而使用 Y 作为控制变量的 n 次仿真的方差为 $\frac{1}{n}\left(\mathrm{Var}(X) - \frac{\mathrm{Cov}^2(X,Y)}{\mathrm{Var}(Y)}\right)$，以下命题证明了这一点。

命题：
$$E[\mathrm{Var}(X|Y)] \leq \mathrm{Var}(X) - \frac{\mathrm{Cov}^2(X,Y)}{\mathrm{Var}(Y)}$$

为了证明这个命题，首先需要一个引理。

引理：
$$\mathrm{Cov}(X,Y) = \mathrm{Cov}(E[X|Y], Y)$$

证明：
$$\begin{aligned}
\mathrm{Cov}(X,Y) &= E[XY] - E[X]E[Y] \\
&= E[E[XY|Y]] - E[E[X|Y]]E[Y] \\
&= E[YE[X|Y]] - E[E[X|Y]]E[Y] \\
&= \mathrm{Cov}[E[X|Y], Y]
\end{aligned}$$

其中，前面的推导使用了 $E[XY|Y] = YE[X|Y]$，这是因为在条件 Y 下，随机变量 Y 可以被视为常数。

命题证明： 根据条件方差公式：
$$E[\mathrm{Var}(X|Y)] = \mathrm{Var}(X) - \mathrm{Var}(E[X|Y])$$

因此，我们需要证明：
$$\mathrm{Var}(E[X|Y]) \geq \frac{\mathrm{Cov}^2(X,Y)}{\mathrm{Var}(Y)}$$

根据引理，这就等于证明：
$$1 \geq \frac{\mathrm{Cov}^2(E[X|Y], Y)}{\mathrm{Var}(Y)\mathrm{Var}(E[X|Y])}$$

结果可以通过观察到右侧是 $\mathrm{Corr}^2(E[X|Y], Y)$ 来得到，因为相关性的平方总是小于或等于 1。

再次假设估计 $\theta = E[X]$，其中 X 取决于随机变量 S，该随机变量的取值为 $1, 2, \cdots, k$，对应的概率为 $p_i (i=1,2,\cdots,k)$。那么：
$$E[X] = p_1 E[X|S=1] + p_2 E[X|S=2] + \cdots + p_k E[X|S=k]$$

如果所有的 $E[X|S=i]$ 都是已知的（也就是说，如果 $E[X|S]$ 已知），但是 p_i 未知，那么可以通过生成 S 的值，然后使用条件期望估计量 $E[X|S]$ 估计 θ。另一方面，如果 p_i 已知，并

且可以从给定 S 的条件分布中生成 X，那么可以通过仿真得到 $E[X|S=i]$ 的估计量 $\hat{E}[X|S=i]$，然后使用分层采样估计量 $\sum_{i=1}^{k} p_i \hat{E}[X|S=i]$ 来估计 $E[X]$。当部分 p_i 和部分 $E[X|S=i]$ 已知时，可以结合使用这些方法。

例 9t：在视频扑克游戏中，玩家将一美元插入机器，然后机器随机发给玩家五张牌。允许玩家丢弃这些牌中的某些牌，丢弃的牌由剩下的 47 张牌中的新牌所取代。根据玩家最后的牌型，玩家将获得一定数量的奖励。下面是经典的奖励方案：

牌　　型	奖　　励
皇家同花顺	800
同花顺	50
四条	25
葫芦	8
同花	5
顺子	4
三条	3
两对	2
高牌（杰克或更大）	1
其他	0

在前面的例子中，如果一手牌属于这种类型，而不属于任何更高级别的类型，那么它就被定性为属于该类型。也就是说，所说的同花指的是五张不连续的相同花色的牌。

考虑这样一种策略，如果原有的牌型是顺子或更大的牌型，那么玩家就不再拿任何额外的牌，而且无论玩家拿到的是一对还是三对，都会一直保留下去。对于这种类型的给定策略，令 X 表示玩家单手牌的赢钱，并假设估计 $\theta = E[X]$。与其只使用 X 作为估计值，不如从最初发给玩家的牌型开始，令 R 表示皇家同花顺，S 表示同花顺，4 代表四条，3 代表三条，2 代表两对，1 代表高对，0 代表低对，"other" 代表所有未提及的其他牌型。那么有：

$$E[X] = E[X|R]P\{R\} + E[X|S]P\{S\} + E[X|4]P\{4\} + E[X|葫芦]P\{葫芦\} + \\ E[X|同花]P\{同花\} + E[X|顺子]P\{顺子\} + E[X|3]P\{3\} + E[X|2]P\{2\} + \\ E[X|1]P\{1\} + E[X|0]P\{0\} + E[X|\text{other}]P\{\text{other}\}$$

现在，当 $C = \binom{52}{5}^{-1}$ 时，我们有：

$$P\{R\} = 4C = 1.539 \times 10^{-6}$$

$$P\{S\} = 4 \cdot 9 \cdot C = 1.3851 \times 10^{-4}$$

$$P\{4\} = 13 \cdot 48 \cdot C = 2.40096 \times 10^{-4}$$

$$P\{葫芦\} = 13 \cdot 12 \binom{4}{3}^{-1} \binom{4}{2}^{-1} C = 1.440576 \times 10^{-3}$$

$$P\{同花\} = 4\left(\binom{13}{5}^{-1} - 10\right) C = 1.965402 \times 10^{-3}$$

$$P\{顺子\} = 10(4^5 - 4)C = 3.924647 \times 10^{-3}$$

$$P\{3\} = 13\binom{12}{2}^{-1} 4^3 C = 2.1128451 \times 10^{-2}$$

$$P\{2\} = \binom{13}{2}^{-1} 44\binom{4}{2}^{-1}\binom{4}{2}^{-1} C = 4.7539016 \times 10^{-2}$$

$$P\{1\} = 4\binom{4}{2}^{-1}\binom{12}{3}^{-1} 4^3 C = 0.130021239$$

$$P\{0\} = 9\binom{4}{2}^{-1}\binom{12}{3}^{-1} 4^3 C = 0.292547788$$

$$P\{other\} = 1 - P\{R\} - P\{S\} - P\{葫芦\} - P\{同花\} - P\{顺子\} - \sum_{i=0}^{4} P\{i\} = 0.5010527$$

因此，可以发现：

$$E[X] = 0.0512903 + \sum_{i=0}^{3} E[X|i]P[i] + E[X|other] \times 0.5010527$$

现在，$E[X|3]$ 可以通过以下来解析计算，注意到这 2 张新牌将来自 47 张牌的副牌，副牌中包含 1 张一种面值的纸牌（你的 3 张同花所属的面额），3 张两种面值的纸牌和 4 张其他 10 种面值的纸牌。因此，令 F 为最终牌型，则有：

$$P\{F = 4|dealt3\} = \frac{46}{\binom{47}{2}} = 0.042553191$$

$$P\{F = 葫芦|dealt3\} = \frac{2 \cdot 3 + 10 \cdot 6}{\binom{47}{2}} = 0.061054579$$

$$P\{F = 3|dealt3\} = 1 - 0.042553191 - 0.061054579 = 0.89639223$$

因此：

$$E[X|3] = 25(0.042553191) + 8(0.061054579) + 3(0.89639223) = 4.241443097$$

同样，可以推导出（留作习题）$E[X|i]$，$i = 0,1,2$。

在仿真时，应该生成一副手牌。如果它包含至少一对或更高的牌型，那么就应该弃掉这一牌型，然后重新开始这个过程。当拿到一手没有对子的牌（或任何更高的牌）时，应该使用可以采用的任何策略来丢弃和接收新牌。如果 X_o 是这一手牌的收益，那么 X_o 就是 $E[X|other]$ 的估计量，而基于这一次运行的 $\theta = E[X]$ 的估计量是：

$$\hat{\theta} = 0.0512903 + 0.021128451(4.241443097) + 0.047539016E[X|2]$$
$$+ 0.130021239E[X|1] + 0.292547788E[X|0] + 0.5010527X_o$$

注意，估计量的方差是：

$$\text{Var}(\hat{\theta}) = (0.5010527)^2 \text{Var}(X_o)$$

注释：（1）假设所采用的策略总是获得一手好牌，总是保证手里有对牌。然而，对于给定奖励，这不是一个最佳策略。例如，如果拿到的牌是黑桃 2、10、J、Q、K，那么与其拿着这张同花，不如丢掉 2，再抽一张牌（为什么？）。同样，如果拿到的牌是黑桃 10、J、Q、K、红桃 10，最好是弃掉红桃 10 并抽一张牌，而不是保留一对 10。

（2）可以进一步利用分层采样，将"其他"类别分层，如包含 4 张相同花色牌的"其他"牌型和不包含 4 张相同花色牌的牌型。分析计算牌型没有对子而有 4 张同花色的概率并不困难。可以通过仿真来估计这两种"其他"情况下的条件预期奖励。

例 9u：假设 $X_1, X_2, \cdots, X_n$ 是独立的非负随机变量，每个变量都有一个长尾分布，当 X 有分布 F 时，如果对于任意 $t > 0$，则分布 F 是长尾分布，有：

$$P(X > t + x | X > x) \to 1 \quad x \to \infty$$

令 $S = \sum_{i=1}^{n} X_i$，假设我们想估计 $P(S > a)$，当 a 非常大时，这个概率很小。关于长尾分布的一个有趣结果是，如果一组具有长尾分布的非负独立随机变量的和超过一个非常大的值 a，那么往往其中一个变量本身大于 a，这表明可以通过对至少有一个 X_i 是否超过 a 进行分层来估计 $P(S > a)$。也就是说，令 I 为指示变量，表示事件"至少有一个 X_i 超过 a"发生。然后，设 F_i 是 X_i 的分布函数，有 $\alpha = P(I = 1) = 1 - \prod_{j=1}^{n} F_j(a)$。因此：

$$P(S > a) = P(S > a | I = 1)\alpha + P(S > a | I = 0)(1 - \alpha)$$
$$= \alpha + P(S > a | I = 0)(1 - \alpha)$$
$$= \alpha + P(S > a | X_i < a, \ i = 1, 2, \cdots, n)(1 - \alpha)$$

其中，我们利用了这样一个事实：如果 $I = 1$，那么至少有一个 X_i 大于 a，因为所有随机变量都为非负的，这意味着它们的和大于 a。对于每个 $i(i = 1, 2, \cdots, n)$，我们可以模拟每个小于 a 的 X_i，令 J 为指示变量，表示它们的和是否超过了 a，然后使用估计量 $\alpha + J(1 - \alpha)$（因为 $X_i > a$ 的概率非常小，所以只要无条件地模拟 X_i，舍去任何大于 a 的值，就可以在 X_i 小于 a 的条件下模拟 X_i）。

如果 X_i 也是独立同分布的，我们可以通过使用例 9p 中的方法来改进 $P(S > a | X_i < a, \ i = 1, 2, \cdots, n)$ 的估计量。

9.5 分层采样的应用

在以下小节中，我们将介绍如何在分析具有泊松分布、多个变量的单调函数和复合随机向量的系统时，使用分层采样的思路。

在 9.5.1 小节中，我们将考虑一个到达时间服从泊松过程的模型，然后提出一种高效的方法来估计一个随机变量的期望值，该变量的均值仅通过某个指定时间之前的到达过程来决定。在 9.5.2 小节中，我们将介绍如何使用分层采样来高效估计随机数的非递减函数的期望值。在 9.5.3 小节中，我们定义了复合随机向量的概念，并介绍了如何有效地估计该向量函数的期望值。

9.5.1 分析具有泊松到达的系统

考虑一个到达时间服从泊松过程的系统，并假设我们希望通过仿真来计算 $E[D]$，其中 D 的值仅取决于时间 t 之前的到达过程。例如，D 可能是并行多服务器排队系统中所有到达者在时间 t 前的等待时间总和。建议采用以下仿真的方法来估计 $E[D]$。首先，$N(t)$ 为时间 t 前到达的人数。注意，对于任意指定的整数值 m，有：

$$E[D] = \sum_{j=0}^{m} E[D|N(t)=j] e^{-\lambda t} (\lambda t)^j / j! + E[D|N(t)>m]$$
$$\times \left(1 - \sum_{j=0}^{m} e^{-\lambda t} (\lambda t)^j / j!\right) \quad (9.9)$$

假设 $E[D|N(t)=0]$ 可以很容易地计算出来，并且只要知道到达时间和每次到达顾客的服务时间，就可以确定 D。

每次运行仿真程序都会产生一个 $E[D]$ 的独立估计值。此外，每次运行将由 $m+1$ 个阶段组成，其中在阶段 j 产生 $E[D|N(t)=j]$ 的无偏估计量，在 $m+1$ 阶段产生 $E[D|N(t)>m]$ 的无偏估计量。每个后续阶段将使用前一阶段的数据以及任何额外需要的数据，这些数据在阶段 $2,\cdots,m$ 会产生不同的到达时间和服务时间。为了跟踪当前的到达时间，每个阶段将有一个集合 S，其元素按递增顺序排列，用于表示当前的到达时间集合。为了从一个阶段转移到下一个阶段，在时间 t 前共有 j 个到达时间的条件下，j 个到达时间的集合的分布为 j 个独立均匀分布在 $(0,t)$ 区间的随机变量。因此，在 t 时发生 $j+1$ 个事件的到达时间集合，实际上是在 t 时发生 j 个事件的到达时间集合，外加一个新的独立均匀分布在 $(0,t)$ 区间的随机变量。

运行步骤如下。

步骤 1：令 $N=1$。生成一个随机数 U_1，并令 $S=\{tU_1\}$。

步骤 2：假设 $N(t)=1$，到达发生在时间 tU_1。生成该到达的服务时间，并计算得到的 D 值，记作 D_1。

步骤 3：令 $N=N+1$。

步骤 4：生成一个随机数 U_N，并在相应的位置将 tU_N 添加到集合 S 中，使 S 中的元素按递增顺序排列。

步骤 5：假设 $N(t)=N$，其中 S 指定了 N 个到达时间；生成到达时间 tU_N 的服务时间，并使用之前生成的其他到达的服务时间，计算得到的 D 值，记作 D_N。

步骤 6：如果 $N<m$，返回步骤 3。如果 $N=m$，则用逆变换法生成 $N(t)$ 的值，条件是 $N(t)$ 大于 m。如果生成的值为 $m+k$，则再生成 k 个随机数，每个随机数乘以 t，并将这 k 个随机数加到集合 S 中。生成这 k 个到达的服务时间，并使用先前生成的服务时间计算 D，记作 $D_{>m}$。

当 $D_0 = E[D|N(t)=0]$，本次运行的估计值为

$$\varepsilon = \sum_{j=0}^{m} D_j e^{-\lambda t} (\lambda t)^j / j! + D_{>m} \left(1 - \sum_{j=0}^{m} e^{-\lambda t} (\lambda t)^j / j!\right) \quad (9.10)$$

因为在已知 $N(t)=j$ 的情况下，无序到达时间的集合被分布为 j 个独立在 $(0,t)$ 内均匀分布的随机变量的集合，因此可以得出：

$$E[D_j] = E[D|N(t)=j], \quad E[D_{>m}] = E[D|N(t)>m]$$

从而证明 ε 是 $E[D]$ 的无偏估计量。多次运行并取结果估计值的平均值，即最终的仿真估计量。

注释：（1）需要注意的是，由于重复使用相同数据引入了正相关性，如果 D_j 是独立的估计量，则估计量 $\sum_{j=0}^{m} D_j e^{-\lambda t} (\lambda t)^j / j! + D_{>m} \left(1 - \sum_{j=0}^{m} e^{-\lambda t} (\lambda t)^j / j!\right)$ 的方差比原本要大。然而，仿真速度

的提升足以弥补这一增加的方差。

(2) 在计算 D_{j+1} 时，可以利用计算 D_j 时用到的量。例如，设 $D_{i,j}$ 是当 $N(t)=j$ 时到达 i 的延迟时间。如果在新的到达时间 t 时 D_{j+1} 是新集合 S 中第 k 小的值，则 $D_{i,j+1}=D_{i,j}, i<k$。

(3) 其他的方差减小方法也可以与这些方法结合使用。例如，我们可以通过使用服务时间的线性组合作为控制变量来改进估计量。

接下来需要确定一个合适的 m 值。一个合理的方法是选择 m 使：

$$E[D|N(t)>m]P\{N(t)>m\}=E[D|N(t)>m]\left(1-\sum_{j=0}^{m}e^{-\lambda t}(\lambda t)^j/j!\right)$$

足够小。由于 $\mathrm{Var}(N(t))=\lambda t$，一个合理的选择是类似于 $m=\lambda t+k\sqrt{\lambda t}$ 的形式，其中 k 是一个正数。

为了确定 k 的合适值，尝试对 $E[D|N(t)>m]$ 进行界定，然后利用这个界定来确定 k 和 m 的合适值。例如，假设 D 是平均服务时间为 1 的单服务台系统中在时间 t 时所有到达顾客的等待时间总和。因为当所有顾客同时到达时，这个量取最大值，可知：

$$E[D|N(t)]\leq\sum_{i=1}^{N(t)-1}i$$

由于当 $N(t)$ 的条件分布超过 m 时，当 m 大于 $E[N(t)]$ 至少 5 个标准差时，$N(t)$ 的大部分权重将集中在 $m+1$ 附近。因此，从前面的推导可以合理地假设，当 $k\geq 5$ 时：

$$E[D|N(t)>m]\leq(m+1)^2/2$$

使用上式，对于标准正态随机变量 Z：

$$P(Z>x)\leq(1-1/x^2+3/x^4)\frac{e^{-x^2/2}}{x\sqrt{2\pi}},\quad x>0$$

我们可以通过使用泊松分布的正态近似来得出，当 $k\geq 5$ 且 $m=\lambda t+k\sqrt{\lambda t}$ 时，我们可以合理地假设：

$$E[D|N(t)>m]P\{N(t)>m\}\leq(m+1)^2\frac{e^{-k^2/2}}{2k\sqrt{2\pi}}$$

例如，当 $\lambda t=10^3$ 且 $k=6$ 时，上述界定约为 0.0008。

在本小节最后，我们将证明估计量 ε 的方差比原始仿真估计量 D 的方差要小。

定理：

$$\mathrm{Var}(\varepsilon)\leq\mathrm{Var}(D)$$

证明：我们将通过证明 ε 可以表示为已知某个随机变量 D 的条件期望来证明这一结果。为了证明这一点，我们将使用以下方法来仿真 D。

步骤 1：生成随机变量 N' 的值，其分布与大于 m 的 $N(t)$ 的分布相同，即

$$P\{N'=k\}=\frac{(\lambda t)^k/k!}{\sum_{k=m+1}^{\infty}(\lambda t)^k/k!},\quad k>m$$

步骤 2：生成在 $(0,t)$ 内服从均匀分布的独立随机变量 $A_1,A_2,\cdots,A_{N'}$ 的值。

步骤 3：生成独立的服务时间随机变量 $S_1,S_2,\cdots,S_{N'}$ 的值。

步骤 4：生成均值为 λt 的泊松随机变量 $N(t)$ 的值。

步骤 5：如果 $N(t)=j\leq m$，则使用到达时间 $A_1,A_2,\cdots,A_j$ 以及它们的服务时间 $S_1,S_2,\cdots,S_j$

计算 $D = D_j$。

步骤 6：如果 $N(t) > m$，则使用到达时间 $A_1, A_2, \cdots, A_{N'}$ 和服务时间 $S_1, S_2, \cdots, S_{N'}$ 来计算 $D = D_{>m}$。

注意：
$$E[D | N', A_1, A_2, \cdots, A_{N'}, S_1, S_2, \cdots, S_{N'}]$$
$$= \sum_j E[D | N', A_1, A_2, \cdots, A_{N'}, S_1, S_2, \cdots, S_{N'}, N(t) = j] \times P\{N(t) = j | N', A_1, A_2, \cdots, A_{N'}, S_1, S_2, \cdots, S_{N'}\}$$
$$= \sum_j E[D | N', A_1, A_2, \cdots, A_{N'}, S_1, S_2, \cdots, S_{N'}, N(t) = j] P\{N(t) = j\}$$
$$= \sum_{j=0}^m D_j P\{N(t) = j\} + \sum_{j>m} D_{>m} P\{N(t) = j\}$$
$$= \varepsilon$$

从而我们可以看到，ε 是给定一些数据后的 D 的条件期望。因此，结果可以通过条件方差公式得出。

9.5.2 单调函数的多维积分计算

我们假设要通过仿真来估计 n 维积分：
$$\theta = \int_0^1 \int_0^1 \cdots \int_0^1 g(x_1, x_2, \cdots, x_n) \mathrm{d}x_1 \mathrm{d}x_2 \cdots \mathrm{d}x_n$$
其中 $U_1, U_2, \cdots, U_n$ 是独立的均匀分布在 $(0,1)$ 区间内的随机变量。上述可表示为
$$\theta = E[g(U_1, U_2, \cdots, U_n)]$$

假设 g 是每个变量的非递减函数。也就是说，对于固定值 $x_1, x_2, \cdots, x_{i-1}, x_{i+1}, \cdots, x_n$，函数 $g(x_1, x_2, \cdots, x_i, \cdots, x_n)$ 是关于 x_i 递增的，且对于每个 $i(i = 1, 2, \cdots n)$ 都成立，如果令 $Y = \prod_{i=1}^n U_i$，那么由于 Y 和 $g(U_1, U_2, \cdots, U_n)$ 都是 U_i 的递增函数，似乎 $E[\mathrm{Var}(g(U_1, U_2, \cdots, U_n) | Y)]$ 经常会相对较小。因此，我们应该考虑通过对 $\prod_{i=1}^n U_i$ 进行分层来估计 θ。为此，我们需要首先确定：

（1）$\prod_{i=1}^n U_i$ 的概率分布；

（2）如何生成 $\prod_{i=1}^n U_i$ 的值，条件是它位于某个区间内；

（3）如何在给定 $\prod_{i=1}^n U_i$ 的值的条件下生成 $U_1, \cdots, U_n$。

为了实现上述目标，我们将 U_i 与泊松过程联系起来。回想一下，$-\log(U)$ 服从速率为 1 的指数分布，并且将 $-\log(U_i)$ 解释为速率为 1 的泊松过程的第 $(i-1)$ 次和第 i 次事件之间的时间。根据这种解释，泊松过程的第 j 个事件将发生在时间 T_j，其中：
$$T_j = \sum_{i=1}^j -\log(U_i) = -\log(U_1, U_2, \cdots, U_j)$$

由于速率为 1 的 n 个独立指数随机变量的和是一个伽马 $(n,1)$ 随机变量，因此可以通过生成（分层方式待讨论）一个伽马 $(n,1)$ 随机变量来生成 $T_n = -\log(U_1, U_2, \cdots, U_n)$ 的值。这将生成

$\prod_{i=1}^{n} U_i$ 的值，即

$$\prod_{i=1}^{n} U_i = e^{-T_n}$$

为了在以二者乘积为条件的情况下生成单个的随机变量 $U_1, U_2, \cdots, U_n$，我们利用泊松过程的结果，即当泊松过程的第 n 个事件发生在时间 t 时，前 $n-1$ 个事件时间的序列分布为 $n-1$ 个独立均匀在 (0,1) 区间内的随机变量的有序序列。因此，一旦生成 T_n 的值，则可以先生成 $n-1$ 个随机数 $V_1, \cdots, V_{n-1}$，然后对它们排序得到它们的有序值 $V_{(1)} < V_{(2)} < \cdots < V_{(n-1)}$，从而得到单个 U_i。$T_n V_{(j)}$ 表示事件 j 发生的时间，得到：

$$\begin{aligned} T_n V_{(j)} &= -\log(U_1, U_2, \cdots, U_n) \\ &= -\log(U_1, U_2, \cdots, U_{j-1}) - \log(U_j) \\ &= T_n V_{(j-1)} - \log(U_j) \end{aligned}$$

因此，如果 $V_{(0)} = 0, V_{(n)} = 1$，则：

$$U_j = e^{-T_n[V_{(j)} - V_{(j-1)}]}, j = 1, 2, \cdots, n \tag{9.11}$$

我们可以看到如何以 $\prod_{i=1}^{n} U_i$ 的值为条件生成 $U_1, U_2, \cdots, U_n$。为了进行分层，现在利用 $T_n = -\log\left(\prod_{i=1}^{n} U_i\right)$ 是一个伽马 $(n,1)$ 随机变量这一事实。设 G_n 为 $(n,1)$ 分布函数。如果计划进行 m 次仿真，那么在第 k 次运行时应该生成一个随机数 U，并取 T_n 等于 $G_n^{-1}\left(\dfrac{U+k-1}{m}\right)$。对于这个 T_n 的值，再用前文的方法来模拟 $U_1, U_2, \cdots, U_n$ 的值，计算出 $g(U_1, \cdots, U_n)$ [也就是说，生成 $n-1$ 个随机数，对它们进行排序得到 $V_{(1)} < V_{(2)} < \cdots < V_{(n-1)}$，并且 U_j 由式（9.11）已知]。在 m 次仿真中，g 的平均值为 $E[g(U_1, U_2, \cdots, U_n)]$ 的分层采样估计量。

注释：（1）参数为 $(n,1)$ 的伽马随机变量与 $\dfrac{1}{2}\chi_{2n}^2$ 的分布相同，其中 χ_{2n}^2 是一个 $2n$ 自由度的卡方随机变量。因此：

$$G_n^{-1}(x) = \dfrac{1}{2} F_{\chi_{2n}^2}^{-1}(x)$$

式中 $F_{\chi_{2n}^2}^{-1}(x)$ 是 $2n$ 自由度的卡方随机变量的分布函数的倒数。卡方分布倒数的近似值在文献中很容易找到。

（2）稍加修改，就可以应用前面的分层思想，即使底层函数在某些坐标系中单调递增，而在其他坐标系中单调递减。例如，假设想求 $E[h(U_1, U_2, \cdots, U_n)]$，其中 h 在第一个坐标范围内为单调递减，在其他坐标范围为单调递增。利用 $(1-U_1)$ 在 (0,1) 区间内是均匀分布的，我们可写成：

$$E[h(U_1, U_2, \cdots, U_n)] = E[h(1-U_1, U_2, \cdots, U_n)] = E[g(U_1, U_2, \cdots, U_n)]$$

其中 $g(x_1, x_2, \cdots, x_n) = h(1-x_1, x_2, \cdots, x_n)$ 在每个坐标系中都是单调递增的。

9.5.3 复合随机向量

假设 N 是一个非负整数值随机变量，其概率质量函数为

$$p(n) = P(N = n)$$

并假设 N 与具有共同分布函数 F 的独立且同分布的随机变量 $X_1, X_2, \cdots$ 序列无关,则随机向量 $(X_1, X_2, \cdots, X_N)$ 称为复合随机向量(当 $N = 0$ 时,称复合随机向量为空向量)。

对于函数族 $g_n(x_1, x_2, \cdots, x_n)$, $n \geq 0$,当 $g_0 = 0$ 时,假设我们想通过仿真来估计 $E[g_N(X_1, X_2, \cdots, X_N)]$,对于指定复合随机向量 $(X_1, X_2, \cdots, X_N)$,相关函数族如下。

- 如果:

$$g_n(x_1, x_2, \cdots, x_n) = \begin{cases} 1, & \text{若} \sum_{i=1}^n x_i > a \\ 0, & \text{其他} \end{cases}$$

那么 $E[g_N(X_1, X_2, \cdots, X_N)]$ 表示复合随机变量超过 a 的概率。

- 对上例的概况是,$0 < \alpha < 1$ 时,得:

$$g_n(x_1, x_2, \cdots, x_n) = \begin{cases} 1, & \text{若} \sum_{i=1}^n \alpha^i x_i > a \\ 0, & \text{其他} \end{cases}$$

现在 $E[g_N(X_1, X_2, \cdots, X_N)]$ 表示复合随机向量的缩减总和超过 a 的概率。

- 前面的两个例子都是特殊情况,对于指定的序列 $a_i (i \geq 1)$:

$$g_n(x_1, x_2, \cdots, x_n) = \begin{cases} 1, & \text{若} \sum_{i=1}^n a_i x_i > a \\ 0, & \text{其他} \end{cases}$$

- 人们有时会对随机向量的 k 个最大值的加权和函数感兴趣,从而导致考虑函数:

$$g_n(x_1, x_2, \cdots, x_n) = g\left(\sum_{i=1}^{\min(k,n)} a_i x_{(i:n)}\right)$$

式中 $x_{(i:n)}$ 是 $x_1, \cdots, x_n$ 中第 i 大的值,g 是一个指定的函数,满足 $g(0) = 0$。

要通过仿真估计 $\theta = E[g_N(X_1, X_2, \cdots, X_N)]$,我们需要选取一个使 $P\{N > m\}$ 很小的值 m,并假设能够模拟在 N 大于 m 的条件下的值。通过对互斥且穷尽的可能性进行条件化($N = 0$,或者 $N = 1, 2, \cdots, m$,或者 $N > m$),我们可以得到如下的条件化结果:

$$\theta = \sum_{n=0}^m E[g_n(X_1, X_2, \cdots, X_N) | N = n] p_n + E[g_N(X_1, X_2, \cdots, X_N) | N > n] P\{N > m\}$$

$$= \sum_{n=0}^m E[g_n(X_1, X_2, \cdots, X_N) | N = n] p_n + E[g_N(X_1, X_2, \cdots, X_N) | N > n] P\{N > m\}$$

$$= \sum_{n=0}^m E[g_n(X_1, X_2, \cdots, X_N)] p_n + E[g_N(X_1, X_2, \cdots, X_N) | N > n] [N > m] \left[1 - \sum_{n=0}^m p_n\right]$$

最后的等式利用了 N 和 $X_1, X_2, \cdots, X_N$ 的独立性。

要通过仿真估计 $E[g_N(X_1, X_2, \cdots, X_N)]$,首先要生成 N 的值,条件是 N 的值超过 m,假设生成的值为 m',然后生成 m' 个独立随机变量 $X_1, X_2, \cdots, X_{m'}$,其分布函数为 F,完成一次仿真,该估计量为

$$\varepsilon = \sum_{n=1}^m g_n(X_1, X_2, \cdots, X_n) p_n + g_{m'}(X_1, X_2, \cdots, X_{m'}) \left[1 - \sum_{n=0}^m p_n\right]$$

注释:(1)如果计算函数 g_n 的值相对容易,那么建议以相反的顺序使用 $X_1, X_2, \cdots, X_{m'}$ 来

获得第二个估计量，然后对两个估计量进行平均。也就是说，使用估计量：

$$\varepsilon^* = \frac{1}{2}\left(\varepsilon + \sum_{n=1}^{m} g_n(X_{m'},\cdots,X_{m'-n+1})p_n + g_{m'}(X_{m'},\cdots,X_1)\left[1-\sum_{n=0}^{m}p_n\right]\right)$$

（2）如果很难生成超过 m 的 N 值，则通常尝试将 $E[g_N(X_1,X_2,\cdots,X_N)|N>m]P\{N>m\}$ 进行有界处理，然后确定一个适当大的 m 值，使这个界限可以忽略不计。例如，如果函数 g_n 是指标函数，即 0 或 1 函数，则 $E[g_N(X_1,X_2,\cdots,X_N)|N>m]P\{N>m\} \leqslant P\{N>m\}$。忽略项 $E[g_N(X_1,X_2,\cdots,X_N)|N>m]P\{N>m\}$ 的仿真结果通常会足够准确。

（3）如果 $E[N|N>m]$ 可以计算，那么它可以用作控制变量。

9.5.4 事后分层的使用

事后分层是一种强大但未充分利用的方差缩减技术。例如，假设要估计 $E[X]$，并考虑使用 Y 作为控制变量。然而，如果已知 Y 的概率分布不仅仅是它的均值，那么最好对 Y 进行事后分层。此外，如果使用比例采样对 Y 进行分层，也就是说，以 $Y=i$ 为条件对 n 次运行中的 $nP(Y=i)$ 进行分层，而不是试图估计每个层的最佳运行次数，那么进行事后分层通常与无条件地生成数据分层一样好。

作为上述内容示例，假设我们想要估计 $\theta = E[h(X_1,X_2,\cdots,X_k)]$，其中 h 是 $\mathbf{X}=(X_1,X_2,\cdots,X_k)$ 的一个单调递增函数。如果 $\sum_{i=1}^{k}X_i$ 的分布已知，那么就可以对其进行有效的事后分层。考虑以下几种情况，这时可以使用事后分层。

（1）假设 $(X_1,X_2,\cdots,X_k)$ 服从多元正态分布。因此，$S=\sum_{i=1}^{k}X_i$ 也将服从正态分布，设其均值为 μ、方差为 σ^2。将 S 的可能值分成 m 组，如选择 $-\infty = a_1 < a_2 < \cdots < a_m < a_{m+1}$ 且令 $J=i$，如果 $a_i < S < a_{i+1}$，则：

$$\theta = \sum_{i=1}^{m} E[h(\mathbf{X})|J=i]P(J=i)$$

如果 n 次运行中的第 n_i 次 $J=i$，那么 $\bar{h}_i$ 等于这 n_i 次运行中 $h(\mathbf{X})$ 值的平均值，θ 的事后分层估计记作 $\hat{\theta}$，为

$$\hat{\theta} = \sum_{i=1}^{m}\bar{h}_i P(J=i)$$

式中 $P(J=i) = \phi\left(\dfrac{a_{i+1}-\mu}{\sigma}\right) - \phi\left(\dfrac{a_i-\mu}{\sigma}\right)$，$\phi$ 是标准正态分布函数。

（2）如果 $X_1,X_2,\cdots,X_k$ 为独立的泊松随机变量，且它们的均值分别为 $\lambda_1,\lambda_2,\cdots,\lambda_k$，那么 $S=\sum_{i=1}^{k}X_i$ 就是均值为 $\lambda = \sum_{i=1}^{k}\lambda_i$ 的泊松变量。因此，我们可以选择 m 并写出：

$$\theta = \sum_{i=0}^{m}E[h(\mathbf{X})|S=i]\mathrm{e}^{-\lambda}\lambda^i/i! + E[h(\mathbf{X})|S>m]P(S>m)$$

然后可以使用无条件生成的数据来估计 $E[h(\mathbf{X})|S=i]$ 和 $E[h(\mathbf{X})|S>m]$。

（3）假设 $X_1,X_2,\cdots,X_k$ 为独立的伯努利随机变量，参数分别为 $p_1,p_2,\cdots,p_k$。则 $S=\sum_{i=1}^{k}X_i$ 的

分布可以用下面的递归思想计算。当 $1 \leq r \leq k$ 时，令：
$$P_r(j) = P(S_r = j)$$

式中 $S = \sum_{i=1}^{k} X_i$，现在，$q_i = 1 - p_i$，有：
$$P_r(r) = \prod_{i=1}^{r} p_i, \quad P_r(0) = \prod_{i=1}^{r} q_i$$

当 $0 < j < r$ 时，以 X_r 为条件，得到递归式：
$$P_r(j) = P(S_r = j | X_r = 1) p_r + P(S_r = j | X_r = 0) q_r$$
$$= P_{r-1}(j-1) p_r + P_{r-1}(j) q_r$$

从 $P_1(1) = p_1$，$P_1(0) = q_1$ 开始，可以递归求解得到函数 $P_k(j)$。在这个初始计算之后，可以做一个无条件仿真，然后通过下面的式子来估计 θ：
$$\hat{\theta} = \sum_{j=0}^{k} \overline{h}_j P_k(j)$$

式中 $\overline{h}_j$ 是 h 在所有仿真中的平均值，结果为 $\sum_{i=1}^{k} X_i = j$。

9.6 重要性采样

令 $X = (X_1, X_2, \cdots, X_n)$ 表示具有联合密度函数（或离散情况下的联合质量函数）$f(x) = f(x_1, x_2, \cdots, x_n)$ 的随机变量向量，假设要估计：
$$\theta = E[h(X)] = \int h(x) f(x) dx$$

式中前面是对 x 所有可能值的 n 维积分（如果 X_i 是离散的，则将积分解释为 n 次求和）。直接仿真随机向量 X 以计算 $h(X)$ 很低效，可能是因为：很难仿真具有密度函数 $f(x)$ 的随机向量；$h(X)$ 的方差很大；上述两者的结合。

可以通过仿真来估计 θ 的另一种方法是，如果 $g(x)$ 是另一个概率密度函数，只要 $g(x) = 0$ 时 $f(x) = 0$，那么可以将 θ 表示为：
$$\theta = \int \frac{h(x) f(x)}{g(x)} g(x) dx$$
$$= E_g \left[\frac{h(X) f(X)}{g(X)} \right] \tag{9.12}$$

式中用 E_g 来强调随机向量 X 具有联合密度函数 $g(x)$。

由式（9.12）可知，可以通过连续生成具有密度函数 $g(x)$ 的随机向量 X，然后使用 $h(X) f(X) / g(X)$ 的平均值作为估计量来估计 θ。如果选择密度函数 $g(x)$，使随机变量 $h(X) f(X) / g(X)$ 具有较小的方差，那么这种被称为重要性采样的方法就可以得到有效的 θ 估计量。

现在解释一下重要性采样为什么有用。首先，注意，$f(X)$ 和 $g(X)$ 分别表示当 X 是随机向量时获得向量 X 的可能性。因此，如果 X 按照 g 分布，那么 $f(X)$ 通常相对于 $g(X)$ 较小。因此，当 X 按照 g 仿真时，$f(X)/g(X)$ 通常会小于 1。然而，很容易检验其均值为 1：
$$E_g \left[\frac{f(X)}{g(X)} \right] = \int \frac{f(x)}{g(x)} g(x) dx = \int f(x) dx = 1$$

因此，可以看到尽管 $f(X)/g(X)$ 通常小于 1，但其均值等于 1，这意味着它偶尔会很大，因此往往会有很大的方差。$h(X)f(X)/g(X)$ 为什么方差会很小呢？实际上有时可以选择一个密度 g，使得 $f(x)/g(x)$ 较大的 x 恰好是 $h(x)$ 极小的值，因此 $h(X)f(X)/g(X)$ 的比值总是很小。由于这将要求 $h(x)$ 有时很小，因此重要性采样在估计小概率时效果最好，因为在这种情况下，当 x 位于某个集合中时，函数 $h(x)$ 等于 1，否则等于 0。

现在将考虑如何选择合适的密度函数 g。因为倾斜密度函数非常有用。令 $M(t) = E_f[e^{tX}] = \int e^{tx} f(x) dx$ 为对应一维密度函数 f 的矩生成函数。

定义：密度函数：

$$f_t(x) = \frac{e^{tx} f(x)}{M(t)}$$

叫作 $f(-\infty < t < \infty)$ 的倾斜密度。

当 $t > 0$ 时，密度为 f_t 的随机变量往往比密度为 f 的随机变量大，而当 $t < 0$ 时，密度为 f_t 的随机变量往往比密度为 f 的随机变量小。

在某些情况下，倾斜密度 f_t 与 f 具有相同的参数形式。

例 9v：如果 f 是速率为 λ 的指数密度函数，则：

$$f_t(x) = C e^{tx} \lambda e^{-\lambda x} = C e^{-(\lambda - t)x}$$

式中 $C = 1/M(t)$ 不依赖于 x。因此，$t < \lambda$ 时，f_t 是一个速率为 $\lambda - t$ 的指数密度函数。

如果 f 是参数为 p 的伯努利概率质量函数，则：

$$f(x) = p^x (1-p)^{1-x}, x = 0,1$$

因此，$M(t) = E_f[e^{tX}] = pe^t + 1 - p$，所以：

$$f_t[x] = \frac{1}{M(t)} (pe^t)^x (1-p)^{1-x}$$

$$= \left(\frac{pe^t}{pe^t + 1 - p}\right)^x \left(\frac{1-p}{pe^t + 1 - p}\right)^{1-x}$$

即 f_t 是参数 $p_t = (pe^t)/(pe^t + 1 - p)$ 的伯努利随机变量的概率质量函数。

如果 f 是一个参数为 μ 和 σ^2 的正态密度函数，那么 f_t 就是一个均值为 $\mu + \sigma^2 t$、方差为 σ^2 的正态密度函数，将此留作习题来证明。

在某些情况下，需要计算的是独立随机变量 $X_1, X_2, \cdots, X_n$ 的和，在这种情况下，联合密度函数 f 是一维密度函数的乘积。也就是说：

$$f(x_1, x_2, \cdots, x_n) = f_1(x_1) f_2(x_2) \cdots f_n(x_n)$$

式中 f_i 是 X_i 的密度函数。在这种情况下，通常需要根据它们的倾斜密度生成 X_i，并且常常使用相同的 t 值。

例 9w：令 $X_1, X_2, \cdots, X_n$ 为具有各自概率密度（或质量）函数 f_i 的独立随机变量，其中 $i = 1, 2, \cdots, n$。假设需要计算逼近它们的总和至少与 a 一样大的概率，其中 a 远大于总和的平均值。也就是说需要计算：

$$\theta = P\{S \geq a\}$$

式中 $S = \sum_{i=1}^{n} X_i$，且 $a > \sum_{i=1}^{n} E[X_i]$。如果 $S \geq a$，则令 $I\{S \geq a\}$ 等于 1，否则就等于 0。则有：

$$\theta = E_f[I\{S \geq a\}]$$

式中 $\boldsymbol{f} = (f_1, f_2, \cdots, f_n)$。现在假设根据倾斜质量函数 $f_{i,t}(i=1,2,\cdots,n)$ 仿真 X_i，其中 t（$t>0$）的值有待确定。那么 θ 的重要性采样估计量为：

$$\hat{\theta} = I\{S \geq a\} \prod \frac{f_i(X_i)}{f_{i,t}(X_i)}$$

现有：

$$\frac{f_i(X_i)}{f_{i,t}(X_i)} = M_i(t)\mathrm{e}^{-tX_i}$$

因此：

$$\hat{\theta} = I\{S \geq a\} M(t)\mathrm{e}^{-tS}$$

式中 $M(t) = \prod M_i(t)$ 为 S 的矩生成函数，由于 $t>0$ 且当 $S<a$ 时 $I\{S \geq a\}$ 等于 0，则有：

$$I\{S \geq a\}\mathrm{e}^{-tS} \leq \mathrm{e}^{-ta}$$

因此：

$$\hat{\theta} \leq M(t)\mathrm{e}^{-ta}$$

为了使估计量的界尽可能小，选择 t（$t>0$）使 $M(t)\mathrm{e}^{-ta}$ 最小。这样，将得到一个估计量，它在每次迭代中的值在 0 到 $\min_t M(t)\mathrm{e}^{-ta}$ 之间。可以证明，最小的 t（记作 t^*）使得：

$$E_{t^*}[S] = E_{t^*}\left[\sum_{i=1}^n X_i\right] = a$$

式中的期望值在假设 X_i 的分布是 $f_{i,t}(i=1,2,\cdots,n)$ 的情况下求得的。

例如，假设 $X_1, X_2, \cdots, X_n$ 是独立的伯努利随机变量，具有各自的参数 $p_i(i=1,2,\cdots,n)$。那么，如果根据它们的倾斜质量函数 $p_{i,t}(i=1,2,\cdots,n)$ 生成 X_i，则 $\theta = P\{S \geq \alpha\}$ 的重要性采样估计量为：

$$\hat{\theta} = I\{S \geq a\}\mathrm{e}^{-tS}\prod_{i=1}^n (p_i\mathrm{e}^t + 1 - p_i)$$

由于 $p_{i,t}$ 是参数为 $(p_i\mathrm{e}^t)/(p_i\mathrm{e}^t + 1 - p_i)$ 的伯努利随机变量的质量函数，因此：

$$E_t\left[\sum_{i=1}^n X_i\right] = \sum_{i=1}^n \frac{p_i\mathrm{e}^t}{p_i\mathrm{e}^t + 1 - p_i}$$

可以用数值近似地计算出使前式等于 a 的 t 值，并在仿真中使用该 t 值。

举例来说，假设 $n=20, p_i=0.4, a=16$。那么：

$$E_t[S] = 20 \times \frac{0.4\mathrm{e}^t}{0.4\mathrm{e}^t + 0.6}$$

令该式等于 16，经过一些代数运算，得到：

$$\mathrm{e}^{t^*} = 6$$

因此，如果使用参数 $(0.4\mathrm{e}^{t^*})/(0.4\mathrm{e}^{t^*} + 0.6) = 0.8$ 生成伯努利，则由于：

$$M(t^*) = (0.4\mathrm{e}^{t^*} + 0.6)^{20} \text{ 且 } \mathrm{e}^{-t^*S} = (1/6)^S$$

可知，重要性采样估计量为：

$$\hat{\theta} = I\{S \geq 16\}(1/6)^S 3^{20}$$

由前文可知：

$$\hat{\theta} \leq (1/6)^{16} 3^{20} = 81/2^{16} = 0.001236$$

也就是说，在每次迭代中，估计量的值在 0 到 0.001236 之间。在本例中，θ 是参数为 (20,0.4) 的二项随机变量至少为 16 的概率，因此可以明确计算得出 $\theta=0.000317$。因此，原始仿真估计量 I 在每次迭代时，如果参数为 0.4 的伯努利和小于 16，其估计量 I 取值为 0，否则取值为 1，该估计量的方差为：

$$\text{Var}(I) = \theta(1-\theta) = 3.169 \times 10^{-4}$$

另一方面，从 $0 \leq \theta \leq 0.001236$ 的事实得出（见习题 35b）：

$$\text{Var}(\hat{\theta}) \leq 2.9131 \times 10^{-7}$$

例 9x：考虑一个单服务台排队系统，其中顾客之间的到达时间服从密度函数 f，而服务时间服从密度函数 g。令 D_n 表示第 n 个到达顾客在队列中等待的时间，并假设我们想在 a 远大于 $E[D_n]$ 时估计 $\alpha = P\{D_n \geq a\}$。与其按照密度函数 f 和 g 分别生成连续的到达时间和服务时间，不如按照密度函数 f_{-t} 和 g_t 来生成它们，其中 t 为待确定的正数。注意，使用这些分布代替 f 和 g 将导致更短的到达时间（因为 $-t<0$）和更长的服务时间。因此，与使用 f 和 g 进行仿真相比，$D_n > a$ 的可能性更大。因此，α 的重要性采样估计量将为：

$$\hat{\alpha} = I\{D_n > a\} e^{t(S_n - Y_n)} [M_f(-t) M_g(t)]^n$$

式中 S_n 为前 n 个顾客的到达时间的和，Y_n 为前 n 歌顾个顾客的服务时间的和，M_f 和 M_g 分别为密度函数 f 和 g 的矩生成函数。使用的 t 值应该通过试验选择多种不同的值来确定。

例 9y：令 $X_1, X_2, \cdots$ 是一系列独立且同分布的正态随机变量，其均值为 μ、方差为 1，其中 $\mu<0$。质量控制理论中的一个重要问题（特别是累积和图表的分析）是确定这些值的部分和在低于 $-A$ 之前超过 B 的概率。也就是说，令：

$$S_n = \sum_{i=1}^{n} X_i$$

并定义：

$$N = \min\{n : S_n < -A, \text{或} S_n > B\}$$

式中 A 和 B 是固定的正数。现在需要估计：

$$\theta = P\{S_N > B\}$$

估计 θ 的一种有效方法是仿真 X_i，将其视为均值为 $-\mu$ 和方差 1 的正态分布，当它们的总和超过 B 或低于 $-A$ 时停止（由于 $-\mu$ 为正，所以停止的总和大于 B 的次数比用原来的负均值仿真的次数要多）。如果 $X_1, X_2, \cdots, X_N$ 表示仿真变量（每个变量都是均值为 $-\mu$ 且方差为 1 的正态变量），且：

$$I = \begin{cases} 1, & \text{若} \sum_{i=1}^{N} X_i > B \\ 0, & \text{其他} \end{cases}$$

则从该仿真得到的 θ 的估计量为：

$$I \prod_{i=1}^{N} \left[\frac{f_\mu(X_i)}{f_{-\mu}(X_i)} \right] \tag{9.13}$$

式中 f_μ 是具有均值 c 和方差 1 的正态密度函数。由于：

$$\frac{f_\mu(x)}{f_{-\mu}(x)} = \frac{\exp\left\{-\frac{(x-\mu)^2}{2}\right\}}{\exp\left\{-\frac{(x+\mu)^2}{2}\right\}} = e^{2\mu x}$$

因此，由式（9.13）可知，基于该仿真的 θ 的估计量为：

$$I\exp\left\{2\mu\sum_{i=1}^{N}X_i\right\} = I\exp\{2\mu S_N\}$$

当 I 等于 1 时，S_N 超过 B，并且由于 $\mu<0$，此时的估计量小于 $e^{2\mu B}$。也就是说，在这种情况下，不是从每次运行中获得值 0 或 1（如果进行直接仿真会发生这种情况），而是获得值 0 或者小于 $e^{2\mu B}$ 的值，这有力地表明了为什么这种重要性采样方法会导致方差降低。例如，如果 $\mu=-0.1$ 且 $B=5$，则每次运行的估计值介于 0 和 $e^{-1}=0.3679$ 之间。此外，上述内容在理论上很重要，因为它表明：

$$P\{在 -A 之前 > B\} \leqslant e^{2\mu B}$$

由于以上结果对所有正的 A 都成立，可以得到一个有趣的结果：

$$P\{始终 > B\} \leqslant e^{2\mu B}$$

例 9z： 令 $X=(X_1,X_2,\cdots,X_{100})$ 是 $(1,2,\cdots,100)$ 的一个随机排列。也就是说，X 等概率地是这 100! 种排列中的任意一种。假设我们通过仿真来估计：

$$\theta = P\left\{\sum_{j=1}^{100}jX_j > 290000\right\}$$

为了获得 θ 的大小，可以先计算 $\sum_{j=1}^{100}jX_j$ 的均值和标准偏差。事实上，证明这一点并不困难：

$$E\left[\sum_{j=1}^{100}jX_j\right] = 100\times(101)^2/4 = 255025$$

$$\mathrm{SD}\left(\sum_{j=1}^{100}jX_j\right) = \sqrt{(99)\times(100)^2\times(101)^2/144} = 8374.478$$

因此，如果假设 $\sum_{j=1}^{100}jX_j$ 大致服从正态分布，那么，令 Z 表示标准正态随机变量，有：

$$\theta \approx P\left\{Z > \frac{290000-255025}{8374.478}\right\}$$
$$= P\{Z > 4.1764\}$$
$$= 0.00001481$$

因此，θ 显然是一个很小的概率，因此值得考虑使用重要性采样估计量。

为了利用重要性采样，我们希望生成排列 X，使得 $\sum_{j=1}^{100}jX_j > 290000$ 的概率要大得多。事实上，我们应该尽量使概率达到 0.5 左右。当 $X_j=j(j=1,2,\cdots,100)$ 时，$\sum_{j=1}^{100}jX_j$ 将达到其最大值。实际上，当 j 较大时，X_j 趋向较大，而当 j 较小时，X_j 趋向较小。为了一个更可能满足

这种条件的排列 X，我们可以采取以下方法：生成 100 个独立的指数分布随机变量 Y_j，其中 $j = 1, 2, \cdots, 100$，它们的速率分别为 $\lambda_j (j = 1, 2, \cdots, 100)$，其中 λ_j 是一个递增的序列，稍后会指定它的具体值。现在，对于 $j = 1, 2, \cdots, 100$，让 X_j 成为这些生成值中第 j 个最大值的索引，即

$$Y_{X_1} > Y_{X_2} > \cdots > Y_{X_{100}}$$

由于对于较大的 j，Y_j 将倾向于较小的 Y 值，因此 X_j 将趋向于较大，从而 $\sum_{j=1}^{100} j X_j$ 会比如果 X 是一个均匀分布的排列组合时更大。

现在计算 $E\left[\sum_{j=1}^{100} j X_j\right]$。为此，令 $R(j)$ 表示 $Y_j (j = 1, 2, \cdots, 100)$ 的排名，其中排名 1 表示最大，排名 2 表示第二大，以此类推，直到排名 100，表示最小。注意到，因为 X_j 是 Y 的第 j 个最大值的索引，因此 $R(X_j) = j$。因此：

$$\sum_{j=1}^{100} j X_j = \sum_{j=1}^{100} R(X_j) X_j = \sum_{j=1}^{100} j R(j)$$

式中，由于 $X_1, X_2, \cdots, X_{100}$ 是 $1, 2, \cdots, 100$ 的一个排列，因此最终的等式成立：

$$E\left[\sum_{j=1}^{100} j X_j\right] = \sum_{j=1}^{100} j E[R(j)]$$

为了计算 $E[R(j)]$，如果 $Y_j < Y_i$，则设 $I(i, j) = 1$，否则为 0，并注意到：

$$R_j = 1 + \sum_{i: i \neq j} I(i, j)$$

也就是说，上式表明 Y_j 的排名是 1 加上所有大于它的 Y_i 的数量。因此，求期望值并使用以下式子：

$$P\{Y_j < Y_i\} = \frac{\lambda_j}{\lambda_i + \lambda_j}$$

得到：

$$E[R_j] = 1 + \sum_{i: i \neq j} \frac{\lambda_j}{\lambda_i + \lambda_j}$$

因此：

$$E\left[\sum_{j=1}^{100} j X_j\right] = \sum_{j=1}^{100} j \left(1 + \sum_{i: i \neq j} \frac{\lambda_j}{\lambda_i + \lambda_j}\right)$$

如果令 $\lambda_j = j^{0.7} (j = 1, 2, \cdots, 100)$，则计算结果表明 $E\left[\sum_{j=1}^{100} j X_j\right] = 290293.6$。因此，当使用这些参数生成 X 时，似乎有：

$$P\left\{\sum_{j=1}^{100} j X_j > 290000\right\} \approx 0.5$$

因此，要得到仿真估计量，建议应首先生成均值为 $j^{0.7}$ 的独立指数分布随机变量 Y_j，然

后令 X_j 为第 j 个最大指数，$j=1,2,\cdots,100$。如果 $\sum_{j=1}^{100} jX_j > 290000$，则令 $I=1$，否则为 0。现在，如果 $Y_{X_{100}}$ 是最小的 Y，$Y_{X_{99}}$ 是第二小的 Y，那么结果将是排列 X，以此类推。当 X 同样有可能是任何一种排列组合时，这种结果的概率是 $1/(100)!$，而当通过仿真生成时，其概率为：

$$\frac{(X_{100})^{0.7}}{\sum_{j=0}^{100}(X_j)^{0.7}} \frac{(X_{99})^{0.7}}{\sum_{j=1}^{99}(X_j)^{0.7}} \cdots \frac{(X_2)^{0.7}}{\sum_{j=1}^{2}(X_j)^{0.7}} \frac{(X_1)^{0.7}}{(X_1)^{0.7}}$$

因此，单次仿真的重要性采样估计量为：

$$\hat{\theta} = \frac{I}{(100)!} \frac{\prod_{j=1}^{100}\left(\sum_{n=1}^{n}(X_j)^{0.7}\right)}{\left(\prod_{n=1}^{100} n\right)^{0.7}} = \frac{I\prod_{n=1}^{100}\left(\sum_{j=1}^{n}(X_j)^{0.7}\right)}{\left(\prod_{n=1}^{100} n\right)^{1.7}}$$

在仿真开始之前，应该计算常数 $C = 1.7\sum_{n=1}^{100}\log(n)$ 和 $a(j) = -j^{-0.7}$（$j=1,2,\cdots,100$）。然后可以进行一次仿真：

（1）对于 $j=1,2,\cdots,100$，生成一个随机数 U。

（2）计算 $Y_j = a(j)\log U$。

（3）设 $X_j(j=1,2,\cdots,100)$，使得 Y_{X_j} 为第 j 大的 Y。

（4）如果 $\sum_{j=1}^{n} jX_j \le 290000$，则设 $\hat{\theta}=0$ 并停止仿真。

（5）初始化 $S=0, P=0$。

（6）对于 $n=1,2,\cdots,100$，执行以下操作。

- $S = S + (X_n)^{0.7}$
- $P = P + \log(S)$

（7）计算 $\hat{\theta} = e^{P-C}$。

通过 50000 次仿真，得到估计值 $\hat{\theta} = 3.77\times 10^{-6}$，其样本方差为 1.89×10^{-8}。由于原始仿真估计量的方差为 $\mathrm{Var}(I) = \theta(1-\theta) \approx 3.77\times 10^{-6}$，如果 $\sum_{j=1}^{100} jX_j > 290000$，则方差等于 1，否则方差等于 0，可知：

$$\frac{\mathrm{Var}(I)}{\mathrm{Var}(\hat{\theta})} \approx 199.47$$

在对罕见事件进行条件估计时，重要性采样在估计条件期望值方面也很有用。也就是说，假设 X 是一个具有密度函数 f 的随机向量，并且需要估计：

$$\theta = E[h(X)|X \in A]$$

式中 $h(X)$ 是任意实值函数，并且式中 $P\{X \in A\}$ 是一个未知的小概率。由于已知 X 位于 A 中的条件密度函数为：

$$f(x|X \in A) = \frac{f(x)}{P\{X \in A\}}, \quad x \in A$$

则有：

$$\theta = \frac{\int_{x \in A} h(x) f(x) \mathrm{d}x}{P(X \in A)}$$

$$= \frac{E[h(X)I(X \in A)]}{E[I(X \in A)]}$$

$$= \frac{E[N]}{E[D]}$$

式中 $E[N]$ 和 $E[D]$ 被定义为前面所述的分子和分母，而 $I(X \in A)$ 被定义为当 $X \in A$ 时为 1，否则为 0。因此，我们可以选择根据其他密度函数 g 来仿真 X，而不是根据密度函数 f 来仿真 X（将使其不太可能处于 A 中），将使该事件更有可能发生。如果根据 g 模拟 k 个随机向量 $X^1, X^2, \cdots, X^k$，则可以通过 $\frac{1}{k}\sum_{i=1}^{k} N_i$ 来估计 $E[N]$，通过 $\frac{1}{k}\sum_{i=1}^{k} D_i$ 来估计 $E[D]$，其中：

$$N_i = \frac{h(X^i) I(X^i \in A) f(X^i)}{g(X^i)}$$

且：

$$D_i = \frac{I(X^i \in A) f(X^i)}{g(X^i)}$$

因此，得到以下 θ 的估计量：

$$\hat{\theta} = \frac{\sum_{i=1}^{k} h(X^i) I(X^i \in A) f(X^i)/g(X^i)}{\sum_{i=1}^{k} I(X^i \in A) f(X^i)/g(X^i)} \qquad (9.14)$$

该估计量的均方误差可以通过自举方法估算出来（参见示例 9e）。

例 9z1：假设 X_i 是独立的指数随机变量，其速率为 $1/(i+2), i = 1, 2, 3, 4$。令 $S = \sum_{i=1}^{4} X_i$，假设我们想要估计 $\theta = E[S|S > 62]$。为此，我们可以使用具有倾斜分布的重要性采样。也就是说，可以选择一个值 t，然后以速率 $1/(i+2) - t$ 生成 X_i。如果选择 $t = 0.14$，则 $E_t[S] = 68.43$。因此，生成 k 组速率为 $1/(i+2) - 0.14$ 的指数随机变量 X_i，其中 $i = 1, 2, 3, 4$，并让 S_j 成为第 j 组的总和。然后我们可以估计：

$$\frac{C}{k} \sum_{j=1}^{k} S_j I(S_j > 62) \mathrm{e}^{-0.14 S_j} \to E[SI(S > 62)]$$

$$\frac{C}{k} \sum_{j=1}^{k} I(S_j > 62) \mathrm{e}^{-0.14 S_j} \to E[I(S > 62)]$$

式中，$C = \prod_{i=1}^{4} \frac{1}{1 - 0.14(i+2)} = 81.635$。因此，$\theta$ 的估计量为：

$$\hat{\theta} = \frac{\sum_{j=1}^{k} S_j I(S_j > 62) \mathrm{e}^{-0.14 S_j}}{\sum_{j=1}^{k} I(S_j > 62) \mathrm{e}^{-0.14 S_j}}$$

重要性采样法的另外一个用处是，它能在单个仿真中估计两个（或多个）不同的量。例如，假设：

$$\theta_1 = E[h(\boldsymbol{Y})], \quad \theta_2 = E[h(\boldsymbol{W})]$$

式中 $\boldsymbol{Y}$ 和 $\boldsymbol{W}$ 分别是具有联合密度函数 f 和 g 的随机向量。如果我们现在仿真 $\boldsymbol{W}$，我们可以同时使用 $h(\boldsymbol{W})$ 和 $h(\boldsymbol{W})f(\boldsymbol{W})/g(\boldsymbol{W})$ 分别作为 θ_2 和 θ_1 的估计量。例如，假设我们仿真一个均值为 2 的指数分布的排队系统中前 r 个顾客在系统中的总时间 T。如果现在考虑相同的系统，但其服务服从参数 $(2,1)$ 的伽马分布，那么就没有必要重复进行仿真，可以使用估计量：

$$T\frac{\prod_{i=1}^{r}S_i\exp\{-S_i\}}{\prod_{i=1}^{r}\left(\frac{1}{2}\exp\{-S_i/2\}\right)} = 2^r T \exp\left\{-\sum_{i=1}^{r}\frac{S_i}{2}\right\}\prod_{i=1}^{r}S_i$$

式中 S_i 是顾客 i 的（指数分布）服务时间（上述式子成立，因为指数分布服务时间密度函数为 $g(s) = \frac{1}{2}\mathrm{e}^{-s/2}$，而参数为 $(2,1)$ 的伽马分布的密度函数为 $f(s) = s\mathrm{e}^{-s}$）。

重要性采样也可用于估计密度函数 f 已知但分布函数难以估计的随机变量 X 的尾部概率。假设我们要估计 $P_f\{X > a\}$，其中下标 f 表示 X 具有密度函数 f，而 a 是一个指定的值。令：

$$I(X > a) = \begin{cases} 1, & \text{若} X > a \\ 0, & \text{若} X \leq a \end{cases}$$

可推导以下式子：

$$P_f\{X > a\} = E_f[I(X > a)] = E_g\left[I(X > a)\frac{f[X]}{g[X]}\right] \text{（根据重要性采样的公式）}$$

$$= E_g\left[I(X > a)\frac{f[X]}{g[X]}\Big|X > a\right]P_g\{X > a\} + E_g\left[I(X > a)\frac{f[X]}{g[X]}\Big|X \leq a\right]P_g\{X \leq a\}$$

$$= E_g\left\{\frac{f[X]}{g[X]}\Big|X > a\right\}P_g\{X > a\}$$

如果令 g 表示的指数密度函数为：

$$g(x) = \lambda\mathrm{e}^{-\lambda x}, \quad x > 0$$

前面的例子表明，$a > 0$ 时：

$$P_f\{X > a\} = \frac{\mathrm{e}^{-\lambda a}}{\lambda}E_g[\mathrm{e}^{\lambda X}f(X)|X > a]$$

因为以超过 a 为条件的指数随机变量的条件分布与 a 加上指数的分布相同，前面已知：

$$P_f\{X > a\} = \frac{\mathrm{e}^{-\lambda a}}{\lambda}E_g[\mathrm{e}^{\lambda(X+a)}f(X+a)]$$

$$= \frac{1}{\lambda}E_g[\mathrm{e}^{\lambda X}f(X+a)]$$

因此，可以通过生成参数为 λ 的独立指数随机变量 $X_1, X_2, \cdots, X_k$ 来估计尾部概率 $P_f\{X > a\}$，然后使用下式作为估计量：

$$\frac{1}{\lambda}\frac{1}{k}\sum_{i=1}^{k}\mathrm{e}^{\lambda X_i}f(X_i+a)$$

作为前面的例子，假设 f 是标准正态随机变量 Z 的密度函数，并且 $a > 0$。由于 X 是参数为 $\lambda = a$ 的指数随机变量，由前面的公式得出：

$$P\{Z>a\} = \frac{1}{a\sqrt{2\pi}} E[e^{aX-(X+a)^2/2}]$$

$$= \frac{e^{-a^2/2}}{a\sqrt{2\pi}} E[e^{-X^2/2}]$$

因此，可以通过生成参数为 a 的指数随机变量 X，使用以下方法来估计 $P\{Z>a\}$，即使用下式：

$$\text{EST} = \frac{e^{-a^2/2}}{a\sqrt{2\pi}} e^{-X^2/2}$$

作为估计量。要计算此估计量的方差，应注意：

$$\begin{aligned}E[e^{-X^2/2}] &= \int_0^\infty e^{-x^2/2} a e^{-ax} dx \\ &= a \int_0^\infty \exp\{-(x^2+2ax)/2\} dx \\ &= a e^{a^2/2} \int_0^\infty \exp\{-(x+a)^2/2\} dx \\ &= a e^{a^2/2} \int_0^\infty \exp\{-y^2/2\} dy \\ &= a e^{a^2/2} \sqrt{2\pi}\, \overline{\phi}(a)\end{aligned}$$

同理，可以证明：

$$E[e^{-X^2}] = a e^{a^2/4} \sqrt{\pi}\, \overline{\phi}(a/\sqrt{2})$$

结合前面的内容，得到 Var(EST)。例如，当 $a=3$ 时：

$$E[e^{-X^2/2}] = 3e^{4.5} \sqrt{2\pi}\, \overline{\phi}(3) \approx 0.9138$$

且：

$$E[e^{-X^2}] = 3e^{2.25} \sqrt{\pi}\, \overline{\phi}(2.1213) \approx 0.8551$$

已知：

$$\text{Var}(e^{-X^2/2}) \approx 0.8551 - (0.9138)^2 = 0.0201$$

由于 $\dfrac{e^{-4.5}}{3\sqrt{2\pi}} \approx 0.001477$，当 $a=3$ 时，得到：

$$\text{Var}(\text{EST}) = (0.001477)^2 \times \text{Var}(e^{-X^2/2}) \approx 4.38 \times 10^{-8}$$

作为比较，如果生成的标准正态分布变量超过 3，则原始仿真估计量的方差等于 1，否则等于 0，即 $P\{Z>3\}(1-P\{Z>3\}) \approx 0.00134$。事实上，EST 的方差非常小，因此在 95% 的置信度下，单一指数的估计量与正确答案的误差在 ±0.0004 范围内。

例 9z2：重要性采样和条件期望有时可以通过使用以下恒等式来结合：

$$E_f[X] = E_f[E_f[X|Y]] = E_g\left[E_f[X|Y]\frac{f(X)}{g(X)}\right]$$

例如，假设我们要估计 $P(X_1+X_2>10) = E[I\{X_1+X_2>10\}]$，式中 X_1 和 X_2 是均值为 1 的独立指数分布随机变量。如果通过重要性采样法来估计前面的估计量，选择 g 为均值为 5 的两个独立指数分布随机变量的联合密度，则根据 g 生成 X_1, X_2，并且估计量为：

$$I\{X_1+X_2>10\}\frac{e^{-(X_1+X_2)}}{\frac{1}{25}e^{-(X_1+X_2)/5}} = 25 I\{X_1+X_2>10\} e^{-\frac{4}{5}(X_1+X_2)} \leqslant 25 e^{-8}$$

另一方面，我们可以首先以 X_1 为条件，得到：

$$P(X_1 + X_2 > 10 | X_1) = \begin{cases} 1, & 若 X_1 > 10 \\ e^{-(10-X_1)}, & 若 X_1 \leq 10 \end{cases}$$

即 $P(X_1 + X_2 > 10 | X_1) = e^{-(10-X_1)^+}$。因此，如果现在通过重要性采样法估计 $E[e^{-(10-X_1)^+}]$，从均值为 10 的指数分布中对 X_1 进行采样，则 $P(X_1 + X_2 > 10)$ 的估计量为：

$$e^{-(10-X_1)^+} \frac{e^{-X_1}}{\frac{1}{10} e^{-X_1/10}} = 10 e^{-(10-X_1)^+} e^{-0.9 X_1} \leq 10 e^{-9}$$

式中不等式从以下得到：

$$X_1 \leq 10 \Rightarrow e^{-(10-X_1)^+} e^{-0.9 X_1} = e^{-\left(10 - \frac{X_1}{10}\right)} \leq e^{-9}$$

且：

$$X_1 > 10 \Rightarrow e^{-(10-X_1)^+} e^{-0.9 X_1} = e^{-0.9 X_1} \leq e^{-9}$$

9.7 常见随机数的使用

假设 n 项任务中的每一项都要由一对相同机器中的任何一个机器来处理。令 T_i 表示任务 $i(i=1,2,\cdots,n)$ 的处理时间。现在我们要比较在两种不同的策略下完成所有任务的处理所需的时间，以决定处理任务的顺序。每当一台机器空闲时，第一个策略（称为最长任务优先）总是选择处理时间最长的剩余任务，而第二个策略（也称为最短任务优先）始终选择处理时间最短的任务。例如，如果 $n=3$，且 $T_1 = 2, T_2 = 5, T_3 = 3$，那么最长任务优先要到第 5 个时间完成任务的处理，而最短任务优先要到第 7 个时间才能完成。我们现在想要通过仿真来比较在这两种策略下，处理任务完成时间的预期差异，其中 $T_1, T_2, \cdots, T_n$ 是具有已知分布 F 的随机变量。

换言之，如果 $g(t_1, t_2, \cdots, t_n)$ 是当使用最长任务优先策略时处理 $t_1, t_2, \cdots, t_n$ 的 n 项任务所花费的时间，$h(t_1, t_2, \cdots, t_n)$ 是使用最短任务优先策略时所花费的时间，通过仿真来估计：

$$\theta = \theta_1 - \theta_2$$

式中：

$$\theta_1 = E[g(\boldsymbol{T})], \quad \theta_2 = E[h(\boldsymbol{T})], \quad \boldsymbol{T} = (T_1, T_2, \cdots, T_n)$$

如果现在生成向量 $\boldsymbol{T}$ 来计算 $g(\boldsymbol{T})$，那么问题来了，是否应该使用这些相同的生成值来计算 $h(\boldsymbol{T})$，还是生成一个独立集合来估计 θ_2 更有效呢？为了回答这个问题，假设使用与 $\boldsymbol{T}$ 具有相同分布的 $\boldsymbol{T}^* = (T_1^*, T_2^*, \cdots, T_n^*)$ 来估计 θ_2。则 θ 的估计量 $g(\boldsymbol{T}) - h(\boldsymbol{T}^*)$ 的方差为：

$$\begin{aligned} \text{Var}(g(\boldsymbol{T}) - h(\boldsymbol{T}^*)) &= \text{Var}(g(\boldsymbol{T})) + \text{Var}(h(\boldsymbol{T}^*)) - 2\text{Cov}(g(\boldsymbol{T}), h(\boldsymbol{T}^*)) \\ &= \text{Var}(g(\boldsymbol{T})) + \text{Var}(h(\boldsymbol{T})) - 2\text{Cov}(g(\boldsymbol{T}), h(\boldsymbol{T}^*)) \end{aligned} \quad (9.15)$$

因此，如果 $g(\boldsymbol{T})$ 和 $h(\boldsymbol{T})$ 呈正相关，也就是说，如果它们的协方差为正，那么使用相同的所生成的随机值集 $\boldsymbol{T}$ 来计算 $g(\boldsymbol{T})$ 和 $h(\boldsymbol{T})$，比使用独立集 $\boldsymbol{T}^*$ 来计算 $h(\boldsymbol{T}^*)$，θ 的估计量的方差会更小[后一种情况下，式（9.15）中的协方差为 0]。

由于 g 和 h 都是关于其参数的递增函数，因此，由于独立随机变量的递增函数是正相关的（证明请参阅本章的附录），在上述情况下，对两个策略始终使用同一组生成的任务时间集合来进行连续比较会更有效。

在随机确定的环境中比较不同运行策略时，一般经验法则是，在仿真之后，应该评估该环境的所有策略。也就是说，如果环境由向量 T 来决定，$g_i(T)$ 是环境状态 T 下第 i 项策略的返回值，那么在仿真随机向量 T 之后，就应该针对该 T 估计所有的返回值 $g_i(T)$。

9.8 奇异期权的评估

设时间 0 为当前时间，令 $P(y)$ 表示时间 y 的股票价格。一个常见的假设是，股票的价格随时间变化遵循几何布朗运动过程。这意味着，对于任何到时间 y 的价格历史，时间 $t+y$ 时的价格与时间 y 时的价格之比服从对数正态分布，其均值参数为 μt，方差参数为 $t\sigma^2$。也就是说，独立于时间 y 之前的价格历史，随机变量：

$$\log\left(\frac{P(t+y)}{P(y)}\right)$$

服从均值为 μt、方差为 $t\sigma^2$ 的正态分布。这里的参数 μ 和 σ 分别称为几何布朗运动的偏移和波动。

一个到期时间为 t 且行使价为 K 的欧洲看涨期权赋予其持有者在时间 t 时以固定价格 K 购买股票的权利，而不是义务。假设 $P(t)>K$ 时，期权将被行使。如果我们能够以 K 价格购买市场价格为 $P(t)$ 的股票，在这种情况下，可以说我们的收益是 $P(t)-K$。因此，一般来说，在时间 t 时获得的期权为：

$$(P(t)-K)^+$$

式中：

$$x^+ = \begin{cases} x, & \text{若 } x > 0 \\ 0, & \text{若 } x \leq 0 \end{cases}$$

设初始价格 $P(0)=v$，令 $C(K,t,v)$ 表示 K,t 欧式看涨期权的预期收益。假设有如下条件：

$$W = \log(P(t)/v)$$

其中 W 是一个正态随机变量，均值为 $t\mu$，方差为 σ^2。因此，我们有：

$$C(K,t,v) = E[(P(t)-K)^+] = E[(ve^W - K)^+]$$

求解上述表达式得到期权的预期收益 $C(K,t,v)$ 并不困难。

上述期权又被称为标准（或虚值）看涨期权。近年来，人们对非标准（或特殊）期权产生了兴趣。其中一种非标准期权是障碍期权，这种期权只有在价格触及某个障碍时才会生效，或者在触及障碍时失效。接下来，我们将讨论一种名为"上行启始期权"的障碍期权类型，它不仅由价格 K 和时间 t 指定，也由额外的价格 b 和额外的时间 s 指定，其中 $s<t$。这个期权的条件是，只有当股价在时间 s 超过 b 时，其持有人才有权在时间 t 时以 K 的价格购买股票。换句话说，如果 $P(s)>b$，那么 K,t 期权在时间 s 时变成有效期权；如果 $P(s)\leq b$，则变成无效期权。接下来，我们将介绍如何有效地通过仿真求出这种期权的预期收益。

假设 $P(0)=v$，并定义随机变量 X 和 Y 为：

$$X = \log\left(\frac{P(s)}{v}\right), \quad Y = \log\left(\frac{P(t)}{P(s)}\right)$$

根据几何布朗运动的属性可知，X 和 Y 是独立的正态随机变量，其中 X 的均值为 $s\mu$、方差为 $s\sigma^2$，而 Y 的均值为 $(t-s)\mu$、方差为 $(t-s)\sigma^2$。因此，有：

$$P(s) = ve^X$$
$$P(t) = ve^{X+Y}$$

期权的收益可以表示为：
$$\text{收益} = I(ve^X > b)(ve^{X+Y} - K)^+$$

式中：
$$I(ve^X > b) = \begin{cases} 1, & \text{若} ve^X > b \\ 0, & \text{若} ve^X \leq b \end{cases}$$

因此，期权的收益可以通过生成一对正态随机变量来进行仿真。原始的仿真估计方法首先生成 X。如果 X 小于 $\log(b/v)$，则该仿真以收益为 0 结束；如果 X 大于 $\log(b/v)$，则 Y 也会生成，并且得出的收益为 $(ve^{X+Y} - K)^+$。

然而，可以结合分层采样和条件期望的方差缩减技术来大大提高仿真的效率。为此，令 R 表示期权的收益，并写成：
$$E[R] = E[R|ve^X > b]P\{ve^X > b\} + E[R|ve^X \leq b]P\{ve^X \leq b\}$$
$$= E[R|X > \log(b/v)]P\{X > \log(b/v)\}$$
$$= E[R|X > \log(b/v)]\bar{\phi}\left(\frac{\log(b/v) - s\mu}{\sigma\sqrt{s}}\right)$$

式中 $\bar{\phi} = 1 - \phi$ 为标准正态尾部分布函数。因此，要得到 $E[R]$，只要在已知 $X > \log(b/v)$ 的情况下确定其条件期望就足够了。这可以通过首先在 X 超过 $\log(b/v)$ 的事件这一条件下生成 X 来实现。假设生成的值是 x（下面证明如何生成一个以超过某个值为条件的正态分布函数），与其生成 Y 的值来确定仿真的收益，不如把 X 值的条件预期收益率作为估计值。这个条件期望值是可以计算出来的，因为当 $X > \log(b/v)$ 时，期权在时间 s 时是有效期权，因此当证券的初始价格是 ve^X 时，期权的期望收益和标准期权相同，并且期权在额外时间 $t-s$ 后到期。也就是说，在以超过 $\log(b/v)$ 为条件仿真 X 后，使用以下估计量来估计障碍期权的预期收益：

$$\text{估计量} = C(K, t-s, ve^X)\bar{\phi}\left(\frac{\log(b/v) - s\mu}{\sigma\sqrt{s}}\right) \tag{9.16}$$

k 次仿真后，设 X_i 为第 i 次仿真生成的条件正态分布的值，那么估计量为
$$\bar{\phi}\left(\frac{\log(b/v) - s\mu}{\sigma\sqrt{s}}\right)\frac{1}{k}\sum_{i=1}^{k}C(K, t-s, ve^{X_i})$$

接下来，我们将证明如何在它超过 $\log(b/v)$ 的条件下生成 X。因为 X 可以表示为：
$$X = s\mu + \sigma\sqrt{s}Z \tag{9.17}$$

其中 Z 是一个标准正态随机变量，这等价于生成 Z 的条件是：
$$Z > c = \frac{\log(b/v) - s\mu}{\sigma\sqrt{s}} \tag{9.18}$$

因此，我们需要生成一个服从标准正态分布的随机变量，条件是它超过 c。

当 $c \leq 0$ 时，我们可以直接生成标准正态分布随机变量，直到得到一个大于 c 的值。当 $c > 0$ 时，一个有效的方法是使用剔除技术，其中 g 是 $c + Y$ 的密度函数，Y 是一个指数随机变量，其参数 λ 将在下文中确定。$c + Y$ 的密度函数为：
$$g(x) = \lambda e^{-\lambda x}e^{\lambda c} = \lambda e^{-\lambda(x-c)}, \quad x > c$$

而标准正态分布条件大于 c 的密度函数为：
$$f(x) = \frac{1}{\sqrt{2\pi}\bar{\phi}(c)}e^{-x^2/2}, \quad x > c$$

因此：
$$\frac{f(x)}{g(x)} = \frac{e^{-\lambda c} e^{\lambda x - x^2/2}}{\lambda \bar{\phi}(c)\sqrt{2\pi}}$$

因为当 $x = \lambda$ 时，$e^{\lambda x - x^2/2}$ 最大，因此得到：
$$\max_x \frac{f(x)}{g(x)} \le C(\lambda) = \frac{e^{\lambda^2/2 - \lambda c}}{\lambda \bar{\phi}(c)\sqrt{2\pi}}$$

微积分的计算结果表明，当 $\lambda = \frac{c + \sqrt{c^2 + 4}}{2}$ 时，$C(\lambda)$ 达到最小值。因此，取这个值作为 λ 的值。因为：
$$\frac{f(x)}{C(\lambda)g(x)} = e^{\lambda x - x^2/2 - \lambda^2/2} = e^{-(x-\lambda)^2/2}$$

我们可以得出如下的方法生成一个标准正态分布随机变量，它的条件是超过正值 c。

（1）设 $\lambda = \frac{c + \sqrt{c^2 + 4}}{2}$。

（2）生成一个均匀分布随机变量 U_1，并计算 $Y = -\frac{1}{\lambda}\log(U_1)$，然后设 $V = c + Y$。

（3）生成另一个均匀分布随机变量 U_2。

（4）如果 $U_2 \le e^{-(V-\lambda)^2/2}$，则停止；否则回到步骤（2）。

得到的 V 值服从标准正态分布，条件是超过 $c > 0$。

注释：（1）前面用于生成条件大于 c 的标准正态分布随机变量的方法非常有效，特别是当 c 很大时。例如，若 $c = 3$，则 $\lambda \approx 3.3$，且 $C(\lambda) \approx 1.04$。

（2）步骤（4）中的不等式可以写成：
$$-\log(U_2) \ge (V - \lambda)^2/2$$

由于 $-\log(U_2)$ 是参数为 1 的指数函数，而指数函数超过某一数值时，超过的数值也是参数为 1 的指数函数。由此可见，前面的方法不仅得到一个以超过 c 为条件的标准正态分布，而且还得到一个参数为 1 的独立指数分布随机变量，可用它来生成下一个以 c 为条件的标准正态分布。

（3）由于 $C(K, t, v)$ 是标准期权的预期收益，而它是股票初始价格为 v 的递增函数，因此由式（9.16）给出的估计量是 X 的递增函数。同理，使用式（9.17）的表示形式，估计量是 Z 的递增函数。这表明可以将 Z 作为控制变量使用。由于 Z 是以不等式（9.18）为条件生成的，所以它的均值为：
$$E[Z|Z > c] = \frac{1}{\sqrt{2\pi}\,\bar{\phi}(c)} \int_c^\infty x e^{-x^2/2} dx$$
$$= \frac{e^{-c^2/2}}{\sqrt{2\pi}\,\bar{\phi}(c)}$$

（4）障碍期权的预期收益可以表示为一个包含正态密度函数乘积的二维积分。这个二维积分可以用具有二元正态分布的随机变量的联合概率分布来评估。然而，对于比 $(P(t) - K)^+$ 更一般的收益函数，如形式为 $[(P(t) - K)^+]^\alpha$ 的功率收益，这样的表达式是不可用的，因此可能需要一种高效的仿真程序来估计预期收益。

9.9 附录：单调函数期望值估计时对偶变量法的验证

当函数 h 在其每个坐标上都是单调的时候，那么与生成一组新的独立随机数相比，使用对偶变量将导致方差减少，下面的定理是证明这一点的关键。

定理： 如果 $X_1, X_2, \cdots, X_n$ 是独立的，那么对于任何 n 个变量的任意递增函数 f 和 g，都有：

$$E[f(\boldsymbol{X})g(\boldsymbol{X})] \geq E[f(\boldsymbol{X})]E[g(\boldsymbol{X})] \tag{9.19}$$

其中， $\boldsymbol{X} = (X_1, X_2, \cdots, X_n)$。

证明： 用归纳法对 n 进行证明，当 $n=1$ 时，令 f 和 g 为单变量的递增函数。那么对于任意的 x 和 y，有：

$$[f(x) - f(y)][g(x) - f(y)] \geq 0$$

由于如果 $x \geq y (x \leq y)$，那么两个因子都为非负（或者非正）。因此，对于任意的随机变量 X 和 Y，有：

$$[f(X) - f(Y)][g(X) - f(Y)] \geq 0$$

这意味着：

$$E[[f(X) - f(Y)][g(X) - f(Y)]] \geq 0$$

同理：

$$E[f(X)g(X)] + E[f(Y)g(Y)] \geq E[f(X)g(Y)] + E[f(Y)g(X)]$$

现在假设 X 和 Y 是独立且同分布的，那么，在这种情况下：

$$E[f(X)g(X)] = E[f(Y)g(Y)]$$
$$E[f(X)g(Y)] = E[f(Y)g(X)] = E[f(X)]E[g(X)]$$

我们得到了 $n=1$ 时的结果。

接下来，假设式（9.19）适用于 $n-1$ 个变量，现在假设 $X_1, X_2, \cdots, X_n$ 是独立的，且 f 和 g 是递增函数。那么：

$$E[f(\boldsymbol{X})g(\boldsymbol{X})|X_n = x_n]$$
$$= E[f(X_1, X_2, \cdots, X_{n-1}, x_n)g(X_1, X_2, \cdots, X_{n-1}, x_n)|X_n = x]$$
$$= E[f(X_1, X_2, \cdots, X_{n-1}, x_n)g(X_1, X_2, \cdots, X_{n-1}, x_n)]$$

根据独立性，得：

$$E[f(\boldsymbol{X})g(\boldsymbol{X})|X_n = x_n] \geq E[f(X_1, X_2, \cdots, X_{n-1}, x_n)]E[g(X_1, X_2, \cdots, X_{n-1}, x_n)]$$

根据归纳假设，有：

$$E[f(X_1, X_2, \cdots, X_{n-1}, x_n)]E[g(X_1, X_2, \cdots, X_{n-1}, x_n)] = E[f(\boldsymbol{X})|X_n = x_n]E[g(\boldsymbol{X})|X_n = x_n]$$

因此：

$$E[f(\boldsymbol{X})g(\boldsymbol{X})|X_n] \geq E[f(\boldsymbol{X})|X_n]E[g(\boldsymbol{X})|X_n]$$

两边取期望值，得：

$$E[f(\boldsymbol{X})g(\boldsymbol{X})] \geq E[E[f(\boldsymbol{X})|X_n]E[g(\boldsymbol{X})|X_n]]$$
$$\geq E[f(\boldsymbol{X})]E[g(\boldsymbol{X})]$$

最后一个不等式成立是因为 $E[f(\boldsymbol{X})|X_n]$ 和 $E[g(\boldsymbol{X})|X_n]$ 都是 X_n 的递增函数，因此，根据 $n=1$ 的结果：

$$E[E[f(\boldsymbol{X})|X_n]E[g(\boldsymbol{X})|X_n]] \geq E[E[f(\boldsymbol{X})|X_n]]E[E[g(\boldsymbol{X})|X_n]]$$
$$= E[f(\boldsymbol{X})]E[g(\boldsymbol{X})]$$

推论：如果 $h(x_1, x_2, \cdots, x_n)$ 是其每个变量的单调函数，那么，对于独立的随机数集 $U_1, U_2, \cdots, U_n$，有：
$$\text{Cov}[h(U_1, U_2, \cdots, U_n), h(1-U_1, 1-U_2, \cdots, 1-U_n)] \leq 0$$

证明：通过重新定义 h，我们可以在不一般性的情况下，假设 h 在前 r 个变量上是递增的，而在后 $n-r$ 个变量上是递减的。因此，令：
$$f(x_1, x_2, \cdots, x_n) = h(x_1, x_2, \cdots, x_r, 1-x_{r+1}, \cdots, 1-x_n)$$
$$g(x_1, x_2, \cdots, x_n) = -h(1-x_1, 1-x_2, \cdots, 1-x_r, x_{r+1}, \cdots, x_n)$$

由此可见，f 和 g 都是递增函数。因此，根据前面的定理，有：
$$\text{Cov}[f(U_1, \cdots, U_n), g(U_1, \cdots, U_n)] \geq 0$$

同理：
$$\text{Cov}[h(U_1, U_2, \cdots, U_r, 1-U_{r+1}, \cdots, 1-U_n), h(1-U_1, \cdots, 1-U_r, U_{r+1}, \cdots, U_n)] \leq 0$$

这是由于随机向量（$h(U_1, U_2, \cdots, U_n), h(1-U_1, 1-U_2, \cdots, 1-U_n)$）与下式随机向量具有相同的联合分布：
$$(h(U_1, U_2, \cdots, U_r, 1-U_{r+1}, \cdots, 1-U_n), h(1-U_1, 1-U_2, \cdots, 1-U_r, U_{r+1}, \cdots, U_n))$$

习题

1. 假设我们想要估计 θ，其中：
$$\theta = \int_0^1 e^{x^2} dx$$
证明：通过生成一个随机数 U 并使用估计量 $e^{U^2}(1+e^{1-2U})/2$ 比生成两个随机数 U_1 和 U_2 并使用估计量 $[\exp(U_1^2) + \exp(U_2^2)]/2$ 更好。

2. 说明如何使用对偶变量来获得以下量的仿真估计：
$$\theta = \int_0^1 \int_0^1 e^{(x+y)^2} dy dx$$
在这种情况下，使用对偶变量显然比生成一对新的随机数更有效吗？

3. 令 $X_i (i=1, \cdots, 5)$ 为均值为 1 的独立指数分布随机变量，由以下公式定义的 θ：
$$\theta = P\left\{\sum_{i=1}^5 i X_i \geq 21.6\right\}$$

a．说明如何通过仿真来估计 θ。

b．求出对偶变量估计量。

c．在这种情况下，使用对偶变量是否有效？

4. 证明，如果 X 和 Y 具有相同分布，则 $\text{Var}[(X+Y)/2] \leq \text{Var}(X)$，并得出结论：使用对偶变量永远不会增加方差（尽管它不需要像生成一组独立随机数那样有效）。

5. 如果 Z 是一个标准正态随机变量，请设计一个使用对偶变量的研究来估计 $\theta = E[Z^3 e^Z]$。使用上述方法，进行仿真，以获得一个长度不大于 0.1 的区间，以 95%的置信度确保该区间包含 θ 的值。

6. 假设 X 是均值为 1 的指数型随机变量，请给出另一个与 X 负相关且均值也为 1 的指数型随机变量。

7. 验证式（9.1）。

8. 验证式（9.2）。

9. 令 $U_n(n \geq 1)$ 是一系列独立的均匀分布在 $(0,1)$ 区间内的随机变量序列。定义：
$$S = \min(n : U_1 + U_2 + \cdots + U_n > 1)$$
可以证明，例 9e 中 S 与 N 具有相同的分布，因此 $E(S) = e$。另外，令
$$T = \min(n : 1 - U_1 + 1 - U_2 + \cdots + 1 - U_n > 1)$$
则可以证明 $S + T$ 与例 9e 中的 $N + M$ 具有相同的分布。这表明可以使用 $(S + T + N + M)/4$ 来估计 e。请参考上述思路，使用仿真来估计 $\mathrm{Var}(S + T + N + M)/4$。

10. 在某些情况下，对均值已知的随机变量 X 进行仿真，以获得 $P\{X \leq a\}$ 的估计值，其中 a 是一个给定的常数。单次仿真的原始仿真估计量为 I，其中：
$$I = \begin{cases} 1, & \text{若 } X \leq a \\ 0, & \text{若 } X > a \end{cases}$$

由于 I 和 X 显然是负相关的，因此减小方差的一种方法是将 X 作为控制变量，并使用 $I + c(X - E(X))$ 的估计量，回答以下问题。

　　a. 如果 X 在区间 $(0,1)$ 内是均匀分布的，请确定与原始估计量 I 相比（使用最佳 c）可能减少的方差百分比。

　　b. 如果 X 是均值为 1 的指数型随机变量，请确定与原始估计量 I 相比（使用最佳 c）可能减少的方差百分比。

　　c. 说明为什么 I 和 X 是负相关的。

11. 证明 $\mathrm{Var}(\alpha X + (1-\alpha)W)$ 在 α 等于式（9.3）中给出的值时最小，并确定由此得出的方差。

12. a. 说明如何使用控制变量来估计习题 1 中的 θ；
　　b. 使用 a 中的已知控制变量，进行 100 次仿真，首先估计 c^*，然后估计估计量的方差；
　　c. 使用与 b 中相同的数据，求出对偶变量估计量的方差；
　　d. 在这个例子中，在两种类型的方差缩减技术中，哪一种效果更好？

13. 用习题 2 作为初始条件，重复做习题 12 得到 θ。

14. 用习题 3 作为初始条件，重复做习题 12 得到 θ。

15. 证明：在估计 $\theta = E[(1-U^2)^{1/2}]$ 时，最好使用 U^2 而不是 U 作为控制变量。为此，请通过仿真来近似必要的协方差。

16. 令 $U_i(i \geq 1)$ 为独立且在 $(0,1)$ 区间内均匀分布的随机变量，并令：
$$N = \min(n : U_n > 0.8)$$

　　a. N 的分布是什么？

　　b. 利用 Wald 方程求出 $E\left[\sum_{i=1}^{N} U_i\right]$。

　　c. 当 $i < n$ 时，$E[U_i | N = n]$ 是多少？

　　　• $E[U_n | N = n]$ 是多少？

　　　• 通过对 N 条件化来验证 Wald 方程的结果，即用下式，式中 $S = \sum_{i=1}^{N} U_i$：
$$E[S] = \sum_{n=1}^{\infty} E[S | N = n] P(N = n)$$

17. 令 X 和 Y 是独立的，分别具有分布函数 F 和 G，并且它们的期望值分别为 μ_x 和 μ_y。

对于给定的值 t，估计 $\theta = P\{X+Y \leq t\}$。

a. 给出估计 θ 的原始仿真方法。

b. 使用"条件作用"来获得改进的估计量。

c. 给出一个控制变量，该变量可用于进一步改进 b 中的估计量。

18. 假设 Y 是均值为 1、方差为 1 的正态随机变量，并假设在 $Y = y$ 的条件下，X 是均值为 y、方差为 4 的正态随机变量。通过仿真来有效地估计 $\theta = P\{X > 1\}$。

a. 解释原始仿真估计量。

b. 证明如何使用条件期望来获得改进的估计量。

c. 证明如何通过使用对偶变量来进一步改进 b 的估计量。

d. 证明如何通过使用控制变量来进一步改进 b 的估计量。

● 写一个仿真程序，用它来求出以下方差（提示：回顾一下，独立正态随机变量的和也为正态）。

e. 原始仿真估计量。

f. 条件期望估计量。

g. 使用条件期望和对偶变量的估计量。

h. 使用条件期望和控制变量的估计量。

i. θ 的确切值是多少？

19. 下周将向分公司提交的伤亡保险索赔数量取决于一个环境因素 U。如果该因素的值为 $U = u$，则索赔数量将服从一个平均值为 $\dfrac{15}{0.5+u}$ 的泊松分布。假设 U 在区间 $(0,1)$ 内均匀分布，令 p 表示下周至少会有 20 宗索赔的概率。

a. 说明如何获得 p 的原始仿真估计量。

b. 开发一个使用条件期望和控制变量的高效仿真估计量。

c. 开发一个使用条件期望和对偶变量的高效仿真估计量。

d. 编写程序求得 a、b、c 中估计量的方差。

20. （命中遗漏法）令 g 是区间 $[0,1]$ 上的有界函数。假设每当 $0 \leq x \leq 1$ 时 $0 \leq g(x) \leq b$，假设通过仿真来近似 $\theta = \int_0^1 g(x)\mathrm{d}x$。实现这一目标的命中遗漏法是生成一对独立随机数 U_1 和 U_2。现在设 $X = U_1$，$Y = bU_2$，使随机点 (X,Y) 均匀分布在长为 1、高为 b 的矩形内。现在设：

$$I = \begin{cases} 1 & \text{若 } Y < g(x) \\ 0 & \text{否则} \end{cases}$$

即如果随机点 (X,Y) 落在图 9.4 的阴影区域内，则 I 等于 1。

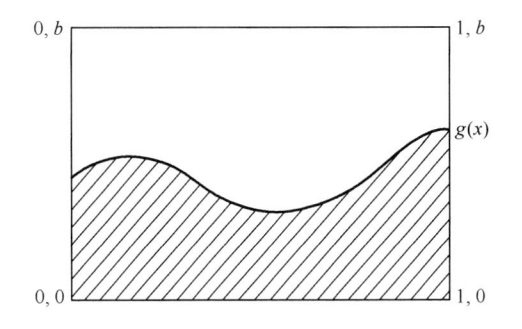

图 9.4　命中遗漏法

a. 证明 $E[I] = \left[\int_0^1 g(x)\mathrm{d}x\right]/b$。

b. 证明 $\mathrm{Var}(bI) \geq \mathrm{Var}(g(U))$，命中遗漏法中的估计量比简单计算随机数的 g 要大。

21. 在例 9p 中，考虑形如 $\sum_{i=1}^n \lambda_i \varepsilon_i$ 的估计量，其中 $\sum_{i=1}^n \lambda_i = 1$，且 ε_i 如例中所示。证明当 $\lambda_i = 1/n(i=1,2,\cdots,n)$ 时，$\mathrm{Var}\left(\sum_{i=1}^n \lambda_i \varepsilon_i\right)$ 最小。

提示：求 $E\left[\sum_{i=1}^n \lambda_i \varepsilon_i \middle| C\right]$，其中 $C = \{X_1, X_2, \cdots, X_n\}$（也就是说，$C$ 指定了 n 个值，但没有指明哪个值属于哪个 X_i）。

22. 证明具有密度函数 $f(x) = \dfrac{n-1}{(1+x)^n}, 0 < x < \infty$ 且 $n > 1$ 的随机变量 X 具有长尾分布（证明对于任意 $t > 1$，$P\{X > t+x | X > x\} \to 1, x \to \infty$）。

23. 假设顾客按照速率为 λ 的泊松过程到达单服务台排队站。到达后如果服务台空闲，他们要么进入服务，要么加入队列。在服务完成后，如果队列中有顾客，则队列中的第一个顾客进入服务。所有服务时间都是具有分布函数 G 的独立随机变量，假设服务台被安排在时间 T（如果此时系统空闲）或在时间 T 之后系统变为空的第一时刻休息。令 X 表示服务台超过时间 T 后继续休息的时间量，要通过仿真来估计 $E[X]$。请解释如何利用条件期望来获得 $E[X]$ 的有效估计量。

提示：考虑在时间 T 时就当前正在服务中的顾客的剩余服务时间和排队等待的人数进行仿真（这个问题需要一些 M/G/1 繁忙周期理论的知识）。

24. 考虑一个单服务台队列，其中顾客按照速率为每分钟 2 个的泊松过程到达，服务时间以平均 1 分钟为指数分布。令 T_i 表示顾客 i 在系统中花费的时间。我们感兴趣的是通过仿真来估计 $\theta = [T_1 + T_2 + \cdots + T_{10}]$。

a. 进行仿真，估算原始仿真估计量的方差，即估计 $\mathrm{Var}(T_1 + T_2 + \cdots + T_{10})$。

b. 进行仿真，以确定与使用对偶变量相比原始估计量的改进效果。

c. 进行仿真，以确定通过使用 $\sum_{i=1}^{10} S_i$ 作为控制变量获得对原始估计量的改进，其中 S_i 是第 i 个服务时间。

d. 进行仿真，以确定通过使用 $\sum_{i=1}^{10} S_i - \sum_{i=1}^{9} I_i$ 作为控制变量获得对原始估计量的改进，其中 I_i 是第 i 个和第 $(i+1)$ 个到达之间的时间。

e. 进行仿真，以确定使用 $\sum_{i=1}^{10} E[T_i | N_i]$ 获得对原始估算量的改进，其中 N_i 是顾客 i 到达时系统中的数字（因此 $N_1 = 0$）。

25. 重复第 5 章的习题 10，这次使用例 9m 中的方差缩减技术。估计新估计量的方差以及不使用方差缩减技术的估计量的方差。

26. 在例 9s 中，计算 $i = 0, 1, 2$ 时的 $E[X|i]$。

27. 估计例 9s 中描述的扑克模型中预期奖励的原始仿真估计量的方差。然后使用该例中建议的方差缩减技术来估计方差。你对预期奖励的估计量是多少？（如果小于 1，那么表明该

游戏对玩家是不公平的）

28．在某个游戏中，参赛者可以在任何时候退出游戏，并获得与当时分数相等的最终奖励。不退出的参赛者继续比赛，如果游戏失败，那么参赛者的奖励变为 0 并必须离开；如果游戏获胜，参赛者的分数增加一个正数，其分布函数为 F。每一局比赛获胜的概率为 p。新参赛者的策略是继续比赛，直到他的分数超过指定值 c，此时他将退出游戏。令 R 为他最终奖励。

a．如果想通过顺序生成随机变量 $I_i, X_i (i=1,2,\cdots)$ 来通过仿真估计 $E[R]$，其中 $P(I_i=1)=p=1-P(I_i=0)$，并且 X_i 具有分布 F，那么运行何时结束？单次仿真的估计量是多少？

b．证明如何通过求出第二个估计量来改进 a 中的估计量，每次运行只生成 $X_1, X_2, \cdots, X_N$，其中 $N=\min(n: X_1+X_2+\cdots+X_n>c)$。

29．淘汰赛中有 n 个参赛者，编号从 1 到 n，比赛开始时随机选择两名参赛者进行比赛，输家退出比赛，赢家将与随机选择的剩余参赛者进行另一场比赛。这种情况持续到 $n-1$ 局，赢得最后一局的玩家被宣布为淘汰赛的获胜者。当玩家 i 和 j 相互对抗时，假设 i 以 $P_{i,j}$ 的概率获胜，其中 $P_{i,j}(i \neq j)$ 是指定的概率，使得 $P_{i,j}+P_{j,i}=1$。令 W_i 表示 i 在比赛中获胜的概率。现已开发出了一个仿真研究来估计概率 $W_1, W_2, \cdots, W_n$。每次仿真以生成 $1,2,\cdots,n$ 的一个随机排列开始。如果随机排列是 $I_1, I_2, \cdots, I_n$，那么参赛者 I_1 和 I_2 进行第一场比赛，如果生成的随机数小于 P_{I_1,I_2}，则赢家为 I_1，否则为 I_2。第一场比赛的赢家将继续与 I_3 进行比赛，这场比赛的赢家由另一个随机数的值决定，以此类推。如果 J 是仿真运行中的赢家，那么对于所有 $i \neq J$，该运行对 W_i 的估计为 0，对于 $i=J$，则为 1。

a．解释如何使用条件期望来改进 W_i 的估计量。提示：在确定 i 是比赛获胜者的条件概率时，需要对排列组合和其他任何信息进行限制。

b．说明如何通过事后分层与随机排列相关联，以进一步改进 W_i 的估计量。

30．我们证明了在 Y 上进行分层总是能至少带来与使用 Y 作为控制变量相同的方差减少。这是否意味着，在基于 n 次运行的仿真中，通过对 I 进行分层来估计 $E[h(U)]$ 而不是使用 U 作为控制变量总是更好，其中如果 $\frac{i-1}{n}<U<\frac{i}{n}$ 则 $I=i$？

31．对于 9.5.3 节中的复合随机向量估计量 ε，证明
$$\mathrm{Var}(\varepsilon) \leq \mathrm{Var}(g_N(X_1, X_2, \cdots, X_N))$$
提示：证明 ε 是一个条件期望估计量。

32．假设我们想要通过仿真来求 $\theta=E[h(Z_1, Z_2, \cdots, Z_n)]$，其中 $Z_1, Z_2, \cdots, Z_n$ 是独立的标准正态分布随机变量，且 h 是每个坐标的递增函数。令 $W=\sum_{i=1}^n a_i Z_i$，其中所有 a_i 都为非负。使用以下引理，解释如何使用分层采样对 W 进行分层来近似 θ。假设用逆变换法来模拟 W。

引理：如果标准正态分布随机变量 Z 独立于均值为 μ、方差为 σ^2 的正态分布随机变量 X，则 $Z+X=t$ 时，Z 的条件分布是均值为 $\frac{t-\mu}{1+\sigma^2}$、方差为 $\frac{\sigma^2}{1+\sigma^2}$ 的正态分布。

33．当 $h(x_1, x_2, \cdots, x_n)$ 是某些变量的递增函数，同时是其他一些变量的递减函数时，如何使用前面问题的方法。

34. 令 $X_1, X_2, \cdots, X_k$ 为独立的伯努利随机变量，参数为 $p_1, p_2, \cdots, p_n$。证明如何使用 9.5.4 节中已知的递归公式在 $\sum_{i=1}^{k} X_i = r$ 条件下生成 $X_1, X_2, \cdots, X_k$。

35. 如果 X 使得 $P\{0 \leq X \leq a\} = 1$，证明：

a. $E[X^2] \leq aE[X]$。

b. $\text{Var}(X) \leq E[X](a - E[X])$。

c. $\text{Var}(X) \leq a^2/4$。

提示：回顾一下 $\max_{0 \leq p \leq 1} p(1-p) = \dfrac{1}{4}$。

36. 假设有一个"黑盒"，它可以根据命令生成一个参数为 $\dfrac{3}{2}$ 和 1 的伽马随机变量。说明如何使用这个黑盒来近似 $E[\mathrm{e}^X/(X+1)^2]$，其中 X 是一个均值为 1 的指数分布随机变量。

37. 假设我们通过模拟标准正态分布随机变量 Z 来估计 $P(Z > 5)$，令 $X = 5 + Z$，然后使用重要性采样估计量 $I\{X > 5\} \dfrac{\mathrm{e}^{-X^2/2}}{\mathrm{e}^{-(X-5)^2/2}}$，其中 Z 是标准正态分布随机变量。

a. 求出该估计量方差的解析界。

b. 进行仿真，估算方差。

38. 在例 9z1 中，X_i 是速率为 $1/(i+2), i = 1,2,3,4$ 的独立指数分布随机变量。设 $S_j = \sum_{i=1}^{j} X_i$，该例子旨在估计：

$$E[S_4 | S_4 > 62] = \dfrac{E[S_4 I\{S_4 > 62\}]}{E[I\{S_4 > 62\}]}$$

a. 求 $E[S_4 I\{S_4 > 62\} | S_3 = x]$。

b. 求 $E[I\{S_4 > 62\} | S_3 = x]$。

c. 说明如何使用上述结果来估计 $E[S_4 S_4 > 62]$。

d. 使用上述结果，证明 $E[S_4 S_4 > 62] > 68$。

39. 考虑两种不同的产品制造方法。这两种方法的收益取决于参数 α 的值，令 $v_i(\alpha)$ 表示方法 i 的利润函数。假设方法 1 对于较小的 α 值表现最佳，即 $v_1(\alpha)$ 是 α 的递减函数，而方法 2 对于较大的 α 值表现最佳，即 $v_2(\alpha)$ 是 α 的递增函数。如果 α 的日值是来自分布 F 的随机变量，那么在比较这两种方法的平均收益时，是应该生成单个 α 值并计算该 α 的收益，还是应该生成 α_1 和 α_2 然后计算 $v_i(\alpha_i), i = 1,2$？

40. 考虑一个包含 n 个名字的列表，其中 n 非常大，并假设一个名字可能在列表中出现多次。令 $N(i)$ 表示位于位置 i 的名字在列表中出现的次数，$i = 1,2,\cdots,n$，并令 θ 表示列表中不同名字的数量。我们希望通过仿真来估计 θ。

a. 论证 $\theta = \sum_{i=1}^{n} \dfrac{1}{N(i)}$。

令 X 为 $1,2,\cdots,n$。确定 X 位置上的名字，然后从头开始遍历列表，到达该名字时停止。如果该名字第一次出现在位置 X 处，则令 $Y = 1$，否则令 $Y = 0$（也就是说，如果名字首次出现在位置 X，则 $Y = 1$）。

b. 论证 $E[Y|N(X)] = \dfrac{1}{N(X)}$。

c. 论证 $E[nY] = \theta$。

d. 现在，如果位置 X 是该位置名字在列表中最后一次出现的位置，则令 $W = 1$，否则令 $W = 0$（也就是说，如果列表从后往前遍历，名字首先到达位置 X，则 $W = 1$）。证明 $(W + Y)/2$ 是 θ 的无偏估计量。

e. 证明如果列表中的每个名字至少出现两次，那么 d 中的估计量是 θ 的更好估计量，而不是 $(nY_1 + nY_2)/2$，其中 Y_1 和 Y_2 独立且以 Y 的方式分布。

f. 证明 $n/(N(X))$ 的方差小于 e 中的估计量，尽管 e 中的估计量在重复率非常高时可能仍然更高效，因为它的搜索过程更快。

41. 令 $\phi^{-1}(x)$ 为标准正态分布函数 $\phi(x)$ 的反函数。假设可以高效计算 $\phi(x)$ 和 $\phi^{-1}(x)$，证明可以通过生成一个随机数 U，令 $Y = U + (1-U)\phi(c)$，并设 $X = \phi^{-1}(Y)$，从而生成一个标准的正态分布随机变量 X，使其满足 $X < c$ 的条件。

此外，解释如何生成一个标准正态分布随机变量 X，使其满足 $a \leqslant X \leqslant b$ 的条件。

参考文献

Hammersley, J.M., Handscomb, D.C., 1964. Monte Carlo Methods. Wiley, New York.

Hammersley, J.M., Morton, K.W., 1956. A new Monte Carlo technique: antithetic variables. Proceedings of the Cambridge Philological Society 52, 449–474.

Lavenberg, S.S., Welch, P.D., 1981. A perspective on the use of control variables to increase the efficiency of Monte Carlo simulations. Management Science 27, 322–335.

Morgan, B.J.T., 1983. Elements of Simulation. Chapman and Hall, London.

Ripley, B., 1986. Stochastic Simulation. Wiley, New York.

Ross, S.M., 1988. Simulating average delay—variance reduction by conditioning. Probability in the Engineering and Informational Sciences 2 (3).

Ross, S.M., Lin, K., 2001. Applying variance reduction ideas in queuing simulations. Probability in the Engineering and Informational Sciences 15, 481–494.

Ross, S., Pekoz, E., 2007. A Second Course in Probability. ProbabilityBookstore.com, Boston, MA.

Rubenstein, R.Y., 1981. Simulation and the Monte Carlo Method. Wiley, New York.

Siegmund, D., 1976. Importance sampling in the Monte Carlo study of sequential tests. The Annals of Statistics 4, 673–684.

第 10 章　附加方差缩减技术

在本章中,我们将介绍一些与前一章不同的附加方差缩减技术。第 10.1 节和第 10.2 节都涉及有一组固定事件的情况,需要计算的是这些事件发生次数的概率分布。第 10.1 节介绍了条件伯努利采样法,在适用的情况下,该方法可以用于估计至少一个事件发生的概率。当概率很小时,该方法尤为有效。第 10.2 节使用 Chen-Stein 恒等式的一个特性来获得仿真估计量事件发生次数落在某个指定集内的概率。第 10.3 节介绍随机风险,并证明如何在仿真中高效使用它们。第 10.4 节介绍归一化的重要性采样技术,它将重要性采样思想推广到随机向量分布不完全指定的情况。第 10.5 节介绍拉丁超立方(Latin Hypercube)采样,这是一种受分层采样思想启发的方差缩减技术。

10.1　条件伯努利采样法

条件伯努利采样法(Conditional Bernoulli Sampling Method,CBSM)是一种功能强大的方法,通常可以在估计一组事件的概率时使用。也就是说,假设对于已知事件 $A_1, A_2, \cdots, A_n$,通过仿真来估计:

$$p = P(U_{i=1}^n A_i) = P\left(\sum_{i=1}^n X_i > 0\right)$$

式中:

$$X_i = \begin{cases} 1, & \text{若} A_i \text{发生} \\ 0, & \text{否则} \end{cases}$$

令 $\lambda_i = P(X_i = 1) = P(A_i)$。假设 $\lambda_i (i = 1, 2, \cdots, n)$ 已知,能够生成 $X_1, X_2, \cdots, X_n$ 的值,条件是它们中指定的一个值等于 1。当 $\sum_{i=1}^n P(A_i)$ 较小时,通过 CBSM 将得到 p 的无偏估计量,该估计量具有较小的方差。

在提出这个方法之前,需要一些初始条件。首先,令 $W = \sum_{i=1}^n X_i$,设 $\lambda = E[W] = \sum_{i=1}^n \lambda_i$。令 R 为任意随机变量,假设 J 独立于 $R, X_1, X_2, \cdots, X_n$ 且满足 $P(J = i) = 1/n$, $i = 1, 2, \cdots, n$,即 J 是一个均匀离散随机变量,取值为 $1, 2, \cdots, n$,且独立于其他随机变量。

以下恒等式是本节结果的关键。

命题:
a. $P\{J = i | X_J = 1\} = \lambda_i / \lambda$;
b. $E[WR] = \lambda E[R | X_J = 1]$;
c. $P\{W > 0\} = \lambda E\left[\dfrac{1}{W} \bigg| X_J = 1\right]$。

证明: 要证明 a,应注意:

$$P\{J=i|X_J=1\} = \frac{P\{X_J=1|J=i\}P\{J=i\}}{\sum_i P\{X_J=1|J=i\}P\{J=i\}}$$

现有：

$$\begin{aligned} P\{X_J=1|J=i\} &= P\{X_i=1|J=i\} \\ &= P\{X_i=1\} \quad \text{（由独立性）} \\ &= \lambda_i \end{aligned}$$

从而完成 a 的证明。

证明 b，推理如下：

$$\begin{aligned} E[WR] &= E\left[R\sum_i X_i\right] \\ &= \sum_i E[RX_i] \\ &= \sum_i \{E[RX_i|X_i=1]\lambda_i + E[RX_i|X_i=0](1-\lambda_i)\} \\ &= \sum_i \lambda_i E[R|X_i=1] \end{aligned} \tag{10.1}$$

同时：

$$\begin{aligned} E[R|X_J=1] &= \sum_i E[R|X_J=1, J=i]P\{J=i|X_J=1\} \\ &= \sum_i E[R|X_J=1, J=i]\lambda_i/\lambda \quad \text{（由a可得）} \\ &= \sum_i E[R|X_i=1]\lambda_i/\lambda \end{aligned} \tag{10.2}$$

联立式（10.1）和式（10.2）来证明 b。

证明 c，定义当 $W=0$ 时 R 等于 0，当 $W>0$ 时 R 等于 $1/W$。那么：

$$E[WR] = P\{W>0\}, \quad E[R|X_J=1] = E\left[\frac{1}{W}\bigg|X_J=1\right]$$

所以 c 直接从 b 推导出来。

利用前述命题，我们现在可以得出条件伯努利采样方法（CBSM）。

估计 $p = P(W>0)$ 的条件伯努利采样方法如下，其中：

$$\lambda_i = P(X_i=1) = 1-P(X_i=0), \quad \lambda = \sum_{i=1}^n \lambda_i, \quad W = \sum_{i=1}^n X_i$$

（1）生成一个随机变量 I，使得 $P(I=i) = \lambda_i/\lambda, i=1,2,\cdots,n$。假设 I 的生成值为 i。

（2）设 $X_i = 1$。

（3）生成 $X_j(j \neq i)$，条件为 $X_i = 1$。

（4）令 $V = \sum_{j=1}^n X_j$，并返回无偏估计量 λ/V。

注意，由于 $V \geq 1$，因此可以得出：

$$0 \leq \lambda/V \leq \lambda$$

这意味着（见第 9 章的习题 35）：

$$\text{Var}(\lambda/V) \leq \lambda^2/4$$

注释：(1) 当 J 同样可能是 $1, 2, \cdots, n$ 值中的任何一个时，注意到 I 的分布是 $X_J = 1$ 时 J 的分布。

(2) 如前所述，CBSM 估计量总是小于或等于 λ，也就是受联合概率的布尔不等式约束。在 $\lambda \leqslant 1$ 的条件下，CBSM 估计量的方差将小于原始仿真估计量。

(3) 通常，如果 p 较小，那么 λ 约等于 p 阶。因此，CBSM 估计量的方差通常为 p^2 阶，而原始估计量的方差为 $p(1-p) \approx p$。

(4) 当 n 不太大时，可以使用分层采样来改善 CBSM。也就是说，如果计划进行 r 次仿真，那么就没有必要生成 I 的值。要么使用比例采样，并对每个 $j (j = 1, 2, \cdots, n)$ 使用 $I = j$ 进行 $r\lambda_j/\lambda$ 次运行；或者在可行的情况下，做一个小型仿真研究来估计 $\sigma_j^2 = \mathrm{Var}(1/V|I = j)$，然后使用 $I = j (j = 1, 2, \cdots, n)$ 进行 $r = \dfrac{\lambda_j \sigma_j}{\sum\limits_{i=1}^{n} \lambda_i \sigma_i}$ 次仿真。同理，如果仿真试验没有进行任何分层，那么应考虑进行事后分层。

现在使用 CBSM 来估计经典奖券收集问题中需要收集超过 k 张奖券的概率、系统的失败概率和在指定时间框架内出现指定模式的概率。

例 10a（奖券收集问题）：假设有 n 种类型的奖券，每张新收集的奖券为 i 型奖券的概率为 p_i，且满足 $\sum\limits_{i=1}^{n} p_i = 1$。令 T 为收集的奖券至少包含每种类型中的一种的奖券的数量，并且假设当这个概率很小时估计 $p = P(T > k)$。令 $N_i (i = 1, 2, \cdots, n)$ 表示所收集的前 k 张奖券中 i 型奖券的数量，并且令 $X_i = I(N_i = 0)$ 表示所收集的前 k 张奖券中没有 i 型奖券的事件的指标。因此，当 $W = \sum\limits_{i=1}^{n} X_i$ 时：

$$p = P(W > 0)$$

令 $q_i = 1 - p_i$，并设 $\lambda_i = P(X_i = 1) = q_i^k$ 且 $\lambda = \sum\limits_{i=1}^{n} \lambda_i$。注意，在 $X_j = 1$ 的情况下，$N_1, N_2, \cdots, N_n$ 的条件分布是具有 k 次试验的多项式分布，其中试验结果为 i 的概率是：当 $i \neq j$ 时，为 p_i/q_j；当 $i = j$ 时，为 0。CBSM 的实现步骤如下所示。

(1) 生成 I 使得 $P(I = i) = \lambda_i/\lambda, i = 1, 2, \cdots, n$。假设 I 的生成值为 j。

(2) 生成多项式向量 $(N_1, N_2, \cdots, N_n)$，当执行 k 次独立试验时，得到每种类型的结果数，其中当 $i = j$ 时，i 型试验结果的概率为 0，当 $i \neq j$ 时为 p_i/q_j。

(3) 设 $X_i = I\{N_i = 0\}, i = 1, 2, \cdots, n$。

(4) 令 $V = \sum\limits_{i=1}^{n} X_i$ 并返回到无偏估计量 λ/V。

表 10.1 给出了当 $p_i = i/55 (i = 1, 2, \cdots, 10)$ 时，不同 k 值下 CBSM 和原始仿真估计量 $I\{N > k\}$ 的方差。

表 10.1 不同 k 值下 CBSM 和原始仿真估计量 $I\{N > k\}$ 的方差

k	$P(N > k)$	$\mathrm{Var}(I\{N > k\})$	$\mathrm{Var}(\lambda/V)$
50	0.54	0.25	0.026
100	0.18	0.15	0.00033

续表

k	$P(N>k)$	$\mathrm{Var}(I\{N>k\})$	$\mathrm{Var}(\lambda/V)$
150	0.07	0.06	9×10^{-6}
200	0.03	0.03	1.6×10^{-7}

此外，可以通过使用分层采样和控制变量进一步改进前面的估计量。例如，假设进行比例分层，在其中的 $r\lambda_j/\lambda$ 次运行中令 $I=j$。如果在仿真中使用了 $I=j$，那么可以使用 V 作为控制变量。其条件均值为：

$$E[V|I=j] = \sum_{i=1}^{n} E[X_i|X_j=1] = 1 + \sum_{i\neq j}\left(1-\frac{p_i}{q_j}\right)^k$$

10.2 基于 Chen-Stein 恒等式的仿真估计量

如 10.1 节所示，假设有 n 个事件，事件 i 的发生概率为 λ_i（$i=1,2,\cdots,n$）。令 X_i 为事件 i 的指示变量，如果事件 i 发生，则等于 1，否则为 0。令 $W=\sum_{i=1}^{n}X_i$ 是发生的事件数量，并设 $\lambda=E[W]=\sum_{i=1}^{n}\lambda_i$。假设要对一组指定的非负整数集 A 估计 $P(W\in A)$。在本节中，利用 Chen 和 Stein 的定理来证明，即通过均值为 λ 的泊松随机变量在 A 中的概率来限定近似 $P(W\in A)$ 的误差，从而获得 $P(W\in A)$ 的一个新的无偏仿真估计量。

令 $P_\lambda(A)=\sum_{i\in A}\mathrm{e}^{-\lambda}\lambda^i/i!$ 为均值为 λ 的泊松随机变量在 A 中的概率。同理，令函数 f_A 按如下递归关系定义：

$$f_A(0) = 0$$
$$\lambda f_A(j+1) = jf_A(j) + I\{j\in A\} - P_\lambda(A), \quad j\geq 0 \tag{10.3}$$

由于式（10.3）对所有非负整数 j 都成立，所以可以得出：

$$\lambda f_A(W+1) - Wf_A(W) = I\{W\in A\} - P_\lambda(A)$$

求期望值，得出：

$$\lambda E[f_A(W+1)] - E[Wf_A(W)] = P(W\in A) - P_\lambda(A) \tag{10.4}$$

现有：

$$E[Wf_A(W)] = E\left[\sum_{i=1}^{n} X_i f_A(W)\right] \tag{10.5}$$

$$= \sum_{i=1}^{n} E[X_i f_A(W)]$$

$$= \sum_{i=1}^{n}(E[X_i f_A(W)|X_i=1]\lambda_i + E[X_i f_A(W)|X_i=0](1-\lambda_i))$$

$$= \sum_{i=1}^{n} E[f_A(W)|X_i=1]\lambda_i$$

$$= \sum_{i=1}^{n} E\left[f_A\left(1+\sum_{j\neq i}X_j\right)\Big|X_i=1\right]\lambda_i$$

$$= \sum_{i=1}^{n} E[f_A(1+V_i)]\lambda_i \tag{10.6}$$

设 $V_1, V_2, \cdots, V_n$ 是任意的随机变量，对于每个 i ($i = 1, 2, \cdots, n$)，在 $X_i = 1$ 条件下，V_i 的分布与 $\sum_{j \neq i} X_j$ 的条件分布相同。

因此，根据式（10.4）和前面的推导，我们可以得到：

$$\lambda E[f_A(W+1)] - \sum_{i=1}^{n} E[f_A(1+V_i)]\lambda_i = P(W \in A) - P_\lambda(A)$$

或者，等价地：

$$P(W \in A) = P_\lambda(A) + \lambda E[f_A(W+1)] - \sum_{i=1}^{n} \lambda_i E[f_A(1+V_i)] \tag{10.7}$$

我们称式（10.7）为恒等式。下面证明如何使用 Chen-Stein 恒等式来得到 $P(W \in A)$ 的仿真估计量。为了说明该技术的前景，第 10.2.1 节考虑了 $X_1, X_2, \cdots, X_n$ 独立的情况。第 10.2.2 节考虑了 $X_1, \cdots, X_n$ 不独立的一般情况。第 10.2.3 节，以类似于使用事后分层估计量的方式，证明了如何在标准仿真后应用估计量。

10.2.1 当 $X_1, X_2, \cdots, X_n$ 独立时

假设 $X_1, X_2, \cdots, X_n$ 是独立的。使用 $\lambda = \sum_{i=1}^{n} \lambda_i$，我们将式（10.7）重写为：

$$P(W \in A) = P_\lambda(A) + \sum_{i=1}^{n} \lambda_i E[f_A(W+1)] - \sum_{i=1}^{n} \lambda_i E[f_A(1+V_i)]$$

$$= P_\lambda(A) + \sum_{i=1}^{n} \lambda_i (E[f_A(W+1)] - E[f_A(1+V_i)])$$

$$= P_\lambda(A) + \sum_{i=1}^{n} \lambda_i E[f_A(W+1) - f_A(V_i+1)]$$

由于 $X_1, X_2, \cdots, X_n$ 是独立的，我们可以令 $V_i = \sum_{j \neq i} X_j$。注意，当 $X_i = 0$ 时，$V_i = W$。因此，通过以 X_i 为条件我们可以得到：

$$E[f_A(W+1) - f_A(V_i+1)] = E[f_A(W+1) - f_A(V_i+1) | X_i = 1]\lambda_i$$

$$= E\left[f_A\left(\sum_{j \neq i} X_j + 2\right) - f_A\left(\sum_{j \neq i} X_j + 1\right)\right]\lambda_i$$

$$= E[f_A(W - X_i + 2) - f_A(W - X_i + 1)]\lambda_i$$

已知：

$$P(W \in A) = P_\lambda(A) + \sum_i \lambda_i^2 E[f_A(W - X_i + 2) - f_A(W - X_i + 1)]$$

建议用无偏估计量来仿真 $X_1, X_2, \cdots, X_n$ 和估计 $P(W \in A)$：

$$\varepsilon_A = P_\lambda(A) + \sum_i \lambda_i^2 [f_A(W - X_i + 2) - f_A(W - X_i + 1)] \tag{10.8}$$

例 10b： 令 $X_1, X_2, \cdots, X_{20}$ 是独立的伯努利随机变量，其均值为 $E[X_i] = \lambda_i = \dfrac{i}{50}$（$i = 1, 2, \cdots, 20$）。在这种情况下，$E[W] = \sum_{i=1}^{20} \dfrac{i}{50} = 4.2$。假设要估计 $P(W \geq 5)$ 和 $P(W \geq 11)$。

已知当 Z 是均值为 4.2 的泊松分布时，$P(Z \geq 5) = 0.410173$，$P(Z \geq 11) = 0.004068803$。通

过进行 10000 次仿真试验，对于 $A = \{W \geq 5\}$，得出：
$$A[\varepsilon_A] = 0.4148507, \quad \text{Var}(\varepsilon_A) = 0.003741$$
对于 $B = \{W \geq 11\}$，得出：
$$A[\varepsilon_B] = 0.000517, \quad \text{Var}(\varepsilon_B) = 0.0000436$$

这些方差远低于原始仿真估计量的方差，$\text{Var}(I\{A\}) \approx 0.2427496$ 且 $\text{Var}(I\{B\}) \approx 0.000517$。

注释：之所以考虑 X_i 独立的情况，并不是因为需要通过仿真来确定其总和的分布，而是为了表明这种方法的前景 [当 $X_1, X_2, \cdots, X_n$ 独立时，要计算 W 的质量函数，令 $P(i:j) = P(X_1 + X_2 + \cdots + X_i) = j$。首先从 $P(1:0) = 1 - \lambda_1$，$P(1:1) = \lambda_1$ 开始，利用 $i < j$ 时 $P(i:j) = 0$ 的事实，我们可以通过使用 $P(i:j) = P(i-1:j-1)\lambda_1 + P(i-1:j)(1-\lambda_i)$ 递归计算这些值]。例 10b 中的精确值为 $P(W \geq 5) = 0.4143221438$ 且 $P(Z \geq 11) = 0.0004586525$。

10.2.2 当 $X_1, X_2, \cdots, X_n$ 不独立时

利用 Chen-Stein 恒等式：
$$P(W \in A) = P_\lambda(A) + \lambda E[f_A(W+1)] - \sum_{i=1}^n \lambda_i E[f_A(1+V_i)]$$

以得到 $P(W \in A)$ 的仿真估计量，令 I 独立于 $V_1, V_2, \cdots, V_n$ 且使：
$$P(I = i) = \lambda_i / \lambda, \ i = 1, 2, \cdots, n$$

因此：
$$E[f_A(1+V_I)] = \sum_{i=1}^n E[f_A(1+V_I)|I=i]\lambda_i/\lambda$$
$$= \sum_{i=1}^n E[f_A(1+V_i)|I=i]\lambda_i/\lambda$$
$$= \sum_{i=1}^n E[f_A(1+V_i)]\lambda_i/\lambda$$

式中最终等式成立是因为 I 独立于 $V_1, V_2, \cdots, V_n$。因此，根据前面的结果和 Chen-Stein 恒等式可以得出：
$$P(W \in A) = P_\lambda(A) + \lambda E[f_A(W+1)] - \lambda E[f_A(1+V_I)]$$

或：
$$P(W \in A) = P_\lambda(A) + \lambda E[f_A(W+1) - f_A(1+V_I)] \quad (10.9)$$

由式（10.9）得出 $P(W \in A)$ 的无偏估计量如下：
$$\varepsilon_A = P_\lambda(A) + \lambda(f_A(W+1) - f_A(1+V_I)) \quad (10.10)$$

仿真模拟 ε_A 的过程是：首先生成 I，如果 $I = i$，则生成 W 和 V_i，从而获得前一估计量的值。要利用这种方法，必须能够为每个 i 生成 V_i。另外，由于 V_i 可以是任意随机变量，其分布是给定 $X_i = 1$ 的 $\sum_{j \neq i} X_j$ 的条件分布。如果可能，应该尽量生成 V_i 和 W，使它们的值相对接近，从而使估计量的方差较小。

注释：当要估计 $P(W = 0)$ 时，估计量 ε_0 为：
$$\varepsilon_0 = e^{-\lambda} + \lambda[f_0(W+1) - f_0(1+V_I)]$$

其中，f_0 是当 $A = \{0\}$ 时的函数 f_A。利用条件伯努利采样方法给出了 $P(W = 0)$ 的另一个

无偏估计量。由于该方法通过 $\dfrac{\lambda}{1+V_I}$ 无偏地估计 $P(W>0)$，得到了 $P(W>0)$ 的条件伯努利采样估计量，即

$$\varepsilon_{\text{CBSE}} = 1 - \dfrac{\lambda}{1+V_I}$$

由于确定 ε 的值也会得到 $\varepsilon_{\text{CBSE}}$ 的值，因此考虑它们的最佳凸线性组合似乎是合理的，这相当于将两者中的任何一个与零均值控制变量 $Y = \varepsilon_0 - \varepsilon_{\text{CBSE}}$ 一起用作估计量。令 V_b 为 ε_0 和 $\varepsilon_{\text{CBSE}}$ 的最佳凸线性组合的方差，有：

$$\begin{aligned}
V_b &= \text{Var}(\varepsilon_0)[1 - \text{Corr}^2(\varepsilon_0, \varepsilon_0 - \varepsilon_{\text{CBSE}})] \\
&= \text{Var}(\varepsilon_0) - \dfrac{\text{Cov}^2(\varepsilon_0, \varepsilon_0 - \varepsilon_{\text{CBSE}})}{\text{Var}(\varepsilon_0 - \varepsilon_{\text{CBSE}})} \\
&= \text{Var}(\varepsilon_0) - \dfrac{[\text{Var}(\varepsilon_0) - \text{Cov}(\varepsilon_0 - \varepsilon_{\text{CBSE}})]^2}{\text{Var}(\varepsilon_0) + \text{Var}(\varepsilon_{\text{CBSE}}) - 2\text{Cov}(\varepsilon_0, \varepsilon_{\text{CBSE}})}
\end{aligned}$$

式中前面的方差和协方差是根据仿真数据估计的。

例 10c（可靠性应用）：考虑一个由 5 个独立部件组成的系统，假设当且仅当部件集 $C_1 = \{1,2\}$，$C_2 = \{4,5\}$，$C_3 = \{1,3,5\}$，$C_4 = \{2,3,4\}$ 的所有部件失败时系统失败（图 9.1 中给出的桥结构）。进一步假设该部件 i 失败的概率为 q_i，其中 $q_1 = c/10$，$q_2 = c/12$，$q_3 = c/15$，$q_4 = c/20$，$q_5 = c/30$，需要通过仿真来估计系统不失败的概率。因此，X_i 是 C_i 中所有部件都失效的指示变量，且 $W = \sum_{I=1}^{4} X_i$。

要用本节的方法来估计 $P(W=0)$，首先要仿真 $Y_1, Y_2, \cdots, Y_5$，其中 Y_i 是部件 i 失败这一事件的指示变量，所以 $P(Y_i = 1) = q_i$。然后设 $X_i = \prod_{j \in C_i} Y_j$，用这些值来求 W。现在，设 $\lambda_i = \prod_{j \in C_i} q_j$ 并生成 I 的值，该值使得 $P(I=i) = \dfrac{\lambda_i}{\sum_{j=1}^{5} \lambda_j}$ $(i = 1,2,3,4,5)$。如果 $I = i$，重置 Y_j（$j \in C_i$）为 1，并重新计算 $X_1, X_2, \cdots, X_5$ 的值，并令它们的和为 V。

对于 c 的各种值，表 10.2 给出了由仿真求出的 $p = P(W=0)$，以及 $\text{Var}(\varepsilon_{\text{CBSE}})$、$\text{Var}(\varepsilon_0)$ 和 V_b，其中 $\lambda = E[W]$ 且：

$$\varepsilon_0 = e^{-\lambda} + \lambda[f_0(W+1) - f_0(V)], \quad \varepsilon_{\text{CBSE}} = 1 - \dfrac{\lambda}{V}$$

该表基于 50000 次仿真运行的结果。

表 10.2 由仿真求出的 $p = P(W=0)$，以及 $\text{Var}(\varepsilon_{\text{CBSE}})$、$\text{Var}(\varepsilon_0)$ 和 V_b

c	p	$\text{Var}(\varepsilon_{\text{CBSE}})$	$\text{Var}(\varepsilon_0)$	V_b
1	0.98579	4.2032×10^{-7}	4.8889×10^{-7}	3.7883×10^{-7}
2	0.95721	2.6329×10^{-5}	3.0573×10^{-5}	2.3200×10^{-5}
3	0.90248	0.000293	0.000315	0.000243
5	0.73230	0.005685	0.005228	0.00422

有趣的是，在这个例子中，除了 $c = 5$ 时，条件伯努利采样估计量的方差小于基于

Chen-Stein 恒等式估计量的方差。两者的方差都比具有方差 $p(1-p)$ 的原始仿真估计量小得多。

例 10d （独立数据的模式问题）：假设随机变量 Y_i ($i \geq 1$) 与质量函数 $P(Y_i = j) = p_j \left(\sum_{j=1}^{r} p_j = 1\right)$ 独立且同分布。用 N 表示第一次出现连续 k 个相等值的位置，也就是说，$N = \min\{n : Y_n = Y_{n-1} = \cdots = Y_{n-k+1}\}$，并且假设要估计 $p = P(N > m+k-1)$。为了利用上述方法，需要生成 $Y_1, Y_2, \cdots, Y_{m+k-1}$ 来求 $W = \sum_{i=1}^{m} X_i$，其中 X_i 是事件 $Y_i = Y_{i+k-1}$ 的指示变量。

为了生成 ε_0，我们首先生成 I，由于 $\lambda_i = P(X_i = 1) = P(Y_i = \cdots = Y_{i+k-1}) = \sum_{j=1}^{r} p_j^k$，对于所有 i 都是相同的，所以 I 等可能为 $1, 2, \cdots, m$ 中的任何值。假设 $I = i$，要生成 V_I 的值，我们将 $Y_i, \cdots Y_{i+k-1}$ 重置为相同的一个值，记作 J。使用条件概率：

$$P(J = j) = P(Y_i = \cdots = Y_{i+k-1} = j \mid Y_i = \cdots = Y_{i+k-1})$$

$$= \frac{p_j^k}{\sum_{t=1}^{r} p_t^k}$$

现在生成 J 的值。如果 $J = j$，则将 $Y_i, \cdots, Y_{i+k-1}$ 重置为 j。使用这些重置值以及之前生成的其他 $m-1$ 个值，令 $V = 1 + V_I$ 为有 k 个相等值的次数，$\lambda = m \sum_{j=1}^{r} p_j^k$，并设：

$$\varepsilon_0 = e^{-\lambda} + \lambda [f_0(W+1) - f_0(V)]$$

假设 $m = 1000$ 且 $P(Y_i = j) = 5$，其中，$j = 1, 2, \cdots, 5$。表 10.3 是基于 10000 次仿真的结果表格，针对各种 k 值给出 $p = P(W = 0)$（仿真所求出的）、$p(1-p)$（指示估计量的方差）、$\text{Var}(\varepsilon_{\text{CBSE}})$、$\text{Var}(\varepsilon_0)$、$V_b$ 和 $\text{Var}(\varepsilon^*)$，其中 ε^* 的估算量定义在表 10.3 的注释中。

表 10.3 基于 10000 次仿真的结果

k	p	$p(1-p)$	$\text{Var}(\varepsilon_{\text{CBSE}})$	$\text{Var}(\varepsilon_0)$	V_b	$\text{Var}(\varepsilon^*)$
5	0.276018	0.199832	0.194959	0.028545	0.026579	0.006636
6	0.773515	0.175190	0.009301	0.005185	0.005072	0.000444
7	0.950120	0.047392	3.1819×10^{-4}	2.7736×10^{-4}	2.7643×10^{-4}	8.7166×10^{-6}
8	0.989804	0.010092	1.2331×10^{-5}	1.1964×10^{-5}	1.1958×10^{-5}	2.3745×10^{-7}

注释：(1) 从表中可以看出，ε_0 的方差总是小于条件伯努利采样估计量 $\varepsilon_{\text{CBSE}}$ 的方差，远小于原始仿真估计量的方差。

(2) V_b 是 ε_0 和 $\varepsilon_{\text{CBSE}}$ 的最佳线性组合的方差，仅略小于 $\text{Var}(\varepsilon_0)$。

(3) 估计量 ε_0 可以通过取它的条件期望（除重置值 J 以外的所有变量）加以改进，即考虑

$$\varepsilon^* = E[\varepsilon_0 \mid I, Y_1, Y_2, \cdots, Y_{m+k-1}]$$

现在，令 V_j^* 为连续仿真出现 k 个相同值的仿真次数，当 $Y_I, Y_2, \cdots, Y_{I+k-1}$ 均重置等于 j 时，$\alpha_j = \dfrac{p_j^k}{\sum_{i=1}^{r} p_i^k}, j = I, 2, \cdots, r$，则有：

$$\varepsilon^* = e^{-\lambda} + \lambda \sum_{j=1}^{r} \alpha_j [f_0(W+1) - f_0(V_j^*)]$$

从表中可以看出，使用这个条件期望估计量可以减少更多的方差。

例 10e（通用奖券收集问题）：假设 1000 个球被独立地分布到 10 个缸中，每个球进入缸 i 的概率是 $p_i \left(\sum_{i=1}^{10} p_i = 1 \right)$。令 N_i 表示进入缸 i 的球数，并令 $X_i = I\{N_i < r_i\}$ 表示进入缸 i 的球数少于 r_i 这一事件的指示变量。当 $W = \sum_{i=1}^{10} X_i$ 时，估计 $P(W=0)$，也就是求缸 i 对所有 i（$i=1,2,\cdots,10$）至少接收到 r_i 个球的概率。

令 $\lambda_i = E[X_i] = P(\text{Bin}(1000, p_i) < r_i)$，其中 $\text{Bin}(n,p)$ 是参数为 (n,p) 的二项分布。另外要确定估计量 $\varepsilon_0 = e^{-\lambda} + \lambda[f_0(W+1) - f_0(1+V_I)]$ 的值，首先生成多项式向量 $(N_1, N_2, \cdots, N_{10})$，并用它来求 W。还要用这些 N_i 来求 $V = 1 + V_I$。为此，有如下步骤：

（1）生成 I，其中 $P(I=i) = \lambda_i/\lambda$（$i=1,2,\cdots,10$）。假设 $I=j$。

（2）如果 $N_j < r_j$，则令 $V = W$。

（3）如果 $N_j \geq r_j$，在小于 r_j 的条件下，生成服从参数 $(1000, p)$ 的二项式分布的随机变量 Y（使用离散逆变换法完成）。假设 $Y = k$，那么从盒子 j 中取出 $N-k$ 个球，将这些球分别放入缸 $i(i \neq j)$，概率为 $P(\text{在}i\text{中}|\text{不在}j\text{中}) = p_i/(1-p_j)$。令 $N_1^*, N_2^*, \cdots, N_{10}^*$ 为上述操作完成后每个缸中的新球数（$N_j^* = k$，$i \neq j$ 时，$N_i^* = N_i + A_i$，其中 A_i 是放入盒子 i 的额外球数）。令 $V = \sum_{i=1}^{10} I\{N_i^* < r_i\}$。

在 10000 次仿真中，当 $p_i = \dfrac{10+i}{155}$，$r_i = 60 + 4i$，$i = 1, 2, \cdots, 10$ 时，得到结果：

$$P(W=0) = 0.572859, \quad \text{Var}(\varepsilon_0) = 0.006246$$

例 10f（部分和）：假设 $Z_1, Z_2, \cdots, Z_{20}$ 为独立且同分布的标准正态分布随机变量。令 $S_i = \sum_{j=1}^{i} Z_j$，当 $c > 0$ 时，令 $X_i = I\{|S_i| > c\sqrt{i}\}$。当 $W = \sum_{i=1}^{20} X_i$ 时，估计 $P(W \in A)$。

首先，注意到 S_i 为正态分布随机变量，均值为 0、方差为 i，所以：

$$\lambda_i = P(|S_i| > c\sqrt{i}) = P\left(\frac{|S_i|}{\sqrt{i}} > c \right) = P(|Z_1|) > c$$

要仿真 ε_A，步骤如下：

（1）生成 $Z_1, Z_2, \cdots, Z_{20}$，并使用这些值计算 W。

（2）生成 I，它可能为 $1, 2, \cdots, 20$ 中的任意一个。假设 $I = i$。

（3）现在将 $Z_i, Z_{i-1}, \cdots, Z_1$ 的值修改如下。已知 $S_i > c\sqrt{i}$，使用以指数大于 c 为条件的剔除方法生成 $S_i/\sqrt{i}$（详见 9.8 节末尾的材料）。假设 $S_i = s$。

（4）在已知 $S_i = s$ 的情况下生成 Z_i，通过使用这个 Z_i，S_i 具有二元正态分布，因此在已知 $S_i = s$ 的情况下，Z_i 的条件分布为正态分布（参见第 6 章的习题 5），即 $Z_i = z_i$。

（5）现在，在已知 $S_{i-1} = s - z_i$ 的情况下生成 Z_{i-1}，假设 $Z_{i-1} = z_{i-1}$。接着在已知 $S_{i-2} = s - z_i - z_{i-1}$ 的情况下生成 Z_{i-2}，以此类推，直到生成 Z_1 为止。使用这些 i 值以及先前生成

的 $Z_{i+1},\cdots,Z_{20}$ 来求 V_i。

（6）注意，根据标准正态分布随机变量关于 0 的对称性，如果 $I=i$，那么 $S_i>c\sqrt{i}$ 或 $-S_i>c\sqrt{i}$ 是没有区别的，因此我们可以任意假设使用前者。

表 10.4 给出了 ε_0 和 ε_2 的方差，分别是估计 $P(W=0)$ 和 $P(W=2)$ 的估计量，针对 $c=2$ 和 $c=2.5$ 的结果。

表 10.4 ε_0 和 ε_2 的方差

事件	$P(W=0)$	$\text{Var}(\varepsilon_0)$	$P(W=2)$	$\text{Var}(\varepsilon_2)$
$c=2$	0.76980	3.842×10^{-3}	0.03788	4.644×10^{-4}
$c=2.5$	0.92279	3.519×10^{-5}	0.01347	3.177×10^{-6}

注释： 在使用估计量 ε_A 时，精确地计算 $P_\lambda(A)$ 是非常重要的，否则在使用式（10.3）时可能会产生舍入误差。当 $A=\{0\}$ 时，也可以利用以下恒等式计算 $f_0(j)$：

$$f_0(j) = \int_0^1 e^{-\lambda t} t^{j-1} dt, \quad j \geq 1 \tag{10.11}$$

10.2.3 事后仿真估计量

在许多情况下，当 $X_i=1$ 时，对 $X_1,X_2,\cdots,X_n$ 进行条件仿真非常困难。然而，当所有 λ_i 均不是极小值时，一种可行的策略是进行无条件仿真，以获取 $X_1,X_2,\cdots,X_n$。进而利用所得数据为那些 $X_i=1$ 的索引 i 计算相应的 V_i 的实际值。通过这种方式，单次仿真即可同时得出 $W=\sum_{i=1}^{n}X_i$ 和 $V_1,V_2,\cdots,V_n$ 的值。然后，我们可以使用以下恒等式来得到 $P(W\in A)$ 的仿真估计量：

$$P(W\in A) = P_\lambda(A) + \lambda E[f_A(W+1)] - \sum_{i=1}^{n}\lambda_i E[f_A(V_i+1)]$$

也就是说，如果有 r 次仿真，其中 $(X_1^t,X_2^t,\cdots,X_n^t)$ 为第 t 次运行中的仿真向量，则可以通过以下方式估计 $E[f_A(W+1)]$ 和 $E[f_A(V_i+1)]$：

$$E[f_A(W+1)] \approx \frac{1}{r}\sum_{t=1}^{r}f_A\left(1+\sum_{i=1}^{n}X_i^t\right)$$

$$E[f_A(V_i+1)] \approx \frac{\sum_{t=1}^{r}I\{X_i^t=1\}f_A\left(1+\sum_{j\neq i}X_j^t\right)}{\sum_{t=1}^{r}I\{X_i^t=1\}}$$

例 10g： 200 个球中的每一个都独立地进入盒子 i，其概率为 $p_i=\dfrac{10+i}{155}(i=1,2,\cdots,10)$。其中 N_i 表示进入盒子 i 的球数量，令 $X_i=I\{N_i<12+i\}(i=1,2,\cdots,10)$，$W=\sum_{i=1}^{10}X_i$，并令 $p=P(W\leq 3)$。现在要通过仿真来求 p。

令 $A=\{0,1,2,3\}$。为了使用前面的技术估计 $p=P(W\in A)$ 和 $\text{Var}(\varepsilon_A)$，我们令 $r=100$ 并重复此过程 300 次。ε_A 为 p 的估计量，进行 $r=100$ 次仿真，得出：

$$p = E(\varepsilon_A) = 0.852839, \quad \text{Var}(\varepsilon_A) = 0.000663$$

前述的方差可以与 100 次仿真的原始仿真估计量的方差 $p(1-p)/100 = 0.001255$ 进行比较（如果我们按照例 10e 中的方法进行仿真，那么单次仿真结果的方差将是 0.036489，而 100 次仿真的平均方差为 0.000365）。

10.3 随机风险的使用

一个随机过程 $X_n (n \geq 1)$ 被称为马尔可夫过程，如果对于任意集合 S，都有：
$$P(X_n \in S | X_1, X_2, \cdots, X_{n-1}) = P(X_n \in S | X_{n-1})$$

换句话说，马尔可夫过程的下一个状态的概率分布只取决于其最近的状态。X_n 称为状态。设 $X_n (n \geq 1)$ 为一个马尔可夫过程，且对于给定的状态集合 A，设 N_A 为第一次出现在 A 中的过程，即
$$N_A = \min\{n \geq 1 : X_n \in A\}$$

假设我们想要通过仿真估计 $P(N_A \in k)$。令：
$$H_n = I\{N_A > n-1\} P(X_n \in A | X_n - 1)$$

换句话说，如果过程的前 $n-1$ 个状态都不在集合 A 中，则 H_n 是（已知时间 $n-1$ 时的状态）下一个状态在 A 中的条件概率；另外，如果 A 在时间 n 之前已经达到，则 $H_n = 0$。称 H_n 为时间 n 的随机风险。令 $R_k = \sum_{n=1}^{k} H_n$ 为前 k 个随机风险的总和。

现在证明 R_k 是 $P(N_A \leq k)$ 的无偏估计量。为此，令 $I_n = I\{N_A = n\}$ 为在时间 n 时第一次发生 A 中的事件。那么：
$$I\{N_A \leq k\} = \sum_{n=1}^{k} I_n$$

求期望值得出：
$$\begin{aligned} P(N_A \leq k) &= \sum_{n=1}^{k} E[I_n] \\ &= \sum_{n=1}^{k} E[E[I_n | X_1, X_2, \cdots, X_{n-1}]] \end{aligned} \quad (10.12)$$

现在，如果 $X_1, X_2, \cdots, X_{n-1}$ 中的任何一个值在 A 中，则 $N_A \leq n-1$ 且 $E[I_n | X_1, X_2, \cdots, X_{n-1}] = 0$；而如果 $X_1, X_2, \cdots, X_{n-1}$ 中没有一个值在 A 中，则 $N_A > n-1$ 且 $E[I_n | X_1, X_2, \cdots, X_{n-1}] = P(X_n \in A | X_{n-1})$。因此：
$$E[I_n | X_1, X_2, \cdots, X_{n-1}] = I\{N_A > n-1\} P(X_n \in A | X_{n-1}) = H_n$$

因此，由式（10.12）可以得出：
$$P(N_A \leq k) = \sum_{n=1}^{k} E[H_n] = E\left[\sum_{n=1}^{k} [H_n]\right] = E[R_k]$$

可知 R_k 是 $P(N_A \leq k)$ 的无偏估计量。

当 $p = P(N_A \leq k)$ 较小时，R_k 是 p 的一个非常有效的估计量。

例 10h：令 $X_1, X_2, \cdots, X_5$ 为独立的指数分布随机变量，$E[X_i] = 4 + i (i = 1, 2, \cdots, 5)$，假设要估计 $p = P(X_1 + X_2 + \cdots + X_5) > 63$。

令 $S_n = \sum_{i=1}^{n} X_i$，那么当 $N = \min\{n : S_n > 63\}$ 时，我们可以得出：

$$p = P(S_5 > 63)$$
$$= P[\max(S_1, S_2, \cdots, S_5) > 63]$$
$$= P(N \leq 5)$$

其中，因为所有 $X_i \geq 0$，所以第二个等式成立，因此 $S_5 = \max(S_1, S_2, \cdots, S_5)$。

因此，可以使用随机风险估计量来估计 p。$n \leq 5$ 时，如果 $S_{n-1} = s_{n-1}$，其中 $s_{n-1} < 63$，则 $S_0 = 0$ 时：

$$P(S_n > 63 | S_{n-1} = s_{n-1}) = P(S_{n-1} + X_n > 63 | S_{n-1} = s_{n-1})$$
$$= P(X_n > 63 - s_{n-1} | S_{n-1} = s_{n-1})$$
$$= P(X_n > 63 - s_{n-1}) \quad (\text{根据 } X_n \text{ 和 } S_{n-1} \text{ 的独立性})$$
$$= \exp\{-(63 - s_{n-1})/(4 + n)\}$$

因此，$H_n = I\{S_{n-1} < 63\} \exp\{-(63 - S_{n-1})/(4 + n)\}$，那么 p 的随机风险估计量是：

$$R_5 = \sum_{n=1}^{5} I\{S_{n-1} < 63\} \exp\{-(63 - S_{n-1})/(4 + n)\}$$

仿真 10000 次可以得出：

$$p = E[R_5] = 0.059449, \quad \text{Var}(R_5) = 0.018250$$

由于 $p(1-p) = 0.055915$，可知 $\text{Var}(R_5)$ 大约是原始仿真估计量 $I\{S_5 > 63\}$ 方差的 1/3。

例 10i：假设 $X_1, X_2, \cdots, X_{10}$ 独立，且具有共同的分布函数：

$$F(x) = 1 - \frac{1}{x+1}, \quad 0 < x < \infty$$

使用随机风险估计量估计 $p = P(X_1 + X_2 + \cdots + X_{10}) > 5000$。

令 $S_n = \sum_{i=1}^{n} X_i$。由于所有 $X_i \geq 0$，所以随机风险估计量是：

$$R_{10} = \sum_{n=1}^{10} I\{S_{n-1} < 5000\} P(S_n > 5000 | S_{n-1})$$
$$= \sum_{n=1}^{10} I\{S_{n-1} < 5000\} P(X_n > 5000 - S_{n-1} | S_{n-1})$$
$$= \sum_{n=1}^{10} I\{S_{n-1} < 5000\} \frac{1}{5001 - S_{n-1}}$$

在这种情况下，进行 10000 次仿真可以得出：

$$p = E[R_{10}] = 0.0020164$$
$$\text{Var}(R_{10}) = 2.33015 \times 10^{-8}$$

有时我们对马尔可夫过程是否永远处于状态集 A 中很感兴趣。令 $R = \sum_{n=1}^{\infty} H_n$，我们可以得出：

$$E[R] = P(X_n \in A) \quad (\text{对于某些 } n)$$

例 10j：每次下注，下注者要么赢 1，要么输 1。领先 i 的下注者将以概率 p_i ($0 < p_i < 1, i = 0, \pm 1, \pm 2, \cdots$) 赢得下一次下注。指定 $k > 0$，估计 P_k，即下注者在赢得 k 之前输掉 k 的概率。如果下注者赢得 k，则下注者赢了比赛，否则输了比赛。

为了高效地利用随机风险估计量，将只考虑下注者输掉比赛后的奖金。令 F_n 表示下注者

输了第 n 次之后的奖金金额。注意到如果 $F_n = k-1$，那么在第 n 次输掉比赛之前，下注者的奖金是 k，定义：

$$X_n = \begin{cases} w, & \text{若} F_n \geq k-1 \\ l, & \text{若} F_n = -k \\ F_n, & \text{其他} \end{cases}$$

令：

$$N = \min\{n : X_n = w \text{或} X_n = l\}$$

我们可以得出，如果下注者赢得比赛，则 $X_N = w$，如果输了比赛，则 $X_N = l$。

令：

$$H_n = I\{N \geq n\} P(X_n = w | X_{n-1})$$
$$= I\{N \geq n\} \prod_{i=X_{n-1}}^{k-1} p_i$$

由此可见，如果结果在 $n-1$ 时已经决定，这时 $H_n = 0$。否则，H_n 是已知 X_{n-1} 时下注者在下一次输之前获胜的条件概率。令 $R = \sum_{n=1}^{\infty} H_n$，有 $E[R] = P_k$，期望当 P_k 很小时 R 是一个非常高效的估计量（当 P_k 较大时，使用该过程来估计 $1-P_k$，仅考虑获胜后下注者的奖金金额）。

假设所有 $p_i = p, k = 10$。对于不同的 p 值，表 10.5 给出了 P_{10} [根据这个经典下注者破产问题的标准结果得出 $P_k = \dfrac{1}{1+(q/p)^k}$，其中 $q = (1-p)$]，以及 $P_{10}(1-P_{10})$ 和 R 的方差。它是 100000 次仿真的结果。

表 10.5　P_{10}，以及 $P_{10}(1-P_{10})$ 和 R 的方差

p	P_{10}	$P_{10}(1-P_{10})$	Var(R)
0.45	0.11850	0.10446	0.08651
0.40	0.01705	0.01676	0.00671
0.30	0.00021	0.00021	0.00002
0.20	9.537×10^{-7}	9.537×10^{-7}	1.448×10^{-9}

从表 10.5 可知，当 $p = 0.45$ 时，估计量 R 略优于原始仿真估计量，其优势随着 p 的减小而增加。

如果一个事件肯定会发生，要估计 $E[N]$，其中 N 是它第一次发生的时间，那么 $E[R] = P(N < \infty) = 1$。因此，在估计 $E[N]$ 时，可以使用 R 作为控制变量。

例 10k（移动平均控制图）：令 $Y_1, Y_2, \cdots$ 是一系列独立且具有相同分布的随机变量，其分布函数为 F 且均值为 $E[Y_i] = 0$。对于 $0 < a < 1$，定义 $X_0 = 0$ 且：

$$X_n = aX_{n-1} + (1-a)Y_n, \quad n \geq 1$$

此外，给定一个正值 B，定义：

$$N = \min\{n : |X_n| > B\}$$

我们想通过仿真来估计 $E[N]$。

与 N 一起的 $X_n (n \geq 1)$ 过程被称为指数加权移动平均控制图，旨在检测数据 $Y_i (i \geq 1)$ 分布的变化。因为当过程受到控制时，Y_i 的均值为 0，因此较大的 X_n 值表明分布可能发生变化。

因此，假设分布不变，$E[N]$ 表示在控制图错误地宣布过程失控之前需要考虑的数据值的平均值。

在时间 n 时的随机风险由以下式子得出：

$$H_n = I\{N \geq n\}P(|X_n| > B|X_{n-1})$$
$$= I\{N \geq n\}(P(X_n > B|X_{n-1}) + P(X_n < -B|X_{n-1}))$$

现有：

$$P(X_n > B|X_{n-1}) = P[aX_{n-1} + (1-a)Y_n > B|X_{n-1}]$$
$$= P\left(Y_n > \frac{B - aX_{n-1}}{1-a}\bigg|X_{n-1}\right)$$
$$= \overline{F}\left(\frac{B - aX_{n-1}}{1-a}\right)$$

同理，我们可以得出：

$$P(X_n < -B|X_{n-1}) = F\left(\frac{-B - aX_{n-1}}{1-a}\right)$$

因此：

$$H_n = I\{N \geq n\}\left(\overline{F}\left(\frac{B - aX_{n-1}}{1-a}\right) + F\left(\frac{-B - aX_{n-1}}{1-a}\right)\right)$$

因为，在 $\text{Var}(Y_1) > 0$ 的条件下，我们可以证明 $P(N < \infty) = 1$。因此，当 $R = \sum_{n=1}^{\infty} H_n$ 时，$E[R] = 1$。很显然较大的 N 值往往伴随着较大的 R 值，因此 N 和 R 具有很强的正相关性，故 R 应该是一个有效的控制变量。

表 10.6 给出了 F 为 $W-1$ 的分布函数时得到的一些结果，其中 W 是均值为 1 的指数分布随机变量。也就是说：

$$F(x) = 1 - e^{-(x+1)}, \quad x > -1$$

且 $B = 3\left(\dfrac{1-a}{1+a}\right)^{1/2}$ ［选择 B 是因为 $\lim\limits_{n \to \infty} \text{Var}(X_n) = \dfrac{1-a}{1+a}$ 这一事实，所以如果 X_n 超过其受控均值 0 不少于 3 个标准差时，控制图将宣布过程失控］，受控估计量为：

$$\text{受控估计量} = N + c(R-1)$$

式中 c 是 $c^* = -\dfrac{\text{Cov}(N,R)}{\text{Var}(R)}$ 的估计量。

表 10.6 F 为 $W-1$ 的分布函数时得到的一些结果

a	$E[N]$	$\text{Var}[N]$	Var（受控估计量）	$\text{Var}[N]$/Var（受控估计量）
0.9	414	200290	33716	5.94
0.8	194	31845	3128	10.18
0.7	127	17550	712	24.65
0.5	79.46	6324	76.17	83.02
0.4	69.11	4589	31.60	145.24

注释：如果 $X_n(n \geq 1)$ 不是马尔可夫过程，那么 H_n 定义为

$$H_n = I\{N \geq n\}P(N = n|X_1, X_2, \cdots, X_{n-1})$$

它的所有结果仍然有效。

10.4 归一化重要性采样

假设我们要估计 $\theta = E[h(X)]$，其中 X 是一个具有密度（或质量）函数 f 的随机向量。重要性采样技术是根据具有 $g(x) = 0$ 且 $f(x) = 0$ 这一性质的密度函数 g 生成 X，然后取 $h(X)f(X)/g(X)$ 作为 θ 的估计量。这个无偏估计量由下式求出：

$$\theta = E_f[h(X)] = \int h(x)f(x)dx = \int h(x)\frac{f(x)}{g(x)}g(x)dx = E_g\left[h(X)\frac{f(X)}{g(X)}\right]$$

如果现在生成 k 个密度函数为 g 的向量 $X_1, X_2, \cdots, X_k$，那么基于这些向量仿真 θ 的重要性采样估计量称为 $\hat{\theta}_{im}$，为：

$$\hat{\theta}_{im} = \frac{\sum_{i=1}^{k} h(X_i)f(X_i)/g(X_i)}{k}$$

归一化重要性采样估计量用 $\sum_{i=1}^{k} f(X_i)/g(X_i)$ 代替前面的除数 k，即归一化重要性采样估计量，称为 $\hat{\theta}_{nim}$：

$$\hat{\theta}_{nim} = \frac{\sum_{i=1}^{k} h(X_i)f(X_i)/g(X_i)}{\sum_{i=1}^{k} f(X_i)/g(X_i)}$$

虽然 $\hat{\theta}_{im}$ 不是 θ 的无偏估计量，但它是一致估计量，这意味着当仿真次数 k 趋于无穷时，它将以 1 的概率收敛于 θ。基于此说法，可以通过分子分母同时除以 k 得到：

$$\hat{\theta}_{nim} = \frac{\frac{1}{k}\sum_{i=1}^{k} h(X_i)f(X_i)/g(X_i)}{\frac{1}{k}\sum_{i=1}^{k} f(X_i)/g(X_i)}$$

根据大数定律，现有：

$$\lim_{k \to \infty} \frac{1}{k}\sum_{i=1}^{k} h(X_i)f(X_i)/g(X_i) = E_g[h(X)f(X)/g(X)] = E_f[h(X)] = \theta$$

$$\lim_{k \to \infty} \frac{1}{k}\sum_{i=1}^{k} f(X_i)/g(X_i) = E_g[f(X)/g(X)] = \int \frac{f(x)}{g(x)}g(x)dx = \int f(x)d(x) = 1$$

因此，$\hat{\theta}_{nim}$ 的分子收敛于 θ、分母收敛于 1 的概率为 1，证明当 $k \to \infty$ 时，$\hat{\theta}_{nim}$ 收敛于 θ。

注释：前面已经了解了归一化重要性采样技术。实际上，它等价于用于估计式（9.14）中 $\theta = E_f[h(X) | X \in A]$ 的技术。式（9.14）的估计量根据密度度量 g 采样 k 个随机向量，然后使用估计值：

$$\frac{\sum_{i=1}^{k} h(X_i)I(X_i \in A)f(X_i)/g(X_i)}{\sum_{i=1}^{k} I(X_i \in A)f(X_i)/g(X_i)}$$

如果取 A 为 n 的全部空间，则 $I(X_i \in A) = 1$，问题就变成了 $E_f[h(X)]$ 的估计问题，而前面的估计量是归一化重要性采样估计量。

归一化重要性采样估计量的一个重要特征是，它可以用于密度函数 f 只对一个乘常数可知的情况。也就是说，对于已知函数 $f_0(x)$，可知：

$$f(x) = Cf_0(x)$$

其中 $C^{-1} = \int f_0(x) \mathrm{d}(x)$ 可能难以计算。但是因为：

$$\hat{\theta}_{\mathrm{nim}} = \frac{\frac{1}{k}\sum_{i=1}^{k} h(X_i) f_0(X_i)/g(X_i)}{\frac{1}{k}\sum_{i=1}^{k} f_0(X_i)/g(X_i)}$$

不依赖于 C 的值。因此，即使 C 未知，它也可以用来估计 $\theta = E_f[h(X)]$。

例 10l：令 $X_i(i=1,2,\cdots,r)$ 为独立二项随机变量，其中 X_i 具有参数 (n_i, p_i)。令 $n = \sum_{i=1}^{r} n_i$ 且 $S = \sum_{i=1}^{r} X_i$，假设要通过仿真来估计：

$$\theta = E[h(X_1, X_2, \cdots X_r)|S=m]$$

式中 h 是一个指定函数且 $0 < m < n$。首先，假设在已知 $S = m$ 的情况下，求 $X_1, X_2, \cdots X_r$ 的条件概率质量函数。对于非负整数 $i_1, i_2, \cdots, i_r$ 和 m，有：

$$P(X_1 = i_1, \cdots, X_r = i_r | S = m) = \frac{P(X_1 = i_1, \cdots, X_r = i_r)}{P(S=m)}$$

$$= \frac{\prod_{j=1}^{r} \binom{n_j}{i_j} p_j^{i_j}(1-p_j)^{n_j - i_j}}{P(S=m)}$$

然而，由于 p_j 不必相等，因此很难计算 $P(S=m)$。因此，从本质上讲所考虑的联合质量函数只能知道一个乘常数。

为了解决这个问题，令 $Y_i(i=1,2,\cdots,r)$ 是具有参数为 (n_i, p) 的独立二项随机变量。利用 $S_y = \sum_{i=1}^{r} Y_i$ 是参数 (n, p) 的二项式，可知对于 $\sum_{i=1}^{r} i_j = m$：

$$P = (Y_1 = i_1, i_2, \cdots, Y_r = i_r | S_y = m) = \frac{\prod_{j=1}^{r} \binom{n_j}{i_j} p^{i_j}(1-p)^{n_j - i_j}}{\binom{n}{m} p^m (1-p)^{n-m}}$$

$$= \frac{\binom{n_1}{i_1}\binom{n_2}{i_2}\cdots\binom{n_r}{i_r}}{\binom{n}{m}}$$

（10.13）

因此，已知 $Y_1, Y_2, \cdots, Y_r$ 的总和为 m 时，它的条件分布为当从一个装有 n 个球的缸中随机选择 m 个球时，每种类型 r 个球的数量的分布，其中第 i 种类型有 $n_i(i=1,2,\cdots,r)$ 个球。因此，给定 $\sum_{i=1}^{r} Y_i = m$，可以顺序生成 Y_i，所有的条件分布都是超几何分布。也就是说，已知 $S_y = m$ 且

$Y_i = y_i (i=1,2,\cdots,j-1)$ 时，Y_j 的条件分布是一个超几何分布，即当从一个包含 $\sum_{i=j}^{r} n_i$ 个球（其中 n_j 个是红色球）的缸中随机选择 $m - \sum_{i=1}^{j-1} y_i$ 个球时，所选择的红色球的数量。

现在，如果令：

$$R(i_1, i_2, \cdots, i_r) = \prod_{j=1}^{r} p_j^{i_j} (1-p_j)^{n_j - i_j}$$

那么：

$$\frac{P(X_1 = i_1, i_2, \cdots, X_r = i_r | S = m)}{P(Y_1 = i_1, i_2, \cdots, Y_r = i_r | S = m)} = \frac{\binom{n}{m}}{P(S=m)} R(i_1, i_2, \cdots, i_r)$$

因此，可以通过生成 k 个具有质量函数【式（10.13）】的向量 $\boldsymbol{Y}_1, \boldsymbol{Y}_2, \cdots, \boldsymbol{Y}_k$，使用以下估计量来估计 θ：

$$\hat{\theta}_{\text{nim}} = \frac{\sum_{i=1}^{k} h(\boldsymbol{Y}_i) R(\boldsymbol{Y}_i)}{\sum_{i=1}^{k} R(\boldsymbol{Y}_i)}$$

例 10m： 令 $X_i (i=1,2,\cdots,r)$ 为速率为 $\lambda_i (i=1,2,\cdots,r)$ 的独立指数分布随机变量，假设要估计：

$$\theta = E[h(X_1, X_2, \cdots, X_r) | S = t]$$

其中 $S = \sum_{i=1}^{r} X_i$，并且 h 是一个指定的函数。首先，我们来确定在 $S = t$ 给定的情况下，$X_1, X_2, \cdots, X_{r-1}$ 的条件密度函数。将这个条件密度函数称为 f，对于满足 $\sum_{i=1}^{r-1} X_i < t$ 的正值 $x_1, x_2, \cdots, x_{r-1}$，有：

$$f(x_1, x_2, \cdots, x_r) = f_{X_1, X_2, \cdots, X_{r-1}}(x_1, x_2, \cdots, x_{r-1} | S = t)$$

$$= \frac{f_{X_1, X_2, \cdots, X_r}\left(x_1, x_2, \cdots, x_{r-1}, t - \sum_{i=1}^{r-1} x_i\right)}{f_S(t)}$$

$$= \frac{\lambda_r e^{-\lambda_r \left(t - \sum_{i=1}^{r-1} x_i\right)} \prod_{i=1}^{r-1} \lambda_i e^{-\lambda_i x_i}}{f_S(t)}$$

$$= \frac{e^{-\lambda_r t} e^{-\sum_{i=1}^{r-1} (\lambda_i - \lambda_r) x_i} \prod_{i=1}^{r} \lambda_i}{f_S(t)}$$

现在，有：

$$h^*(x_1, x_2, \cdots, x_{r-1}) = h\left(x_1, x_2, \cdots, x_{r-1}, t - \sum_{i=1}^{r-1} x_i\right), \quad \sum_{i=1}^{r-1} x_i < t$$

得出：

$$\theta = E[h(X_1, X_2, \cdots, X_r) | S = t] = E_f[h^*(X_1, X_2, \cdots, X_{r-1})]$$

然而，因为λ_i不一定相等，所以很难计算$f_S(t)$（如果λ_i相等，则$f_S(t)$将是一个伽马密度），因此密度函数f本质上只能指定到一个乘常数。

为了利用归一化重要性采样，令$U_1, U_2, \cdots, U_{r-1}$为$(0,t)$上的独立均匀随机变量，并令$U_{(1)} < U_{(2)} < \cdots < U_{(r-1)}$为它们的有序值。现在，对于$0 < y_1 < \cdots < y_{r-1} < t$，如果$U_{(1)}, U_{(2)}, \cdots, U_{(r-1)}$是$y_1, y_2, \cdots, y_{r-1}$中的任意一个$(r-1)!$排列，$U_{(i)}$对所有$i$均等于$y_i$。因此：

$$f_{U_{(1)}, U_{(2)}, \cdots, U_{(r-1)}}(y_1, y_2, \cdots, y_{r-1}) = \frac{(r-1)!}{t^{r-1}}, \quad 0 < y_1 < \cdots < y_{r-1} < t$$

如果现在令：

$$X_1 = U_{(1)}$$
$$X_i = U_{(i)} - U_{(i-1)}, i = 2, 3, \cdots, r-1$$

那么很容易检验（变换的雅可比矩阵是1）$X_1, \cdots, X_{r-1}$的联合密度函数g是：

$$g(x_1, x_2, \cdots, x_{r-1}) = \frac{(r-1)!}{t^{r-1}}, \quad \sum_{i=1}^{r-1} x_i < t, \text{ 所有} x_i > 0$$

由以上可知，可以生成一个密度函数为g的随机向量$(X_1, \cdots, X_{r-1})$，方法是生成$r-1$个在$(0,t)$区间均匀分布的随机变量，对它们排序，然后令$X_1, \cdots, X_{r-1}$为连续有序值之差。

现在，对于$K = \dfrac{\mathrm{e}^{-\lambda_r t} t^{r-1} \prod_{i=1}^{r} \lambda_i}{(r-1)! f_S(t)}$：

$$\frac{f(x_1, x_2, \cdots, x_{r-1})}{g(x_1, x_2, \cdots, x_{r-1})} = K \mathrm{e}^{-\sum_{i=1}^{r-1}(\lambda_i - \lambda_r) x_i}$$

因此，对于$\boldsymbol{x} = (x_1, x_2, \cdots, x_{r-1})$，定义：

$$R(\boldsymbol{x}) = \mathrm{e}^{-\sum_{i=1}^{r-1}(\lambda_i - \lambda_r) x_i}$$

那么可以通过密度函数g生成k个向量$\boldsymbol{X}_1, \cdots, \boldsymbol{X}_k$，然后使用以下估计量来估计$\theta$：

$$\hat{\theta}_{\mathrm{nim}} = \frac{\sum_{i=1}^{k} h^*(\boldsymbol{X}_1) R(\boldsymbol{X}_i)}{\sum_{i=1}^{k} R(\boldsymbol{X}_i)}$$

10.5 拉丁超立方体采样（Latin hypercube sampling）

假设我们要通过仿真来计算$\theta = E[h(U_1, U_2, \cdots, U_n)]$，其中$h$是任意函数，且$U_1, \cdots, U_n$为服从参数$(0,1)$的独立均匀随机变量。也就是说，要计算：

$$E[h(U_1, U_2, \cdots, U_n)] = \int_0^1 \int_0^1 \cdots \int_0^1 h(x_1, x_2, \cdots, x_n) \mathrm{d}x_1 \mathrm{d}x_2 \cdots \mathrm{d}x_n$$

标准方法是生成一定数量（比如r）的连续n个独立均匀$(0,1)$随机变量向量：

$$\boldsymbol{U}_1 = (U_{1,1}, U_{1,2}, \cdots, U_{1,j}, \cdots, U_{1,n})$$
$$\boldsymbol{U}_2 = (U_{2,1}, U_{2,2}, \cdots, U_{2,j}, \cdots, U_{2,n})$$
$$\cdots = \cdots$$
$$\boldsymbol{U}_i = (U_{i,1}, U_{i,2}, \cdots, U_{i,j}, \cdots, U_{i,n})$$
$$\cdots = \cdots$$
$$\boldsymbol{U}_r = (U_{r,1}, U_{r,2}, \cdots, U_{r,j}, \cdots, U_{r,n})$$

然后计算每个向量处的 h，并使用 $\frac{1}{r}\sum_{i=1}^{r}h(\boldsymbol{U}_i)$ 作为仿真估计量。

在前面连续的 r 次运行中，$\boldsymbol{U}_j$ 的 $U_{1,j},U_{2,j},\cdots,U_{r,j}$ 值独立且均匀分布在 $(0,1)$ 上。直观来讲，更好的方法是对这些 r 值进行分层，以便对于每个 k（$k=1,2,\cdots,r$）的区间 $\left(\frac{k-1}{r},\frac{k}{r}\right)$ 内恰好有一个值。同样，在对每个 $j=1$ 执行此操作之后，希望使用结果 nr 以随机的方式生成 r 个 n 维向量，以避免其中一个向量由均匀分布在 $\left(0,\frac{1}{r}\right)$ 上的分量值组成等。要完成此任务，由于注意到如果 $p_1,p_2,\cdots,p_r$ 是 $1,2,\cdots,r$ 的一个排列，那么：

$$\frac{U_1+p_1-1}{r},\cdots,\frac{U_i+p_i-1}{r},\cdots,\frac{U_r+p_r-1}{r}$$

是一个由 r 个独立随机变量组成的序列，对于每一个 k（$k=1,2,\cdots,r$），其中一个在区间 $\left(\frac{k-1}{r},\frac{k}{r}\right)$ 内是均匀的。基于此，可以通过首先生成 n 个独立随机排列 $(1,2,\cdots,r)$ 来构造 r 个 n 维向量。将这些随机排列表示为 $(\pi_{1,j},\pi_{2,j},\cdots,\pi_{r,j}),j=1,2,\cdots,r$，令 $U_{i,j}^*=\frac{U_{i,j}+\pi_{i,j-1}}{r}$，$r$ 向量是 $\boldsymbol{U}_i^*=(U_{i,1}^*,U_{i,2}^*,\cdots,U_{i,n}^*),i=1,2,\cdots,r$。对每个向量处的函数 h 求值，就得到了 θ 的估计值，即 θ 的估计值为 $\hat{\theta}=\frac{1}{r}\sum_{i=1}^{r}h(\boldsymbol{U}_i^*)$。

例如，假设 $n=2,r=3$。然后生成 3 个向量：

$$\boldsymbol{U}_1=(U_{1,1},U_{1,2})$$
$$\boldsymbol{U}_2=(U_{2,1},U_{2,2})$$
$$\boldsymbol{U}_3=(U_{3,1},U_{3,2})$$

现在生成两个随机排列的值 $1,2,3$。假设它们是 $(1,3,2)$ 和 $(2,3,1)$，那么求 h 值的 3 个结果向量是：

$$\boldsymbol{U}_1^*=\left(\frac{U_{1,1}+0}{3},\frac{U_{1,2}+1}{3}\right)$$
$$\boldsymbol{U}_2^*=\left(\frac{U_{2,1}+2}{3},\frac{U_{2,2}+2}{3}\right)$$
$$\boldsymbol{U}_3^*=\left(\frac{U_{3,1}+1}{3},\frac{U_{3,2}+0}{3}\right)$$

很容易看出（见问题 8）$U_{i,j}^*$ 均匀分布在 $(0,1)$ 上。因此，由于 $U_{i,1}^*,\cdots,U_{i,n}^*$ 独立，所以可以得出 $E[\hat{\theta}]=\theta$。虽然很常见的是：

$$\operatorname{Var}\hat{\theta}\leqslant\frac{\operatorname{Var}(h(U_1,U_2,\cdots,U_n))}{r}$$

但这不一定总是正确的。不过当 h 是单调函数时，它总是成立的。

习题

1. 令 $P(0\leqslant X\leqslant 1)=1$。若 $E[X]=p$，证明 $\operatorname{Var}(X)\leqslant p(1-p)$。

结果表明，在所有无偏估计量中，始终位于 0 和 1 之间的指示估计量 $I\{A\}$ 具有最大的方差。

2. 使用第 10.1 节和 10.2 节的方法来求在投掷硬币的前 100 次中出现连续 10 次正面的概率的估计量，其中每次正面出现的概率为 0.4。比较各估计量的方差以及它们的最佳线性组合的方差。

3. 使用第 10.1 节和 10.2 节的方法来求在投掷硬币的前 20 次中出现 HTHTH（H 表示正面，T 表示反面）的概率的估计量，其中正面出现的概率为 0.3。将估计量的方差以及它们的最佳线性组合的方差进行比较。

4. 考虑例 10j 中的下注者破产模型，其中当前领先 i 的下注者以 p_i 的概率赢得下一次赌注。假设下注者在赢得 k 或输掉 k 时停止，P_k 表示下注者在赢得 k 前输掉 k 的概率，证明：

$$P_k = p_{k-1}E[T_{k-1}]$$

式中 T_{k-1} 是下注者领先 $k-1$ 的周期数。

提示：对于马尔可夫过程 $Y_n (n \geq 1)$，其中 Y_n 是下注者在 n 个周期后的奖金，考虑下注者在输掉 k 之前赢 k 这一事件的随机风险。

5. 例 10k 中，假设 $\text{Var}(Y_n) = \sigma^2$。求出 X_n 的 $E[X_n]$ 和 $\text{Var}(X_n)$。

6. 考虑独立试验，其中试验 i 成功的概率为 $p_i = 1 - \frac{1}{2\sqrt{i}}$ $(i \geq 1)$。令 N 为第一次成功前的试验次数。用第一次成功前所有随机风险的总和 R 作为控制变量来估计 $E[N]$。将控制估计量的方差与 N 的方差进行比较。

7. 证明：当密度函数 f 和 g 都只知道一个乘常数时，只要能够从 g 生成乘常数就可以应用归一化重要性采样技术。

8. 当 X 具有以下密度函数时，编程求 $E[X]$：

$$f(x) = Ce^{x+x^2}, \quad 0 < x < 1$$

9. 如果 U 在 $(0,1)$ 上服从均匀分布，并且 π 可能是 $1, 2, \cdots, r$ 中的任何一个，证明 $\frac{U + \pi - 1}{r}$ 在 $(0, 1)$ 上均匀分布。

10. 令 $\theta = E\left[e^{\sum_{i=1}^{10} U_i}\right]$，其中 $U_1, U_2, \cdots, U_{10}$ 为独立且在 $(0, 1)$ 上均匀分布的随机变量。

a. 通过 100 次仿真估计 θ。提示：生成 100 个独立的随机数集，每个集合中十个元素，取 100 次仿真的平均值，计算每次仿真中 10 个均匀分布随机数之和的 e 次幂的平均值。将估计值与实际值 $\theta = (e-1)^{10} = 224.359$ 进行比较。注意仿真所需的时间。

b. 使用拉丁超立方体采样计算 a。

c. 用不同的随机数计算 a 和 b。

d. 拉丁超立方体采样是否比原始仿真有改进？

e. 还有什么其他方差缩减的方法可以用？

11. 在拉丁超立方体采样方法中，解释为什么只需要生成 $n-1$ 个随机排列，而不是 n 个随机排列。

第 11 章 统计验证技术

本章介绍了一些验证仿真模型的统计方法。11.1 节和 11.2 节讨论了用于确定一组已知的数据是否服从假定概率分布的拟合优度检验方法。11.1 节中的假定分布是完全确定的,而 11.2 节的假定分布为给定的参数族,如一个具有未知均值的泊松分布。11.3 节介绍了如何检验两个独立的数据样本是否源自于同一模型或过程的假设。当仿真模型能够真实准确表达客观对象或过程时,可以检验出真实数据和仿真数据来自相同的模型。11.3 节介绍的方法和结论在检验仿真模型的有效性时特别有用。此外,该节还概括总结了多样本仿真的情况。最后在 11.4 节中,我们证明了如何使用真实数据来检验生成数据的过程构成非齐次泊松过程这一假设,该节也考虑了齐次泊松过程的情况。

11.1 拟合优度检验

人们在对一个已知现象进行概率分析时,往往先假设其中的某些随机元素具有特定的概率分布。例如,在做交通网络分析时,先假设每天的交通事故数量服从泊松分布。对于这类假设,可以通过对比观测数据分布特征与假设分布模型的一致性来检验其是否成立。这样的统计检验称为拟合优度检验。

拟合优度检验的一种方法是首先将随机变量的可能值划分为有限个区间,然后观察每个区间内的样本数量,并将落入每个区间内的样本数量与基于假定分布得到的理论预期数量进行比较。

本节首先研究当假设分布的所有参数都已知时的拟合优度检验方法,下一节研究假设分布的某些参数未知时的拟合优度检验。首先是离散分布的情况,然后是连续分布的例子。

1. 离散数据的卡方(chi-square)拟合优度检验

假设 n 个独立随机变量 $Y_1, Y_2, \cdots, Y_n$,每个变量的观测值为 $1, 2, \cdots, k$ 值中的一个。我们感兴趣的是检验假设 $\{p_i, i=1,2,\cdots,k\}$ 是这些随机变量的概率质量函数。也就是说,如果 Y 表示任意一个 Y_j,那么待检验的假设 H_0,称之为原假设,即

$$H_0 : P\{Y = i\} = p_i, \quad i = 1, 2, \cdots, k$$

为了验证上述假设,令 N_i 表示等于 i 的 Y_j 的数量,$i = 1, 2, \cdots, k$。由于每个 Y_j 都以 $P\{Y = i\}$ 的概率独立地等于 i,因此当原假设 H_0 成立时,N_i 服从参数为 n 和 p_i 的二项分布。故当 H_0 成立时:

$$E[N_i] = np_i$$

$(N_i - np_i)^2$ 可用于衡量 $p_i = P\{Y = i\}$ 的概率有多大。当它相对于 np_i 很大时,就表明 H_0 不正确。上述推理引导我们考虑统计量:

$$T = \sum_{i=1}^{k} \frac{(N_i - np_i)^2}{np_i}$$

并在 T 较大时拒绝原假设。

较小的检验统计量 T 是支持原假设 H_0 的证据,而较大的检验统计量 T 则表明 H_0 不成立。现在假设实际数据的结果是 T 的取值为 t。为衡量如果原假设成立,那么这样大的结果出现

的可能性有多小，因此定义 p 值如下：
$$p值 = P_{H_0}\{T \geq t\}$$
这里用 P_{H_0} 表示在原假设 H_0 成立的情况下计算概率。因此，得出了在原假设成立的情况下，不小于 T 值发生的概率。通常，当 p 值很小时（通常选择 0.05 或者更保守地选择 0.01 为临界值），拒绝原假设，认为它与数据不一致；否则，不拒绝原假设，认为它似乎与数据一致。

剩下的问题是，在观察到检验量的值为 t 后，如何计算概率：
$$p值 = P_{H_0}\{T \geq t\}$$
通过使用经典结果可以得到这个概率一个相当好的近似值，对于较大的 n 值，当 H_0 成立时，T 近似服从自由度为 $k-1$ 的卡方分布。因此：
$$p值 \approx P\{X_{k-1}^2 \geq t\} \tag{11.1}$$
其中，X_{k-1}^2 表示一个自由度为 $k-1$ 的卡方随机变量。

例 11a：考虑一个随机变量，它可以取 1,2,3,4,5 中任意可能的值，现要检验这些值等概率出现的假设。也就是说，要检验：
$$H_0: p_i = 0.2, \quad i = 1,2,\cdots,5$$
如果从 50 个样本中得出 N_i 值分别为 12、5、19、7、7，则可以得到近似的 p 值。根据定义，检验统计量 T 的值为：
$$T = \frac{4+25+81+9+9}{10} = 12.8$$
得出：
$$p值 \approx P\{X_4^2 > 12.8\} = 0.0122$$
对于如此低的 p 值，所有结果同等可能的原假设将被拒绝。

如果 p 值的近似值不是太小，如 0.15 或更大，那么原假设将不会被拒绝，因此没有必要寻找 p 值更好的近似值。但当 p 值接近临界值（如 0.05 或 0.01）时，我们可能希望获得比卡方分布给出的更准确的估计值。幸运的是，通过仿真研究可以得到一个更精确的估计值。

为了进行仿真研究，需要生成 $N_1, N_2, \cdots, N_k$，其中 N_i 是具有概率质量函数 $\{p_i, i=1,\cdots,k\}$ 的 $Y_1, Y_2, \cdots, Y_k$ 的个数。可以通过两种不同的方法来实现。一种方法是首先生成 $Y_1, Y_2, \cdots, Y_n$，然后用它们来确定 $N_1, N_2, \cdots, N_k$。另一种方法是直接生成 $N_1, N_2, \cdots, N_k$，先生成 N_1，然后根据生成的 N_1 的值直接生成 N_2，以此类推。具体方法如下：N_1 是参数为 (n, p_1) 的二项分布，当 $N_1 = n_1$ 时，N_2 的条件分布是参数为 $\left(n-n_1, \frac{p_2}{1-p_1}\right)$ 的二项分布；当 $N_1 = n_1$，$N_2 = n_2$ 时，N_3 的条件分布是参数为 $\left(n-n_1-n_2, \frac{p_3}{1-p_1-p_2}\right)$ 的二项分布，以此类推。如果 n 比 k 大得多，那么第二种方法的效率更高。

2. 连续数据的柯尔莫可洛夫-斯米洛夫（Kolmogorov-Smirnov）检验

现在考虑这样的情况，$Y_1, Y_2, \cdots, Y_n$ 是独立的随机变量，需要检验的原假设 H_0 是它们有共同的分布函数 F，其中 F 是一个已知的连续分布函数。检验 H_0 的一种方法是将 Y_j 的可能值集分成 k 个不同的区间，比如：
$$(y_0, y_1), (y_1, y_2), \cdots, (y_{k-1}, y_k),$$
其中 $y_0 = -\infty$，$y_k = +\infty$，然后考虑离散随机变量 Y_j^d ($j=1,2,\cdots,n$)，定义为：

$$Y_j^d = i, \quad 如果 Y_j \in (y_{i-1}, y_i)$$

原假设意味着：

$$P(Y_j^d = i) = F(y_i) - F(y_{i-1}), \ i = 1, 2, \cdots, k$$

这样就可以通过前面介绍的卡方拟合优度检验方法来检验。

然而，还有另一种比离散化更有效的方法可以检验 Y_j 是否来自连续的分布函数 F，它的原理如下。观察 $Y_1, Y_2, \cdots, Y_n$ 后，令 F_e 为样本的经验分布函数，定义为：

$$F_e(x) = \frac{\#i : Y_i \leq x}{n}$$

也就是说，$F_e(x)$ 是小于或等于 x 的观测值所占的比例。由于 $F_e(x)$ 是观测值小于或等于 x 的概率的自然估计量。因此，如果原假设成立，那么它应该接近 $F(x)$。因为对于所有 x 都是如此，所以检验 H_0 的一个自然的检验统计量就是：

$$D = \max_{x \in (-\infty, +\infty)} |F_e(x) - F(x)|$$

称 D 为柯尔莫可洛夫-斯米洛夫（Kolmogorov-Smirnov）检验统计量。

要计算已知数据集 $Y_j = y_j \, (j = 1, 2, \cdots, n)$ 的 D 值，首先将 y_j 从小到大排序，得到 $y_{(1)}, y_{(2)}, \cdots, y_{(n)}$。也就是说，$y_{(j)}$ 是 $y_1, y_2, \cdots, y_n$ 中第 j 小的值。例如，如果 $n = 3$ 且 $y_1 = 1, y_2 = 5, y_3 = 1$，则 $y_{(1)} = 1, y_{(2)} = 3, y_{(3)} = 5$。因为 $F_e(x)$ 可以写成：

$$F_e(x) = \begin{cases} 0 & 若 x < y_{(1)} \\ \dfrac{1}{n} & 若 y_{(1)} \leq x < y_{(2)} \\ \quad \vdots \\ \dfrac{j}{n} & 若 y_{(j)} \leq x < y_{(j+1)} \\ \quad \vdots \\ 1 & 若 y_{(n)} \leq x \end{cases}$$

我们看到 $F_e(x)$ 在区间 $(y_{(j-1)}, y_{(j)})$ 内恒定，然后在点 $y_{(1)}, y_{(2)}, \cdots, y_{(n)}$ 处跳跃 $1/n$。

由于 $F(x)$ 是以 1 为界的关于 x 的递增函数，因此 $F_e(x) - F(x)$ 的最大值为非负，且出现在某一个跳跃点 $y_{(j)}$ 处（见图 11.1）。也就是说：

$$\max_{x \in (-\infty, +\infty)} \{F_e(x) - F(x)\} = \max_{j = 1, 2, \cdots, n} \left\{ \frac{j}{n} - F(y_{(j)}) \right\} \tag{11.2}$$

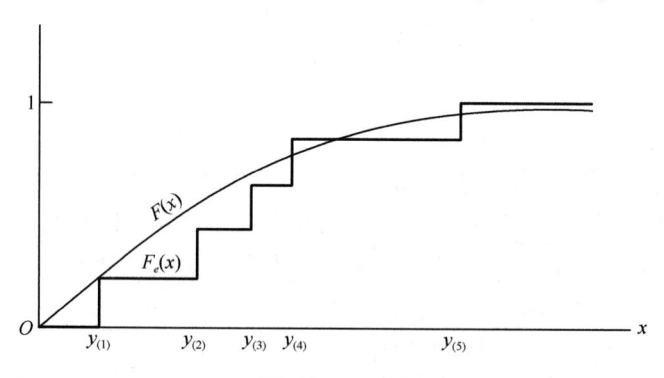

图 11.1　$n = 5$

同理，$F(x) - F_e(x)$ 的最大值也为非负，且出现在某一个跳跃点 $y_{(j)}$ 之前，因此：

$$\max_{x \in (-\infty, +\infty)} \{F(x) - F_e(x)\} = \max_{j=1,2,\cdots,n} \left\{ F(y_{(j)}) - \frac{j-1}{n} \right\} \tag{11.3}$$

结合以上两式，可知：

$$\begin{aligned} D &= \max_{x \in (-\infty, +\infty)} |F_e(x) - F(x)| \\ &= \max \left\{ \max_{x \in (-\infty, +\infty)} \{F_e(x) - F(x)\}, \max_{x \in (-\infty, +\infty)} \{F(x) - F_e(x)\} \right\} \\ &= \max \left\{ \frac{j}{n} - F(y_{(j)}), F(y_{(j)}) - \frac{(j-1)}{n}, j=1,2,\cdots,n \right\} \end{aligned} \tag{11.4}$$

式（11.4）可以用来计算 D 的值。

现在假设观察到 Y_j，并且它们的值使得 $D = d$。由于 D 的取值越大，表明数据集与 F 为真实分布的原假设越不一致，因此该数据集的 p 值定义为：

$$p\text{值} = P_F\{D \geq d\}$$

这里我们写了 P_F 来明确表示这个概率是在假设 H_0 成立的情况下计算的。

上述 p 值可以通过以下命题简化的仿真来近似，该命题表明 $P_F\{D \geq d\}$ 不依赖于真实分布 F。该结果使我们能够选择任何连续分布 F 进行仿真来估计 p 值，特别地，我们可以选择使用均匀 (0,1) 分布。

命题： $P_F\{D \geq d\}$ 对于任何连续分布 F 都是一样的。

证明：

$$\begin{aligned} P_F\{D \geq d\} &= P_F\left\{ \max_x \left| \frac{\#i : Y_i \leq x}{n} - F(x) \right| \geq d \right\} \\ &= P_F\left\{ \max_x \left| \frac{\#i : F(Y_i) \leq F(x)}{n} - F(x) \right| \geq d \right\} \\ &= P_F\left\{ \max_x \left| \frac{\#i : U_i \leq F(x)}{n} - F(x) \right| \geq d \right\} \end{aligned}$$

式中 $U_1, U_2, \cdots, U_n$ 为在 (0,1) 区间内独立且均匀分布的随机变量。第一个等式成立是因为 F 是一个递增函数，所以 $Y \leq x$ 等价于 $F(Y) \leq F(x)$；第二个等式成立是因为如果 Y 具有连续分布 F，那么随机变量 $F(Y)$ 在 (0,1) 上均匀分布（其证明留作习题）。

继续讨论上述内容，令 $y = F(x)$，并注意到当 x 的取值范围是 $-\infty$ 到 $+\infty$ 时，$F(x)$ 的取值范围是 0 到 1，有：

$$P_F\{D \geq d\} = P\left\{ \max_{0 \leq y \leq 1} \left| \frac{\#i : U_i \leq y}{n} - y \right| \geq d \right\}$$

这证明当 H_0 成立时，D 的分布不依赖于 F 的实际分布。

由上述命题可知，从数据中确定 D 的值后，如 $D = d$，则可以通过在 (0,1) 区间内均匀分布的仿真得到 p 值。也就是说，生成一组 n 个随机数 $U_1, U_2, \cdots, U_n$，然后检查不等式：

$$\max_{0 \leq y \leq 1} \left| \frac{\#i : U_i \leq y}{n} - y \right| \geq d \tag{11.5}$$

是否成立。重复多次，成立次数的占比就是 p 值的估计。如前所述，式（11.5）的左侧可以通过对随机数排序然后使用以下恒等式来计算：

$$\max_{0\leq y\leq 1}\left|\frac{\#i:U_i\leq y}{n}-y\right|=\max_{j=1,2,\cdots,n}\left\{\frac{j}{n}-U_{(j)},U_{(j)}-\frac{(j-1)}{n}\right\}$$

其中，$U_{(j)}$ 是 $U_1,U_2,\cdots,U_j$ 的第 j 个最小值。例如，如果 $n=3$，且 $U_1=0.7$，$U_2=0.6$，$U_3=0.4$，则 $U_{(1)}=0.4$，$U_{(2)}=0.6$，$U_{(3)}=0.7$，且该数据集的 D 值为：

$$D=\max\left\{\frac{1}{3}-0.4,\frac{2}{3}-0.6,1-0.7,0.4,0.6-\frac{1}{3},0.7-\frac{2}{3}\right\}=0.4$$

例 11b： 假设要检验一个已知总体分布是均值为 100 的指数分布情况下的假设，即 $F(x)=1-e^{-x/100}$。如果该分布中大小为 10 的样本的（有序）值为：

$$(66,72,81,94,112,116,124,140,145,155)$$

那么可以得出什么结论？

为了回答上述问题，我们首先计算 Kolmogorov-Smirnov 检验量 D 的值。经过一些计算，得到 $D=0.4831487$。为了得到近似的 p 值，进行了一次仿真，得出了以下输出：

```
RUN
THIS PROGRAM USES SIMULATION TO APPROXIMATE THE p-value
OF THE KOLMOGOROV-SMIRNOV TEST
Random number seed (-32768 to 32767)    ? 4567
ENTER THE VALUE OF THE TEST QUANTITY
? 0.4831487
ENTER THE SAMPLE SIZE
? 10
ENTER THE DESIRED NUMBER OF SIMULATION RUNS
? 500
THE APPROXIMATE p-value IS 0.012
OK
```

由于 p 值如此之低（指数分布中 10 个值的最小值极不可能大于 66），因此假设将被拒绝。

11.2 某些参数未指定时的拟合优度检验

1. 离散数据情况

对没有完全指定概率 p_i（$i=1,2,\cdots,k$）的原假设也可以进行拟合优度检验。例如，检验某地区每日交通事故的数量是否服从均值未知的泊松分布。为了检验这一假设，得到了 n 天内的数据，令 Y_i 表示第 i 天的事故数量，$i=1,2,\cdots,n$。为了确定这些数据是否与泊松分布的假设一致，首先需要解决一个难题：如果泊松假设成立，这些数据有无限个可能的取值。这可以通过以下方式来解决：将可能值的集分解成有限个子集，如 k 个，然后查看 n 个数据位于哪个子集。例如，如果感兴趣的地区很小，一天内没有太多的事故，我们可以说，当某天发生 $i-1$ 起事故时，该天的事故数量落在第 i 个子集内，这里 $i=1,2,3,4,5$，而当发生 5 起或更多事故时，事故数量落在第 6 个子集。因此，如果基本分布确实是均值为 λ 的泊松分布，则：

$$p_i=P\{Y=i-1\}=\frac{e^{-\lambda}\lambda^{i-1}}{(i-1)!},i=1,2,3,4,5$$
$$p_6=1-\sum_{j=0}^{4}\frac{e^{-\lambda}\lambda^j}{j!}$$

（11.6）

对真实分布为泊松分布这一假设进行拟合优度检验时，面临的另一个难题是均值 λ 并未指定。此时，最直观的做法是根据数据估计 λ 的值，并以 $\hat{\lambda}$ 表示这个估计值，然后根据 $\hat{\lambda}$ 计算检验统计量的值：

$$T = \sum_{i=1}^{k} \frac{(N_i - n\hat{p}_i)^2}{n\hat{p}_i}$$

式中，N_i 为落在第 i 个子集中 Y_j 的个数，其中 $\hat{p}_i$ 是在假设 H_0 下 Y_j 落在第 i 个子集的估计概率，$i = 1, 2, \cdots, k$，通过在式（11.6）中用 $\hat{\lambda}$ 代替 λ 求得。

上述方法可用于原假设中存在多个未知参数的情形。现假设有 m 个未知参数，可以证明，对于这些参数的合理估计量，当 n 较大时，如果 H_0 成立，检验统计量 T 近似服从自由度为 $k - 1 - m$ 的卡方分布。换句话说，每估计一个参数就会损失一个自由度。

如果检验统计量的取值为 t，利用上面的公式，p 值可以近似为：

$$p\text{值} \approx P\{X_{k-1-m}^2 \geq t\}$$

其中，X_{k-1-m}^2 是一个自由度为 $k - 1 - m$ 的卡方随机变量。

例 11c：假设在 30 天的时间里，6 天没有发生事故，2 天发生了 1 起事故，1 天发生了 2 起事故，9 天发生了 3 起事故，7 天发生了 4 起事故，4 天发生了 5 起事故，1 天发生了 8 起事故。为了检验这些数据是否服从泊松分布，首先应注意，由于总共发生了 87 起事故，泊松分布均值的估计值为：

$$\hat{\lambda} = \frac{87}{30} = 2.9$$

因此 $P\{Y = i\}$ 的估计值是 $e^{-2.9}(2.9)^i / i!$。通过本节开头指定的 6 个子集，可以得到：

$$\hat{p}_1 = 0.0500, \quad \hat{p}_2 = 0.1596, \quad \hat{p}_3 = 0.2312,$$
$$\hat{p}_4 = 0.2237, \quad \hat{p}_5 = 0.1622, \quad \hat{p}_6 = 0.1682$$

使用数据值 $N_1 = 6$、$N_2 = 2$、$N_3 = 1$、$N_4 = 9$、$N_5 = 7$、$N_6 = 5$，可知检验统计量的值为：

$$T = \sum_{i=1}^{6} \frac{(N_i - 30\hat{p}_i)^2}{30\hat{p}_i} = 19.887$$

为了确定 p 值，我们运行程序 9-1，得到：

$$p\text{值} \approx P\{X_4^2 > 19.887\} = 0.0005$$

因此真实分布为泊松分布的原假设被拒绝了。

也可以通过仿真来估计 p 值。然而，由于原假设不再是完全指定概率分布模型，因此通过仿真来确定检验统计量的 p 值比之前要棘手一些。其操作方式如下。

a．模型。当原假设为数据值 $Y_1, Y_2, \cdots, Y_n$ 是从一个分布中抽取的随机样本，这个分布除了一组未知参数 $\theta_1, \theta_2, \cdots, \theta_m$ 之外是已知的。同时，在这个原假设成立时，Y_i 的可能值为 $1, 2, \cdots, k$。

b．初始步骤。用数据估计未知参数，令 $\hat{\theta}_j$ 表示 θ_j 的估计值。计算检验统计量的值：

$$T = \sum_{i=1}^{k} \frac{(N_i - n\hat{p}_i)^2}{n\hat{p}_i}$$

其中，N_i 是数据值等于 i 的个数，其中 $i = 1, 2, \cdots, k$，而 $\hat{p}_i$ 是当用 $\hat{\theta}_j$ 代替 θ_j 时 p_i 的估计值，其中 $j = 1, 2, \cdots, m$。令 t 表示检验统计量 T 的值。

c．仿真步骤。现在通过一系列的仿真来估计数据的 p 值。注意，所有的仿真都通过使用当原假设成立且 θ_j 等于它的估计值 $\hat{\theta}_j$ 时得到的总体分布来获得（由 b 确定）。从上述总体分

布中模拟大小为 n 的样本，令 $\hat{\theta}_j(\text{sim})$ 表示基于模拟数据的 θ_j 的估计值。计算模拟的检验统计量的值：

$$T_{\text{sim}} = \sum_{i=1}^{k} \frac{[N_i - n\hat{p}_i(\text{sim})]^2}{n\hat{p}_i(\text{sim})}$$

式中，N_i 为模拟数据值等于 i 的个数，$\hat{p}_i(\text{sim})$ 为 θ_j 等于 $\hat{\theta}_j(\text{sim})$ 时 p_i 的值。重复上述仿真步骤多次，p 值的估计值等于 T_{sim} 的值中至少与 t 一样大的值所占比例。

例 11d：重新考虑例 11c。根据本例中提供的数据得到估计值 $\hat{\lambda}=2.9$，检验统计量 $T=19.887$。现在仿真步骤包括生成 30 个独立的泊松随机变量，每个变量的均值为 2.9，然后计算值：

$$T^* = \sum_{i=1}^{6} \frac{(X_i - 30p_i^*)^2}{30p_i^*}$$

其中，X_i 是落入区域 i 的 30 个值的个数，p_i^* 是均值等于 30 个生成值的平均值的泊松随机变量落入区域 i 的概率。应重复该仿真步骤多次，估计的 p 值是导致 T^* 至少为 19.887 的次数所占的比例。

2. 连续数据情况

现在考虑这样一种情况，要检验连续随机变量 $Y_1, Y_2, \cdots, Y_n$ 有连续分布函数 F_θ，其中 $\boldsymbol{\theta} = (\theta_1, \theta_2, \cdots, \theta_m)$ 是一个未知的参数向量。例如，我们可能对检验 Y_j 是否来自正态分布的总体感兴趣。为了使用 Kolmogorov-Smirnov 检验，首先使用数据来估计参数向量 $\boldsymbol{\theta}$，以向量 $\hat{\boldsymbol{\theta}}$ 表示 $\boldsymbol{\theta}$ 的估计。检验统计量定义为：

$$D = \max_x \left| F_e(x) - F_{\hat{\theta}(x)} \right|$$

式中，$F_{\hat{\theta}}$ 是当 $\boldsymbol{\theta}$ 通过 $\hat{\boldsymbol{\theta}}$ 来估计时由 F_θ 得到的分布函数。

若检验量的值为 $D=d$，则 p 值可近似为 $P_{F_{\hat{\theta}}}\{D \geq d\} = P_U\{D \geq d\}$。也就是说，在确定了 D 的值之后，得到了一个实际高估了 p 值的粗略近似值。如果得到的 p 值不小，那么假设不会被拒绝，可以停止。然而，如果这个估计的 p 值很小，那么有必要通过仿真这一更准确的方法来估计真实 p 值。现在描述应该如何做到这一点。

步骤 1：使用数据得到 $\boldsymbol{\theta}$ 的估计值 $\hat{\boldsymbol{\theta}}$，计算 D 的值。

步骤 2：从分布 $F_{\hat{\theta}}$ 中生成一个大小为 n 的样本，令 $\hat{\boldsymbol{\theta}}(\text{sim})$ 为基于这个仿真运行的 $\boldsymbol{\theta}$ 的估计值。计算值：

$$\max_x \left| F_{e,\text{sim}}(x) - F_{\hat{\theta}(\text{sim})}(x) \right|$$

式中 $F_{e,\text{sim}}$ 为模拟数据的经验分布函数。重复多次，并将该检验量至少与 d 一样大的次数比例作为 p 值的估计值。

11.3 双样本问题

假设已经为一个服务系统建立了一个数学模型，该系统在一天结束时为所有顾客完成服务；此外，该模型还假设连续几天的概率分布相同且独立，因此每一天的概率相似。模型的每个假定都可以使用 11.1 节和 11.2 节中介绍的方法单独进行检验。例如，检验所有服务时间都独立同分布于 G，或检验顾客的到达构成一个泊松过程。假设这些单独的检验结果的 p 值都不是很小，因此单独来看模型的所有部分似乎与关于系统的实际数据并不矛盾。注意，在这里必须谨慎理解 p 值小的含义，因为即使模型准确，如果进行大量检验，一些结果的 p 值也会因为偶然性而很小。例如，如果对独立数据执行 r 次检验，则至少有一个结果 p 值与比 α 小的概率为 $1-(1-\alpha)^r$，即使小 α 也会随着 r 的增加而变大。

然而，即使每个检验都通过了，仍然没有理由断言上述模型准确且得到了实际数据的验证；因为整个模型不仅包括所有单独的部分，还包括我们对这些部分相互作用方式的假定，这些假定还未经过验证。一种检验模型完整程度的方法是考虑某个复杂函数的随机量，这个函数涉及整个模型。例如，可以考虑某天进入系统的所有顾客的总等待时间。假设已经观察了实际系统 m 天，令 Y_i 表示第 i 天的等待时间总和，$i=1,2,\cdots,m$。对所提出的数学模型仿真 n 天，以 X_i 表示模型得到的第 i 天到达的所有顾客的等待时间之和，$i=1,2,\cdots,n$。由于数学模型假设每天概率相似且独立，因此所有的随机变量 $X_1,X_2,\cdots,X_m$ 有一些共同的分布，我们用 F 表示，如果数学模型是真实系统的精确表示，那么真实数据 $Y_1,Y_2,\cdots,Y_m$ 也有分布 F，即如果数学模型准确，那么应该不能将仿真数据与真实数据区分开来。由此可以得出，检验整个模型准确性的一种方法是检验原假设 H_0，即 $X_1,X_2,\cdots,X_n$ 与 $Y_1,Y_2,\cdots,Y_m$ 是具有共同分布的独立随机变量。现在将证明如何检验这样的假设。

假设有两组数据 $X_1,X_2,\cdots,X_n$ 和 $Y_1,Y_2,\cdots,Y_m$，要检验的原假设 H_0 是这 $n+m$ 个随机变量都独立且同分布。这个统计假设检验问题被称为双样本问题。

为了检验 H_0，将 $n+m$ 个值 $X_1,X_2,\cdots,X_n,Y_1,Y_2,\cdots,Y_m$ 排序，并暂时假设所有 $n+m$ 个值都不同，因此排序唯一。现在对于 $i=1,2,\cdots,n$，令 R_i 表示 X_i 在 $n+m$ 个数据值中的排序，称为 X_i 的秩；也就是说，如果 X_i 是 $n+m$ 个值中的第 j 个最小值，则 $R_i=j$。以第一个数据集的秩和：

$$R = \sum_{i=1}^{n} R_i$$

作为检验量。注意，两个数据集中的任何一个都可以作为"第一个数据集"。

R 非常大（表明第一个数据集往往比第二个数据集大）或非常小都是原假设不成立的有力证据。具体来说，如果 $R=r$，且：

$$P_{H_0}\{R \leq r\} \quad \text{或} \quad P_{H_0}\{R \geq r\}$$

非常低，则拒绝原假设。实际上，得出 $R=r$ 的检验数据的 p 值 定义为：

$$p值 = 2\min\{P_{H_0}\{R \leq r\}, P_{H_0}\{R \geq r\}\} \tag{11.7}$$

由于 R 太小或太大都将拒绝原假设，因此上式的右侧乘有 2 这个系数。例如，设 r_* 和 r^* 是在原假设 H_0 下得到小于或等于（大于或等于）r_*（或 r^*）的值的概率为 0.05 的两个值。因为在假设 H_0 下，任何一个事件发生的概率都是 0.1。因此，如果结果是 r_*（或 r^*），则 p 值为 0.1。当 p 值足够小时拒绝原假设。

由上述 p 值得出的假设检验，称为双样本秩和检验，也称作 Wilcoxon 双样本检验或 Mann-Whitney 双样本检验。

例 11e： 假设对一个系统连续观察了 5 天，得到 5 个值：

$$342, 448, 504, 361, 453$$

对该系统的数学模型进行了为期 10 天的仿真，得出了以下 10 个值：

$$186, 220, 225, 456, 276, 199, 371, 426, 242, 311$$

由于第一组的 5 个数据值的秩为 8,12,15,9,13，因此，检验量的值为 $R=57$。

当 n 和 m 不太大且所有数据都不同时,可以显式地计算式(11.7)中得出的 p 值。为此,令:
$$P_{n,m}(r) = P_{H_0}\{R \leq r\}$$

即 $P_{n,m}(r)$ 是两个大小为 n 和 m 的相同分布数据集中第一个数据集的秩和小于或等于 r 的概率。我们可以通过最大的数据值是来自哪一个数据集这一条件来得到这些概率的递归方程。如果最大值来自第一个数据集,则该集的秩和等于 $n+m$(最大值的秩)加上该集中其他 $n-1$ 个值的秩和。因此,当第一个数据集中包含最大值时,如果其余 $n-1$ 个元素的秩和小于或等于 $r-n-m$,则该数据集的秩和小于或等于 r 成立,这一条件概率值为 $P_{n-1,m}(r-n-m)$。通过类似的论证,可以证明,如果最大值包含在第二个数据集中,则第一个数据集的秩和小于或等于 r 的概率为 $P_{n,m-1}(r)$。最后,由于最大值等可能地是 $n+m$ 个值中的任何一个,因此它属于第一个数据集的概率为 $n/(n+m)$。综上所述,得到以下递归方程:

$$P_{n,m}(r) = \frac{n}{n+m}P_{n-1,m}(r-n-m) + \frac{m}{n+m}P_{n,m-1}(r) \tag{11.8}$$

从初始条件开始:
$$P_{1,0}(k) = \begin{cases} 0, & k \leq 0 \\ 1, & k > 0 \end{cases} \quad \text{且} \quad P_{0,1}(k) = \begin{cases} 0, & k < 0 \\ 1, & k \geq 0 \end{cases}$$

通过式(11.8)可递归求解得到 $P_{n,m}(r) = P_{H_0}\{R \leq r\}$ 且 $P_{n,m}(r-1) = 1 - P_{H_0}\{R \geq r\}$。

例 11f:对一个系统进行了 5 天的观察,得出了以下 5 个值:
$$132, 104, 162, 171, 129$$
对该系统的模型进行了为期 10 天的仿真,得出了以下 10 个值:
$$107, 94, 136, 99, 114, 122, 108, 130, 106, 88$$
假设所构建的数学模型表明这些每日数值应该独立且同分布。要确定由上述数据得出的 p 值,首先应注意,第一个样本的秩和 R 为:
$$R = 12 + 4 + 14 + 15 + 10 = 55$$
使用式(11.8)的程序得到以下输出信息:

```
THIS PROGRAM COMPUTES THE p-value FOR THE TWO-SAMPLE RANK SUM TEST
THIS PROGRAM WILL RUN FASTEST IF YOU DESIGNATE AS THE FIRST
SAMPLE THE SAMPLE HAVING THE SMALLER SUM OF RANKS
ENTER THE SIZE OF THE FIRST SAMPLE
? 5
ENTER THE SIZE OF THE SECOND SAMPLE
? 10
ENTER THE SUM OF THE RANKS OF THE FIRST SAMPLE
? 55
The p-value IS 0.0752579
OK
```

使用式(11.8)来计算 p 值的困难在于,随着样本量的增加,所需的计算量会急剧增加。例如,如果 $n = m = 20$,即使我们选择较小的秩和作为检验量,由于所有秩的和为 $1 + 2 + \cdots + 40 = 820$,检验统计量有可能达到 410。因此,需要计算的 $P_{n,m}(r)$ 值可能多达 $20 \times 20 \times 410 = 164000$ 个,才能确定 p 值。因此,对于大样本,使用式(11.8)可能不可行。这种情况下,可以使用两种不同的近似方法:基于近似 R 分布的经典方法和仿真。

为了使用经典方法来近似 p 值，我们利用了在原假设 H_0 下，$n+m$ 个值的所有可能排序出现的机会是等可能的这一事实，对此很容易证明：

$$E_{H_0}[R] = n\frac{(n+m+1)}{2}$$

$$\text{Var}_{H_0}[R] = nm\frac{(n+m+1)}{12}$$

现在可以证明，在假设 H_0 下，当 n 和 m 较大时 R 近似为正态分布。因此，当 H_0 成立时：

$$\frac{R - n(n+m+1)/2}{\sqrt{nm(n+m+1)/12}}$$

近似为标准正态。由于对于正态随机变量 W，当 $r \leq E[W]$ 时，$P\{W \leq r\}$ 会小于 $P\{W \geq r\}$，反之亦然。因此当 n 和 m 都不太小时（都大于 7 就足够了），可以近似地得到 $R=r$ 的 p 值为：

$$p\text{值} \approx \begin{cases} 2P\{Z < r^*\}, & r \leq n\dfrac{(n+m+1)}{2} \\ 2P\{Z > r^*\}, & r > n\dfrac{(n+m+1)}{2} \end{cases} \quad (11.9)$$

式中，

$$r^* = \frac{r - \dfrac{n(n+m+1)}{2}}{\sqrt{\dfrac{nm(n+m+1)}{12}}}$$

Z 为标准正态随机变量。

示例 11g：让我们看看经典近似方法对于例 11f 的数据的适用情况。在这个例子中，由于 $n=5$ 且 $m=10$，因此有：

$$p\text{值} = 2P_{H_0}\{R \geq 55\} \approx 2P\left\{Z \geq \frac{55-40}{\sqrt{\dfrac{50 \times 16}{12}}}\right\} = 2P\{Z \geq 1.8371\} = 0.066$$

这个结果应该与准确答案 0.075 进行比较。

此外，双样本秩检验的 p 值也可以通过仿真来近似。要了解这是如何实现的，回顾一下，如果检验量 R 的观测值为 $R=r$，则得出 p 值为：

$$p\text{值} = 2\min\{P_{H_0}\{R \leq r\}, P_{H_0}\{R \geq r\}\}$$

现在，在假设 H_0 下，假设所有的 $n+m$ 个数据值都不同，则这些数据值之间的所有排序出现的机会是等可能的，因此大小为 n 的第一个数据集的秩与从 $1, 2, \cdots, n+m$ 中随机选择 n 个值的秩具有相同的分布。因此，在假设 H_0 下，R 的概率分布可以通过不断模拟从 $1, 2, \cdots, n+m$ 的整数中选取一个大小为 n 的随机子集，并确定子集中元素的和来近似。$P_{H_0}\{R \leq r\}$ 的值可以通过仿真得到总和小于或等于 r 的比例来近似，$P_{H_0}\{R \geq r\}$ 的值可以通过仿真得到总和大于或等于 r 的比例来近似。

上述分析假设所有 $n+m$ 个数据值都不同。当某些值具有共同的值时，应将与之相等的值的秩的平均值作为基准值的秩。例如，如果第一个数据集为 2,3,4，第二个数据集为 3,5,7，那么第一个数据集的秩和为 $1+2.5+4=7.5$。p 值应该通过使用式 (11.9) 的正态近似来近似。

多样本问题是双样本问题的推广，其中有以下 m 个数据集：

$$X_{1,1}, X_{1,2}, \cdots, X_{1,n_1}$$
$$X_{2,1}, X_{2,2}, \cdots, X_{2,n_2}$$
$$\vdots \quad \vdots \quad \vdots$$
$$X_{m,1}, X_{m,2}, \cdots, X_{m,n_m}$$

我们感兴趣的是检验原假设 H_0，即所有随机变量独立且同分布。双样本秩检验的推广称为多样本秩检验（或称为 Kruskal-Wallis 检验），该方法首先对所有 n 个数据值进行排序，然后令 R_i 表示第 i 个集中所有 n_i 个数据值的秩和，$i = 1, 2, \cdots, m$。注意，R_i 是秩和，而不是前面的单个秩。由于在假设 H_0 下，所有排序都是等可能的（前提是所有数据值都不同），所以：

$$E[R_i] = n_i \frac{(n+1)}{2}$$

由此，多样本秩和检验基于检验量：

$$R = \frac{12}{n(n+1)} \sum_{i=1}^{m} \frac{[R_i - n_i(n+1)/2]^2}{n_i}$$

由于较小的 R 值表示与 H_0 的拟合较好，因此当 R 值足够大时应拒绝 H_0。实际上，如果 R 的观测值为 $R = y$，则该结果的 p 值为：

$$p\text{值} = P_{H_0}\{R \geq y\}$$

这个值可以用以下结果来近似：对于较大的 $n_1, \cdots n_m$ 值，R 具有近似于自由度为 $m-1$ 的卡方分布［后者的结果是我们在 R 的定义中包含 $12/n(n+1)$ 项的原因］。因此，如果 $R = y$，则：

$$p\text{值} \approx P\{\chi_{m-1}^2 \geq y\}$$

也可以通过仿真来计算 p 值（参见习题 14）。

即使数据值并非完全不同，也应该使用上述 p 值的近似值。在计算 R 的值时，与前面一样，单个基准值的秩应该等于它的所有数据的秩的平均值。

11.4 非齐次泊松过程假设的验证

考虑一个数学模型，该模型假设系统的每日到达按照非齐次泊松过程发生，且每天的到达过程独立且具有共同但未指定的密度函数。

要验证这样的假定，假设对系统连续观察了 r 天，并记录了到达时间。令 N_i 表示第 i 天到达的顾客人数，$i = 1, 2, \cdots, r$。注意，如果到达过程确实是一个非齐次泊松过程，那么这些数量是具有相同均值的独立泊松随机变量。尽管这个结果可以通过拟合优度方法来检验，就像在例 11a 中所做的那样，但本节基于泊松随机变量的均值和方差相等这一事实，考虑一种更有效的替代方法。如果 N_i 确实是泊松分布中的一个样本，则样本均值 $\bar{N} = \frac{1}{r} \sum_{i=1}^{r} N_i$ 和样本方差 $S^2 = \frac{1}{r-1} \sum_{i=1}^{r} (N_i - \bar{N})^2$ 应该大致相等。受此启发，我们基于检验统计量：

$$T = \frac{S^2}{\bar{N}} \tag{11.10}$$

来检验原假设 $H_0 : N_i$ 是具有共同均值的独立泊松随机变量。因为 T 非常小或非常大都与 H_0 不一致，所以结果 $T = t$ 的 p 值为：

$$p\text{值} = 2\min\{P_{H_0}\{T \leq t\}, P_{H_0}\{T \geq t\}\}$$

然而，由于原假设 H_0 中没有指定泊松分布的均值，我们不能立即计算上述概率；首先必须使用观察到的数据来估计均值。利用样本均值 $\bar{N}$ 来估计总体均值，若 $\bar{N}$ 的观测值为 $\bar{N} = m$，则 p 值可近似为：

$$p\text{值} \approx 2\min\{P_m\{T \leq t\}, P_m\{T \geq t\}\}$$

其中，T 由式（11.10）定义，其中 $N_1, N_2, \cdots, N_r$ 是独立的泊松随机变量，每个变量的均值为 m。可以通过仿真来近似 $P_m\{T \leq t\}$ 和 $P_m\{T \geq t\}$，即连续生成 r 个均值为 m 的独立泊松随机变量，并计算 T 的值，其中 $T \leq t$ 的比例是 $P\{T \leq t\}$ 的估计值，$T \geq t$ 的比例是 $P\{T \geq t\}$ 的估计值。

如果上述 p 值相当小，则拒绝每日到达构成非齐次泊松过程的原假设。注意，p 值不小只意味着每天到达的人数具有泊松分布的假定是可行的，不能验证实际到达模式（由非齐次密度函数决定）每天都相同这一更强的假定。要完成验证，现在必须考虑观察到的 r 天中每一天的实际到达时间。假设第 j 天的到达时间是 $X_{j,1}, X_{j,2}, \cdots, X_{j,N_j}$，$j = 1, 2, \cdots, r$。如果到达过程确实是一个非齐次泊松过程，可以证明，这 r 组到达时间中的每一组都是同一个分布的一个样本。也就是说，在原假设下，r 组数据 $\{(X_{j,1}, X_{j,2}, \cdots, X_{j,N_j}), j = 1, 2, \cdots, r\}$ 都是来自共同分布的独立随机样本。

上述结果可以通过 11.3 节中介绍的多样本秩检验法来检验。即首先对所有 $N = \sum_{j=1}^{r} N_j$ 个数据值进行排序，然后令 R_j 表示第 j 个集中所有 N_j 个数据值的秩和。可以使用检验统计量：

$$R = \frac{12}{N(N+1)} \sum_{j=1}^{r} \frac{\left(R_j - N_j \frac{(N+1)}{2}\right)^2}{N_j}$$

当 H_0 成立时，R 有一个自由度为 $r-1$ 的近似卡方分布。因此，若 R 的观测值为 $R = y$，则 p 值可以近似为：

$$p\text{值} = 2\min\{P_{H_0}\{R \leq y\}, P_{H_0}\{R \geq y\}\} \approx 2\min\{P\{X_{r-1}^2 \leq y\}, 1 - P\{X_{r-1}^2 \leq y\}\}$$

其中，X_{r-1}^2 是自由度为 $r-1$ 的卡方随机变量。当然，也可以通过仿真来近似 p 值。如果上面的 p 值以及前面考虑的 p 值都不是太小，则可以得出数据与每日到达构成一个非齐次泊松过程的假定不矛盾的结论。

技术性注释：许多读者可能会好奇，为什么在计算 p 值时使用双侧区域，而不是多样本秩和检验中使用的单侧区域。这是因为多样本秩和检验假设数据来自 m 个分布，由于当这些分布相等时 R 较小，因此基于单侧概率的 p 值是合适的。而在检验周期非齐次泊松过程时，我们想要检验第 i 天的到达时间来自某个分布，且该分布对于所有 i 都是相同的。也就是说，我们不像在秩和检验中那样首先假设数据来自固定数量的独立分布。因此，双侧检验是恰当的，因为非常小的 R 值可能表明某一天内的到达具有某种模式，即使每天到达的数量可能具有相同的泊松分布，但每天到达的时间可能并非独立同分布。

例 11h：假设记录了 5 天某工厂每天的交货时间。在此期间，每天的交货数量如下：

$$18, 24, 16, 19, 25$$

再假设 102 次交货时间按照到达的时间排序，那么每天交货时间的秩和为：

$$1010, 960, 1180, 985, 1118$$

利用上述数据，检验交货的每日到达过程是非齐次泊松过程这一假设。

首先检验每日交货数量的第一个数据集由 5 个独立且同分布的泊松随机变量组成。样本

均值和样本方差如下:
$$\bar{N} = 20.4, \quad S^2 = 15.3$$

所以检验量的值为 $T = 0.75$。为了确定 N_i 是独立泊松随机变量检验的近似 p 值,我们模拟了 500 组均值为 20.4 的 5 个泊松随机变量,然后计算了 $T = S^2/\bar{N}$ 的结果值。该模拟的输出信息表明 p 值约为 0.84,因此很明显,每天交货的数量是具有共同均值的独立泊松随机变量这一假定与数据一致。

为了继续检验非齐次泊松过程的原假设,计算检验量 R 的值,其值为14.425。因为自由度为 4 的的卡方随机变量大于或等于14.425的概率为 0.006,因此 p 值为 0.012。对于如此小的 p 值,我们必须拒绝原假设。

如果要检验每日到达过程构成齐次泊松过程这一假设,也可以首先检验每天到达的顾客人数是独立且同分布的泊松随机变量这一假设;如果该假设未被拒绝,继续考虑 $N = \sum_{j=1}^{r} N_j$ 次到达时间的实际数据。不过,在齐次泊松过程下可以利用如下结论:已知一天的到达次数,到达时间独立且均匀地分布在 $(0, T)$ 上,其中 T 为一天的长度。这一结论可以通过 11.1 节中介绍的 Kolmogorov-Smirnov 拟合优度检验来检验。即如果到达构成齐次泊松过程,则 N 个随机变量 $X_{j,i}$ ($i = 1, 2, \cdots, N_j, j = 1, 2, \cdots, r$),其中 $X_{j,i}$ 表示第 j 天的第 i 个到达时间,可以看作在 $(0, T)$ 上 N 个独立且均匀分布的随机变量的集。因此,如果通过令 $F_e(x)$ 为小于或等于 x 的 N 个数据值的比例来定义经验分布函数 F_e,即:

$$F_e(x) = \frac{1}{N} \sum_{j=1}^{r} \sum_{i=1}^{N_j} I_{j,i}$$

式中:

$$I_{j,i} = \begin{cases} 1 & \text{若} X_{j,i} \leq x \\ 0 & \text{其他} \end{cases}$$

则检验量的值为:

$$D = \max_{0 \leq x \leq T} \left| F_e(x) - \frac{x}{T} \right|$$

一旦确定了检验统计量 D 的值,就可以通过仿真求出 p 值,如第 11.1 节所示。

如果非齐次泊松过程的假设证明与数据一致,则需要估计该过程的密度函数 $\lambda(t)$,$0 \leq x \leq T$【在齐次情况下,可直接采用 $\lambda(t) = \hat{\lambda}/T$ 来估计,其中 $\hat{\lambda}$ 为长度为 T 的一天内平均到达人数的估计值】。为了估计密度函数,对 $N = \sum_{j=1}^{r} N_j$ 每日到达时间进行排序。令 $y_0 = 0$,且对于 $k = 1, 2, \cdots, N$,令 y_k 表示这 N 个到达时间中的第 k 个最小值。由于在时间间隔 $(y_{k-1}, y_k), k = 1, 2, \cdots, N$ 内,r 天一共只有 1 次到达,则 $\lambda(t)$ 的合理估计为:

$$\hat{\lambda}(t) = \frac{1}{r(y_k - y_{k-1})}, y_{k-1} < t < y_k$$

要理解上述估计量,应注意,如果 $\hat{\lambda}(t)$ 是密度函数,则将得到在时间点 t($y_{k-1} < t < y_k$)发生的每日到达人数的预期数量为:

$$E[N(y_k) - N(y_{k-1})] = \int_{y_{k-1}}^{y_k} \hat{\lambda}(t) dt = \frac{1}{r}$$

因此，r 天内的预期到达人数将为 1，这与该间隔内实际观察到的到达人数相吻合。

习题

1. 根据孟德尔（Mendelian）遗传学理论，某种豌豆植物应该开出白色、粉红色或红色的花，其概率分别为 $\frac{1}{4}, \frac{1}{2}, \frac{1}{4}$。为了验证这一理论，研究人员对 564 个豌豆样本进行了研究，结果发现 141 个开出了白色的花，291 个开出了粉红色的花，132 个开出了红色的花。通过以下方式近似该数据集的 p 值。

   a．使用卡方近似。
   b．使用仿真。

2. 为了确定某个骰子是否公平，记录掷 1000 次骰子，结果骰子落在 $i(i=1,2,3,4,5,6)$ 上的次数分别为 158,172,164,181,160,165。通过以下方式近似检验掷骰子公平的 p 值。

   a．使用卡方近似。
   b．使用仿真。

3. 近似以下 10 个值为随机数这一假设的 p 值：

   0.12, 0.18, 0.06, 0.33, 0.72, 0.83, 0.36, 0.27, 0.77, 0.74

4. 近似以下 14 个点的数据集是 (50,200) 上均匀分布的样本这一假设的 p 值：

   164, 142, 110, 153, 103, 52, 174, 88, 178, 184, 58, 62, 132, 128

5. 近似以下 13 个数据值来自均值为 50 的指数分布这一假设的 p 值：

   86, 133, 75, 22, 11, 144, 78, 122, 8, 146, 33, 41, 99

6. 近似检验以下数据来自参数为 $(8, p)$ 的二项分布的 p 值，其中 p 未知：

   6, 7, 3, 4, 7, 3, 7, 2, 6, 3, 7, 8, 21, 3, 5, 8, 7

7. 近似检验以下数据集来自指数分布总体的 p 值：122, 133, 106, 128, 135, 126。

8. 为了生成 n 个随机数的有序值，可以生成 n 个随机数，然后对它们进行排序。另一种方法是利用如下结果：已知泊松过程的第 $(n+1)$ 个事件的发生时刻 t，则前 n 个事件的时间分布等同于 n 个均匀 $(0,t)$ 随机变量的有序值。利用这个结果，说明为什么在下面的算法中，$y_1, y_2, \cdots, y_n$ 表示 n 个随机数的有序值：

$$\text{生成 } n+1 \text{ 个随机数 } U_1, U_2, \cdots, U_{n+1}$$
$$X_i = -\log U_i, i = 1, \cdots, n+1$$
$$t = \sum_{i=1}^{n+1} X_i, c = \frac{1}{t}$$
$$y_i = y_{i-1} + cX_i, i = 1, 2, \cdots, n (y_0 = 0)$$

9. 设 $N_1, N_2, \cdots, N_k$ 服从参数为 $n, p_1, p_2, \cdots, p_k, \sum_{i=1}^{k} p_i = 1$ 的多项分布。有：

$$T = \sum_{i=1}^{k} \frac{(N_i - np_i)^2}{np_i}$$

   假设要通过仿真来估计 $P(T > t)$。为了减少估计量的方差，可以用什么作为控制变量？

10．当通过仿真来估计 $P(D>d)$ 时，建议使用方差缩减技术，其中 D 是 Kolmogorov-Smirnov 统计量。

11．在习题 10 中，基于以下方法计算近似 p 值。

a. 使用正态近似。

b. 使用仿真。

12. 选择 14 个大小大致相等的城市进行交通安全研究。从中随机选择 7 个，在一个月的时间里刊登一系列关于这些城市交通安全的报纸文章。在这项活动后的一个月内，交通事故的次数如下：

实验组：19 31 39 45 47 66 75

控制组：28 36 44 49 52 72 72

确定在检验报纸文章对于交通事故没有任何影响这一假设时的确切 p 值。

13. 通过以下方式近似习题 12 中的 p 值。

a. 使用正态近似。

b. 使用仿真。

14. 说明如何通过仿真来近似多样本问题中的 p 值，也就是说，当检验一组 m 个样本是否来自同一概率分布时，如何通过仿真实现。

15. 考虑以下 3 个样本的数据：

样本1： 121 144 158 169 194 211 242

样本2： 99 128 165 193 242 265 302

样本3： 129 134 137 143 152 159 170

通过以下方式计算检验所有数据来自单个概率分布的 p 值的近似。

a. 使用卡方近似。

b. 使用仿真。

16. 在 8 天的间隔内，每日到达人数如下：

122,118,120,116,125,119,124,130

您认为这些每日到达数量可能是独立且同分布的非齐次泊松过程码？

17. 在长度为 100 的时间间隔内，有 18 人在下列时间抵达：

12,20,33,44,55,56,61,63,66,70,73,75,78,80,82,85,87,90

给出检验到达过程是一个（齐次）泊松过程的 p 值的近似。

参考文献

Diaconis, P., Efron, B., 1983. Computer intensive methods in statistics. Scientific American 248 (5), 96–109.

Fishman, G.S., 1973. Concepts and Methods in Discrete Event Digital Simulations. Wiley, New York.

Kendall, M., Stuart, A., 1979. The Advanced Theory of Statistics, 4th ed. MacMillan, New York.

Mihram, G.A., 1972. Simulation—Statistical Foundations and Methodology. Academic Press, New York.

Sargent, R.G., 1988. A tutorial on validation and verification of simulation models. In: Proc. 1988 Winter Simulation Conf. San Diego, pp. 33–39.

Schruben, L.W., 1980. Establishing the credibility of simulations. Simulation 34, 101–105.

第 12 章 马尔可夫链蒙特卡罗方法

一般来说,模拟一个随机向量 X 的值非常困难,尤其是当它的成分随机变量是因变量时。本章介绍了一种功能强大的方法来生成一个分布近似于 X 的向量,这种方法被称为马尔可夫链蒙特卡罗方法(Markov chain Monte Carlo method),它的附加意义在于只要求 X 的质量(或密度)函数被指定为一个乘常数,这在应用中十分重要。

在 12.1 节中,我们介绍并给出了关于马尔可夫链的必要结果。在 12.2 节中,我们介绍了构造指定概率质量函数作为其极限分布的马尔可夫链的黑斯廷斯·梅特罗波利斯(Hastings-Metropolis)算法。该算法的一个特例,称为吉布斯(Gibbs)采样器,将在 12.3 节中进行研究。吉布斯采样器可能是应用最广泛的马尔可夫链蒙特卡罗方法。12.5 节中介绍了将上述方法应用于确定性优化问题中的技术,称为模拟退火。在 12.6 节中,我们介绍了采样重要性重采样(SIR)技术,该技术虽然不是严格意义上的马尔可夫链蒙特卡罗算法,但它也可以近似地模拟质量函数被指定为一个乘常数的随机向量。

12.1 马尔可夫链

考虑一个随机变量 $X_0, X_1, \cdots$ 的集合。将 X_n 解释为"系统在时间 n 时的状态",并假设 X_n 的可能值的集合(系统的可能状态)是集合 $1, 2, \cdots, N$。如果存在一组数字 $X_{ij}(i,j=1,2,\cdots,N)$ 使得每当过程处于状态 i 时(与过去状态无关)下一个状态为 j 的概率为 P_{ij},则我们说集合 $\{X_n, n \geq 0\}$ 构成一个具有转移概率 $P_{ij}(i,j=1,2,\cdots,N)$ 的马尔可夫链。由于过程在离开状态 i 后必须处于某种状态,因此这些转移概率满足:

$$\sum_{j=1}^{N} P_{ij} = 1, i = 1, 2, \cdots, N$$

如果对于每一对状态 i 和 j 都有一个正概率使得过程从状态 i 开始进入状态 j,那么我们说马尔可夫链具有不可约性。对于不可约马尔可夫链,令 π_j 表示过程处于状态 j 的长时间比例(可以证明 π_j 以 1 的概率存在并且是常数,与初始状态无关)。可以证明量 $\pi_j(j=1,2,\cdots,N)$ 为以下线性方程组的唯一解:

$$\pi_j = \sum_{i=1}^{N} \pi_i P_{ij}, j = 1, 2, \cdots, N$$

$$\sum_{j=1}^{N} \pi_j = 1$$

(12.1)

注释:方程组(12.1)具有一种启发式的解释。由于 π_i 为马尔可夫链在状态 i 时的时间比例,且由于每次从状态 i 转移到状态 j 的概率为 P_{ij},由此可见,$\pi_i P_{ij}$ 是马尔可夫链刚从状态 i 进入状态 j 的时间比例。因此,方程组(12.1)的上半部分陈述了一个直观的事实,即马尔可夫链刚刚进入状态 j 的时间比例等于所有状态 i 时它刚刚从状态 i 进入状态 j 的时间比例的总和。当然,方程组(12.1)的下半部分则表明,在所有状态 j 时将链处于状态 j 时的时间比例加起来必须等于 1。

$\{\pi_j\}$ 通常被称为马尔可夫链的平稳概率。如果马尔可夫链的初始状态按 $\{\pi_j\}$ 分布,对于所有 n 和 j,则 $P\{X_n = j\} = \pi_j$(见习题1)。

马尔可夫链的一个重要属性是对于状态空间的任意函数 h,概率为1:

$$\lim_{n\to\infty}\frac{1}{n}\sum_{i=1}^{n}h(X_i) = \sum_{j=1}^{N}\pi_j h(j) \tag{12.2}$$

得出上述结果是因为,如果 $p_j(n)$ 是在时间 $1,\cdots,n$ 之间链处于状态 j 的时间比例,那么:

$$\frac{1}{n}\sum_{i=1}^{n}h(X_i) = \sum_{j=1}^{N}h(j)p_j(n) \to \sum_{j=1}^{N}h(j)\pi_j$$

π_j 通常可以解释为链处于状态 j 的极限概率。为了精确地界定这种解释成立的条件,首先需要知道非周期马尔可夫链的定义。

定义:当 $n \geq 0$ 且状态为 j 时,不可约马尔可夫链是非周期的:

$$P\{X_n = j | X_0 = j\} > 0 \quad \text{且} \quad P\{X_{n+1} = j | X_0 = j\} > 0$$

可以证明,如果马尔可夫链是非周期且不可约的,则:

$$\pi_j = \lim_{n\to\infty}P\{X_n = j\}, j = 1, 2, \cdots, N$$

有时求平稳概率有比解方程组(12.1)更简单的方法。假设可以求得正数 $x_j (j = 1,\cdots,N)$ 使得:

$$x_i P_{ij} = x_j P_{ji}, \quad i \neq j, \quad \sum_{j=1}^{N}x_j = 1$$

然后将前面所有状态 i 的方程求和得出:

$$\sum_{i=1}^{N}x_i P_{ij} = x_j\sum_{i=1}^{N}P_{ji} = x_j$$

式中,由于 $\{\pi_j, j = 1, 2, \cdots, N\}$ 是方程组(12.1)的唯一解,说明:

$$\pi_j = x_j$$

当 $\pi_i P_{ij} = \pi_j P_{ji}$ 时,对于所有 $i \neq j$,马尔可夫链是时间可逆的,因为可以证明,在这种条件下,如果根据概率 $\{\pi_j\}$ 选择初始状态,那么从任何时候开始,在时间上向后的状态序列也将是具有转移概率 P_{ij} 的马尔可夫链。

假设现在要生成一个具有概率质量函数 $P\{X = j\} = p_j, j = 1, 2, \cdots, N$ 的随机变量 X。如果能生成具有极限概率 $p_j (j = 1, 2, \cdots, N)$ 的不可约非周期马尔可夫链,那么可以通过运行链的 n 步得到 X_n 的值来近似地生成这样一个随机变量,其中 n 较大。此外,如果目标是生成按照 $p_j (j = 1, 2, \cdots, N)$ 分布的许多随机变量,以便能够估算 $E[h(X)] = \sum_{j=1}^{N}h(j)p_j$,那么也可以用估计量 $\frac{1}{n}\sum_{i=1}^{n}h(X_i)$ 来估算这个量。然而,由于马尔可夫链的早期状态可能会受到所选初始状态的强烈影响,因此在实践中,对于选择适当的 k 值,通常会忽略前 k 个状态,即用估计量 $\frac{1}{n-k}\sum_{i=k+1}^{n}h(X_i)$。很难确切地知道应该使用多大的 k 值[尽管高水平读者应该知道 Aarts 和 Korst (1989)在这方面的一些有用成果],通常人们只是通过自己的直觉来选择(通常行得通,因为无论使用什么值，收敛性都得到了保证）。

一个重要的问题是如何利用模拟的马尔可夫链来估算估计量的均方误差。也就是说，如果令 $\hat{\theta} = \dfrac{1}{n-k}\sum_{i=k+1}^{n}h(X_i)$，那么如何估算：

$$\mathrm{MSE} = E\left[\left(\hat{\theta} - \sum_{j=1}^{N}h(j)p_j\right)^2\right]$$

一种方法是批均值方法，其工作原理如下。将 $n-k$ 个生成状态分成大小为 r 的 s 批，其中 $s = (n-k)/r$ 为整数，令 $Y_j\,(j=1,2,\cdots,s)$ 为第 j 批的平均值。也就是说：

$$Y_j = \dfrac{1}{r}\sum_{i=k+(j-1)r+1}^{k+jr}h(X_i),\quad j=1,2,\cdots,s$$

现在，将 $Y_j\,(j=1,2,\cdots,s)$ 视为方差为 σ^2 的独立同分布函数，用它们的样本方差 $\hat{\sigma}^2 = \sum_{j=1}^{s}(Y_j - \bar{Y})^2/(s-1)$ 作为 σ^2 的估计量。MSE 的估计值为 $\hat{\sigma}^2/s$。r 的适当值取决于所模拟的马尔可夫链。$X_i\,(i \geq 1)$ 越接近于独立同分布函数，则 r 的值越小。

在接下来的两节中将介绍，对于已知正数 $b_j\,(j=1,2,\cdots,N)$ 的集合，如何构造一个极限概率为 $\pi_j = b_j/\sum_{i=1}^{N}b_i\,(j=1,2,\cdots,N)$ 的马尔可夫链。

12.2 黑斯廷斯·梅特罗波利斯算法（Hastings-Metropolis）

令 $b(j)$ 为正数，且 $B = \sum_{j=1}^{m}b(j)$。假设 m 较大，B 很难计算，我们想用概率质量函数模拟一个随机变量（或一个随机变量序列）：

$$\pi(j) = b(j)/B,\quad j=1,2,\cdots,m$$

要模拟分布函数收敛于 $\pi(j),j=1,2,\cdots,m$ 的随机变量序列，一种方法是求出一个易于模拟且其极限概率为 $\pi(j)$ 的马尔可夫链。为完成这一任务，根据黑斯廷斯·梅特罗波利斯（Hastings-Metropolis）算法，提出了一种方法，其通过下列方式构造了一个具有期望极限概率的时间可逆马尔可夫链。

令 $\mathbf{Q}$ 为整数 $1,\cdots,m$ 上的不可约马尔可夫转移概率矩阵，$q(i,j)$ 表示 $\mathbf{Q}$ 的第 i 行、第 j 列元素。现在定义一个马尔可夫链 $\{X_n, n \geq 0\}$，如下所示。当 $X_n = i$ 时，随机变量 X 使得 $P\{X = j\} = q\{i,j\}, j = 1,2,\cdots,m$ 生成。如果 $X = j$，则令 X_{n+1} 等于 j，概率为 $\alpha\{i,j\}$，令 X_{n+1} 等于 i，概率为 $1 - \alpha(i,j)$。在这些条件下，很容易看出状态序列将构成一个转移概率为 $P_{i,j}$ 的马尔可夫链：

$$P_{i,j} = q(i,j)\alpha(i,j),\quad \text{如果 } j \neq i$$
$$P_{i,i} = q(i,i) + \sum_{k \neq i}q(i,k)(1 - \alpha(i,k))$$

此时该马尔可夫链是时间可逆的并且有平稳概率 $\pi(j)$，如果：

$$\pi(i)P_{i,j} = \pi(j)P_{j,i}, j \neq i$$

等价于：

$$\pi(i)q(i,j)\alpha(i,j) = \pi(j)q(j,i)\alpha(j,i)$$

现在很容易验证，如果取：

$$\alpha(i,j) = \min\left(\frac{\pi(j)q(j,i)}{\pi(i)q(i,j)},1\right) = \min\left(\frac{b(j)q(j,i)}{b(i)q(i,j)},1\right) \tag{12.3}$$

则这个条件将得到满足［进行验证时注意，如果 $\alpha(i,j) = \pi(j)q(j,i)/\pi(i)q(i,j)$，那么 $\alpha(j,i)=1$，反之亦然］。

读者应该注意到，定义马尔可夫链不需要 B 的值，因为值 $b(j)$ 已经足够。同理，$\pi(j), j=1,2,\cdots,m$ 不仅是平稳概率，而且是极限概率（事实上，对于某些 i，一个充分条件是 $P_{i,i} > 0$）。

对生成极限概率为 $\pi(j) = b(j)/B, j=1,2,\cdots,m$ 的时间可逆马尔可夫链的黑斯廷斯·梅特罗波利斯算法进行以下总结：

（1）选择一个不可约的马尔可夫转移概率矩阵 $\boldsymbol{Q}$，其转移概率为 $q(i,j), i,j=1,2,\cdots,m$。同理，在 1 和 m 之间选择一个整数值 k。

（2）令 $n=0$ 且 $X_0 = k$。

（3）生成随机变量 X，使得 $P(X=j) = q(X_n, j)$，生成随机数 U。

（4）如果 $U < [b(X)]q(X, X_n)/[[b(X_n)]q(X_n, X)]$，则 $NS = X$，否则 $NS = X_n$。

（5）$n = n+1$，$X_n = NS$。

（6）回到（3）。

例 12a：假设要从一个复杂的大"组合"集合 ℓ 中生成一个随机元素。例如，ℓ 可能是数字 $1,2,\cdots,m$ 的所有排列 $(x_1, x_2, \cdots x_n)$ 的集合，其中 $\sum_{j=1}^{n} jx_j > a$，常数 a 已知；或者 ℓ 可能是已知图的所有子图的集，该图具有以下属性：对于任意一对顶点 i 和 j，子图中从 i 到 j 都有一条唯一的路径（这样的子图称为树）。

我们将通过使用黑斯廷斯·梅特罗波利斯算法来实现我们的目标。首先假定可以定义 ℓ 的"相邻"元素的概念，然后将通过在 ℓ 中的每对相邻元素之间放置一条弧来构建一个顶点集合为 ℓ 的图。例如，如果 ℓ 是排列 $x_1, \cdots, x_n$ 的集合，$\sum_{j=1}^{n} jx_j > a$，且如果其中一个排列可以通过交换另一个排列中的两个位置得到，那么可以将两个这样的排列定义为近邻。也就是说 $(1,2,3,4)$ 和 $(1,2,4,3)$ 相邻，而 $(1,2,3,4)$ 和 $(1,3,4,2)$ 不相邻。如果 ℓ 是一组树，那么当其中一棵树的所有弧线（除了一条）也都是另一棵树的弧线时，我们可以说两棵树相邻。

假设已经定义了相邻元素的概念，我们将 q 转移概率函数定义如下。设 $N(s)$ 为 s 的相邻元素集合，且 $|N(s)|$ 等于集合 $N(s)$ 中的元素个数，令：

$$q(s,t) = \frac{1}{|N(s)|}, \quad \text{如果 } t \in N(s)$$

也就是说，从 s 开始的下一个目标状态同等可能是它的任意相邻状态。由于期望的马尔可夫链的极限概率是 $\pi(s) = C$，可以得出 $\pi(s) = \pi(t)$，因此：

$$\alpha(s,t) = \min(|N(s)|/|N(t)|, 1)$$

也就是说，如果马尔可夫链的当前状态是 s，那么它的一个相邻状态是随机选择的，比如为 t。如果 t 是一个相邻状态少于 s 的状态（在图论语言中，如果顶点 t 的度数小于顶点 s 的

度数），则下一个状态为t。如果不是，则生成一个随机数U，如果$U<|N(s)|/|N(t)|$，则下一个状态为t，否则为s。该马尔可夫链的极限概率为$\pi(s)=1/|\ell|$。

12.3 吉布斯采样器

黑斯廷斯·梅特罗波利斯算法中最广泛使用的版本是吉布斯采样器。令$\boldsymbol{X}=(X_1,\cdots,X_n)$为一个随机向量，其概率质量函数（或连续情况下的概率密度函数）为$p(\boldsymbol{x})$，且该函数只需要指定到一个乘常数。假设我们要生成一个随机向量，其分布为$\boldsymbol{X}$的分布相同，即要生成一个具有质量函数的随机向量：

$$p(\boldsymbol{x}) = Cg(\boldsymbol{x})$$

式中$g(\boldsymbol{x})$已知，而C未知。吉布斯采样器假设对于任意i和值$x_j, j\neq i$，可以生成一个具有概率质量函数的随机变量X：

$$P\{X=x\}=P\{X_i=x|X_j=x_j,j\neq i\} \tag{12.4}$$

它通过在马尔可夫链上使用黑斯廷斯·梅特罗波利斯算法来操作，马尔可夫链的状态为$\boldsymbol{x}=(x_1,\cdots,x_n)$，且其转移概率定义如下。当前状态为$\boldsymbol{x}$时，随机选择一个坐标$i$，且这个坐标在$1,\cdots,n$中是等可能的。如果选择了坐标$i$，则生成一个随机变量$X$，其概率质量函数如式（12.4）所示。如果$X=x$，则认为状态$\boldsymbol{y}=(x_1,\cdots,x_{i-1},x,x_{i+1},\cdots,x_n)$是下一个候选状态。换句话说，已知$\boldsymbol{x}$和$\boldsymbol{y}$时，吉布斯采样器使用黑斯廷斯·梅特罗波利斯算法进行操作，其转移概率为：

$$q(\boldsymbol{x},\boldsymbol{y})=\frac{1}{n}P\{X_i=x|X_j=x_j,j\neq i\}=\frac{p(\boldsymbol{y})}{nP\{X_j=x_j,j\neq i\}}$$

因为我们希望极限质量函数为p，从式（12.3）中可以看出，接受向量$\boldsymbol{y}$为新状态的概率为：

$$\alpha(\boldsymbol{x},\boldsymbol{y})=\min\left(\frac{p(\boldsymbol{y})q(\boldsymbol{y},\boldsymbol{x})}{p(\boldsymbol{x})q(\boldsymbol{x},\boldsymbol{y})},1\right)=\min\left(\frac{p(\boldsymbol{y})q(\boldsymbol{x})}{p(\boldsymbol{x})q(\boldsymbol{y})},1\right)$$

因此，当使用吉布斯采样器时，总是接受候选状态为链的下一个状态。

例 12b：假设要在以原点为圆心、半径为 1 的圆中生成n个随机点，且条件是任意两点之间的距离大于d，其中：

$$\beta = P(\text{任意两个点之间的距离大于}d)$$

假定β是一个很小的正数（如果β不小，那么可以继续在圆中生成n个随机点的集合，直到第一个没有两点距离小于d的点集为止）。这一目标可以通过吉布斯采样器完成，实现步骤如下：从一组n个点$(x_1,x_2,\cdots,x_n)$开始，这些点在圆内，且任意两点之间的距离都大于d。然后生成一个随机数U，令$I=\text{Int}(nU)+1$。同时在圆中生成一个随机点，如果该点不在除x_I以外的其他$n-1$个点的距离都大于d，则用生成的该点替换x_I；否则，生成一个新的点并重复操作。经过大量的迭代，n个点的集合将近似具有期望的分布。

例 12c（排队网络）：假设n个人在$m+1$个排队服务站中移动，令$X_i(t),i=1,2,\cdots,m$表示在时间t时服务站i的人数。如果：

$$p[n_1,n_2,\cdots,n_m]=\lim_{t\to\infty}P[X_i(t)=n_i,i=1,2,\cdots,m]$$

那么，假设服务时间呈指数分布，通常可以证明：

$$p[n_1,n_2,\cdots,n_m]=C\prod_{i=1}^{m}P_i(n_i),\quad \text{如果}\sum_{i=1}^{m}n_i\leq r$$

式中 $P_i(n), n \geq 0$ 是每个 $i(i=1,2,\cdots,m)$ 的概率质量函数。这样的联合概率质量函数被称为具有乘积形式。

尽管通常证明 $p(n_1, n_2, \cdots, n_m)$ 具有前述的乘积形式相对简单，并可以求出质量函数 P_i，但显式地计算常数 C 可能较困难。即使有：

$$C \sum_{n:s(n)\leq r} \prod_{i=1}^{m} P_i(n_i) = 1$$

其中，$\boldsymbol{n}=(n_1, n_2, \cdots, n_m)$ 且 $s(\boldsymbol{n}) = \sum_{i=1}^{m} n_i$，使用这个结果仍然可能会遇到困难。这是因为求和是对 $\sum_{i=1}^{m} n_i \leq r$ 的所有非负整数向量 $\boldsymbol{n}$ 求和，并且有 $\binom{r+m}{m}$ 个这样的向量，即使 m 和 r 的大小适中，这也是一个相当大的数字。

学习 $p(n_1, \cdots, n_m)$ 的另一种方法是使用吉布斯采样器生成一个分布近似于 p 的值序列，这解决了计算 C 的计算困难。

首先，如果 $N=(N_1, \cdots, N_m)$ 具有联合质量函数 p，那么，对于 $n=0,1,\cdots,r-\sum_{k\neq i} n_k$，有：

$$P\{N_i = n | N_1 = n_1, \cdots, N_{i-1} = n_{i-1}, N_{i+1} = n_{i+1}, \cdots, N_m = n_m\}$$

$$= \frac{p(n_1, \cdots, n_{i-1}, n, n_{i+1}, \cdots, n_m)}{\sum_j p(n_1, \cdots, n_{i-1}, j, n_{i+1}, \cdots, n_m)}$$

$$= \frac{P_i(n)}{\sum_j P_i(j)}$$

式中前面的求和是对所有 $j=0,1,\cdots,r-\sum_{k\neq i} n_k$ 求和。换句话说，已知 $N_j(j\neq i)$ 的值，N_i 的条件分布与具有质量函数 P_i 的随机变量的条件分布相同，假设它的值小于或等于 $r - \sum_{j\neq i} N_j$。

因此，我们可以通过以下方法生成一个极限概率质量函数为 $p(n_1, \cdots, n_m)$ 的马尔可夫链。

（1）令 $(n_1, n_2, \cdots, n_m)$ 为满足 $\sum_i n_i \leq r$ 的任意非负整数。

（2）生成 U，并令 $I = \text{Int}(mU) + 1$。

（3）如果 $I=i$，令 X_i 具有质量函数 P_i，并生成一个随机变量 N，其分布为已知 $X_i \leq r - \sum_{j\neq i} n_j$ 时 X_i 的条件分布。

（4）令 $n_i = N$ 且回到（2）。

这些 $(n_1, \cdots, n_m)$ 的连续值构成了具有极限分布 p 的马尔可夫链的状态序列。涉及 p 的所有相关量都可以从这个序列中估算出来。例如，这些向量的第 j 个坐标值的平均值将收敛于服务站 j 的平均人数，第 j 个坐标小于 k 的向量的比例将收敛于服务站 j 人数小于 k 的极限概率，以此类推。

例 12d： 令 $X_i(i=1,2,\cdots,n)$ 为独立随机变量，其中 X_i 服从速率为 $\lambda_i(i=1,2,\cdots,n)$ 的指数分布。令 $S = \sum_{i=1}^{n} X_i$，假设要在 $S>c$ 的条件下生成随机向量 $\boldsymbol{X} = (X_1, \cdots, X_n)$，对于某个大的正常数 c。也就是说，要生成一个随机向量的值，其密度函数为：

$$f(x_1, x_2, \cdots, x_n) = \frac{1}{P\{S > c\}} \prod_{i=1}^{n} \lambda_i \mathrm{e}^{-\lambda_i x_i}, \quad 如果 \sum_{i=1}^{n} x_i > c$$

这很容易实现，从初始向量 $\boldsymbol{x} = (x_1, \cdots, x_n)$ 开始，满足 $x_i > 0 (i = 1, 2, \cdots, n)$，且 $\sum_{i=1}^{n} x_i > c$。然后生成一个随机数 U 并设 $I = \mathrm{Int}(nU + 1)$。令 $I = i$。现在，要生成一个速率为 λ_i 的指数随机变量 X，其条件是 $X + \sum_{j \neq i} x_j > c$。也就是说，要生成一个 X 的值，条件是该值超过 $c - \sum_{j \neq i} x_j$。因此，利用指数分布随机变量在给定大于一个正常数的条件下，其分布等同于该常数加上一个指数分布这一事实，可知应该生成一个速率为 λ_i 的指数随机变量 Y（如令 $Y = -1/\lambda_i \log U$），并设：

$$X = Y + \left(c - \sum_{j \neq i} x_j \right)^+$$

其中，当 $b > 0$ 时 b^+ 等于 b，否则等于 0。然后将 x_i 的值重置为 X，并开始算法的新迭代。

假设现在要估算：

$$\alpha = P\{h(\boldsymbol{X}) > a\}$$

其中，$\boldsymbol{X} = (X_1, X_2, \cdots, X_n)$ 是一个随机向量，h 是 $\boldsymbol{X}$ 的任意函数，α 较小。因为生成的 $h(\boldsymbol{X})$ 几乎总是小于 a，如果我们直接用吉布斯采样器来生成分布收敛于 $\boldsymbol{X}$ 的随机向量，则需要花费大量的时间才能得到相对于 α 误差较小的估计量。因此，考虑以下方法。

首先，对于值 $-\infty = a_0 < a_1 < a_2 < \cdots < a_k = a$：

$$\alpha = \prod_{i=1}^{k} P\{h(\boldsymbol{X}) > a_i \mid h(\boldsymbol{X}) > a_{i-1}\}$$

因此，可以通过求 $P(h(\boldsymbol{X}) > a_i \mid h(\boldsymbol{X}) > a_{i-1}), i = 1, 2, \cdots, k$ 的估计量的乘积得到 α 的估计量。为了使其有效，应选择 $a_i (i = 1, 2, \cdots, k)$ 的值，使得 $P\{h(\boldsymbol{X}) > a_i \mid h(\boldsymbol{X}) > a_{i-1}\}$ 的值都保持在适中的大小。

为了估计 $P\{h(\boldsymbol{X}) > a_i \mid h(\boldsymbol{X}) > a_{i-1}\}$，我们用吉布斯采样器，实现步骤如下。

（1）设 $J = N = 0$。
（2）选择一个向量 $\boldsymbol{x}$ 使 $h(\boldsymbol{x}) > a_{i-1}$。
（3）生成随机数 U 并设 $I = \mathrm{Int}(nU) + 1$。
（4）如果 $I = k$，给定 $X_j = x_j, j \neq k$ 时，生成具有 X_k 的条件分布的 X。
（5）如果 $h(x_1, \cdots, x_{k-1}, X, x_{k+1}, \cdots, x_n) \leq a_{i-1}$，则回到（4）。
（6）令 $N = N + 1, x_k = X$。
（7）如果 $h(x_1, x_2, \cdots, x_n) > a_i$，则 $J = J + 1$。
（8）回到（3）。

J 的最终值与 N 的最终值之比是 $P\{h(\boldsymbol{X}) > a_i \mid h(\boldsymbol{X}) > a_{i-1}\}$ 的估计量。

例 12e：假设在例 12d 的排队网络模型中，服务台 i 上的服务时间是速率为 $\mu_i (i = 1, 2, \cdots, m)$ 的指数分布函数，并且当顾客在服务台 i 那里完成服务时，服务时间独立于其他所有函数，该顾客随后移动到服务台 j 加入队列（或者如果服务台空闲则进入服务）的概率为 P_{ij}，其中 $\sum_{j=1}^{m+1} P_{ij} = 1$。那么可以证明，$\sum_{j=1}^{m} n_j \leq r$ 时，服务台 $1, 2, \cdots, m$ 的顾客数量的极限概率质量函数为：

$$p(n_1,n_2,\cdots,n_m) = C\prod_{j=1}^{m}\left(\frac{\pi_j \mu_{m+1}}{\pi_{m+1}\mu_j}\right)^{n_j}$$

其中，$\pi_j(j=1,2,\cdots,m+1)$ 是转移概率为 p_{ij} 的马尔可夫链的平稳概率。也就是说，它们是下式的唯一解：

$$\pi_j = \sum_{i=1}^{m+1}\pi_i P_{ij}$$

$$\sum_{j=1}^{m+1}\pi_j = 1$$

如果对服务台进行重新编号，使 $\max(\pi_j/\mu_j) = \pi_{m+1}/\mu_{m+1}$，然后令 $a_j = \pi_j\mu_{m+1}/\pi_{m+1}\mu_j$，则 $\sum_{j=1}^{m}n_j \leq r$ 时，有：

$$p(n_1,n_2,\cdots,n_m) = C\prod_{j=1}^{m}(a_j)^{n_j}$$

其中，$0 \leq a_j \leq 1$。由此很易得出，在已知其他 $m-1$ 个服务台的顾客数量为 $n_j(j \neq i)$ 的情况下，服务台 i 上顾客数量的条件分布，等于条件分布 -1 加上参数为 $1-a_i$ 的几何随机变量，且该几何分布的值小于或等于 $r+1-\sum_{j\neq i}n_j$。

对于所有 j，在 π_j 和 μ_j 都是常数的情况下，已知除了服务台 $m+1$ 上的其他 $m-1$ 个服务台上的顾客数量为 $n_j, j \neq i$，服务台 i 上的顾客数量的条件分布是 $0,1,\cdots,r-\sum_{j\neq i}n_j$ 上的离散均匀分布。假设在这种情况下，且 $m=20, r=100$，要估算服务台 1（称为 X_1）上的顾客数量大于 18 的极限概率。令 $t_0=-1, t_1=5, t_2=9, t_3=12, t_4=15, t_5=17, t_6=18$，可以用吉布斯采样器依次估算 $P\{X_1>t_i|X_1>t_{i-1}\}, i=1,2,3,4,5,6$。比如，估算 $P\{X_1>17|X_1>15\}$，即从向量 $(n_1,\cdots,n_{20})$ 开始，其中 $n_1>15$ 且 $s = \sum_{i=1}^{20}n_i \leq 100$。然后生成一个随机数 U，令 $I = \text{Int}(20U+1)$。现在生成第二个随机数 V，如果 $I=1$，则重置 n_1 为：

$$n_1 = \text{Int}((85-s+n_1)V) + 16$$

如果 $I \neq 1$，则重置 n_1 为：

$$n_1 = \text{Int}((101-s-n_1)V)$$

接下来开始算法的下一次迭代；在所有迭代中，$n_1>17$ 的迭代次数是 $P\{X_1>17|X_1>15\}$ 的估计值。

将小概率写成更多中等大小的条件概率的乘积，然后依次估算每个条件概率，这一思路并不需要使用吉布斯采样器。黑斯廷斯·梅特罗波利斯算法的另一种变体可能更适用。下面通过前面在例 9x 中使用重要性采样解决问题的例子进行说明。

例 12f：假设要估算 $t(x)>a$ 时排列 $x=(x_1,x_2,\cdots,x_n)$ 的数量，其中 $t(x) = \sum_{j=1}^{n}jx_j$，且 a 要使这个排列的数量比 $n!$ 小很多。如果令 $\boldsymbol{X}=(X_1,\cdots,X_n)$ 同等可能地为 $n!$ 排列中的任意一个，并设 $\alpha = P\{T(\boldsymbol{X})>a\}$，那么 α 较小，相关量是 $\alpha n!$。令 $0 = a_0 < a_1 < \cdots a_k = a$，有：

$$\alpha = \prod_{i=1}^{k} P\{T(\boldsymbol{X}) > a_i | T(\boldsymbol{X}) > a_{i-1}\}$$

为了估算 $P\{T(\boldsymbol{X}) > a_i | T(\boldsymbol{X}) > a_{i-1}\}$，用例 12a 或例 12b 中的黑斯廷斯·梅特罗波利斯算法生成一个马尔可夫链，其极限分布函数为：

$$\pi(x) = \frac{1}{N_{i-1}}, \quad 若 T(x) > a_{i-1}$$

其中，N_{i-1} 是使 $T(x) > a_{i-1}$ 的排列 x 的数量。在这个马尔可夫链生成的状态 x 中得出 $T(x) > a_i$ 的比例是 $P\{T(\boldsymbol{X}) > a_i | T(\boldsymbol{X}) > a_{i-1}\}$ 的估计值。

在许多应用中，识别吉布斯采样器所需条件分布函数的形式相对容易。

例 12g： 假设对于某个非负函数 $h(y,z)$，非负随机变量 X、Y 和 Z 的联合密度函数为：

$$f(x,y,z) = Cx^{y-1}(1-x)^{zy}h(y,z), \quad 0 < x < 0.5$$

那么，在已知 $Y = y$ 和 $Z = z$ 时，X 的条件密度函数是：

$$f(x|y,z) = \frac{f(x,y,z)}{f_{Y,Z}(y,z)}$$

由于 y 和 z 是固定的，x 是这个条件密度函数的参数，可以将上式写成：

$$f(x|y,z) = C_1 f(x,y,z)$$

其中，C_1 不依赖于 x，因此，有：

$$f(x|y,z) = C_2 x^{y-1}(1-x)^{zy}, \quad 0 < x < 0.5$$

其中，C_2 不依赖于 x。但可以将其视为参数为 y 和 $zy+1$ 的 Beta 随机变量的条件密度函数，条件是该随机变量的条件密度函数位于区间 $(0, 0.5)$ 内。

吉布斯采样器也可以按顺序考虑坐标，而无须总是选择一个随机坐标来更新。也就是说，在第一次迭代中，可以设 $I = 1$，然后在下一次迭代中设 $I = 2$，接着设 $I = 3$，以此类推，直到第 n 次迭代，此时 $I = n$。在下一次迭代中，重新开始。我们将通过例 12h 对此进行说明，该示例对棒球中两位最佳球员的全垒打数进行建模。

例 12h： 令 $N_1(t)$ 表示棒球球员 AB 在一个棒球赛季前 $100t$% 的全垒打数，其中 $0 \le t \le 1$；同理，令 $N_2(t)$ 为球员 CD 的全垒打数。

假设存在随机变量 W_1 和 W_2，使 $W_1 = w_1$ 且 $W_2 = w_2$ 时，$\{N_1(t), 0 \le t \le 1\}$ 和 $\{N_2(t), 0 \le t \le 1\}$ 是速率分别为 w_1 和 w_2 的独立泊松过程。进一步假设 W_1 和 W_2 是其速率为 Y 的独立指数随机变量，Y 本身是在 0.02 和 0.10 之间均匀分布的随机变量。换句话说，假定球员根据泊松过程打全垒打，泊松过程的速率是一个分布的随机变量，该分布由一个本身是具有特定分布的随机变量的参数来定义。

假设 AB 在前半个赛季打了 25 个全垒打，CD 打了 18 个全垒打。给出一种方法来估算他们每个人在整个赛季中打全垒打的平均数量。

解： 综上所述，存在随机变量 Y, W_1, W_2，使：

（1）Y 在 $(0.02, 0.10)$ 内均匀分布。

（2）已知 $Y = y$，W_1 和 W_2 是速率为 y 的独立同分布指数随机变量。

（3）已知 $W_1 = w_1$ 且 $W_2 = w_2$，$N_1(t)$ 和 $N_2(t)$ 是速率为 w_1 和 w_2 的独立泊松过程。

为了求出 $E[N_1(1) | N_1(0.5) = 25, N_2(0.5) = 18]$，首先以 W_1 为条件：

$$E[N_1(1) | N_1(0.5) = 25, N_2(0.5) = 18, W_1] = 25 + 0.5 W_1$$

在已知 $N_1(0.5) = 25$ 且 $N_2(0.5) = 18$ 的条件下，取上述的条件期望值得出：
$$E[N_1(1)|N_1(0.5) = 25, N_2(0.5) = 18]$$
$$= 25 + 0.5E[W_1|N_1(0.5) = 25, N_2(0.5) = 18]$$

同理：
$$E[N_2(1)|N_1(0.5) = 25, N_2(0.5) = 18]$$
$$= 18 + 0.5E[W_2|N_1(0.5) = 25, N_2(0.5) = 18]$$

现在可以用吉布斯采样器估算这些条件期望值。首先，当 $0.02 < y < 0.10, w_1 > 0, w_2 > 0$ 时，应注意联合分布：
$$f(y, w_1, w_2, N_1(0.5) = 25, N_2(0.5) = 18)$$
$$= Cy^2 e^{-(w_1+w_2)y} e^{-(w_1+w_2)/2} (w_1)^{25} (w_2)^{18}$$

式中 C 不依赖任何一个 y, w_1, w_2。因此，$0.02 < y < 0.10$ 时：
$$f(y|w_1, w_2, N_1 = 25, N_2 = 18) = C_1 y^2 e^{-(w_1+w_2)y}$$

证明在已知 $w_1, w_2, N_1(0.5) = 25, N_2(0.5) = 18$ 的情况下，Y 的条件分布是参数为 3 和 $w_1 + w_2$ 的 Gamma 随机变量的条件分布，且条件为在 0.02 到 0.10 之间。同时：
$$f(w_1|y, w_2, N_1(0.5) = 25, N_2(0.5) = 18) = C_2 e^{-(y+1/2)w_1} (w_1)^{25}$$

由此可以得出，在已知 $y, w_2, N_1 = 25, N_2 = 18$ 的情况下，W_1 的条件分布是参数为 26 和 $y + \frac{1}{2}$ 的 Gamma 随机变量。同理，在已知 $y, w_1, N_1 = 25, N_2 = 18$ 的情况下，W_2 的条件分布为参数为 19 和 $y + \frac{1}{2}$ 的 Gamma 随机变量。

因此，从值 y, w_1, w_2 开始，其中 $0.02 < y < 0.10$，且 $w_i > 0$，吉布斯采样器方法如下。

（1）生成参数为 3 和 $w_1 + w_2$ 的 Gamma 随机变量的值，条件为在 0.02 和 0.10 之间，且令其为 y 的新值。

（2）生成参数为 26 和 $y + \frac{1}{2}$ 的 Gamma 随机变量的值，且令其为 w_1 的新值。

（3）生成参数为 19 和 $y + \frac{1}{2}$ 的 Gamma 随机变量的值，且令其为 w_2 的新值。

（4）返回（1）。

w_1 值的平均值是对 $E[W_1|N_1(0.5) = 25, N_2(0.5) = 18]$ 的估计值，w_2 值的平均值是对 $E[W_2|N_1(0.5) = 25, N_2(0.5) = 18]$ 的估计值。前者的 1/2 加 25 是对 AB 在一年内全垒打数平均值的估计值，后者的 1/2 加 18 是对 CD 在一年内全垒打数平均值的估计值。

需要注意的是，这两名球员的全垒打数量是相关的，这种相关性来源于它们共同依赖于随机变量 Y。也就是说，Y 会影响每个球员在一年中打出的平均全垒打数的分布（可能与该赛季棒球使用的平均活跃程度或该年的平均天气条件等量有关）。因此，根据其中一个球员全垒打次数的信息得出关于 Y 的概率信息，Y 会影响另一个球员全垒打次数的分布。这种类型的模型称为分层贝叶斯（hierarchical Bayes）模型，在这个模型中有一个共同随机变量（在本例中为 Y）影响相关随机变量条件参数的分布。

当应用吉布斯采样器时，除一个变量外，不需要对所有变量都设置条件。如果可以由联合条件分布生成，那么可以利用这些分布。例如，假设 $n = 3$，可以在已知第三个的条件下从任意两个变量的条件分布中生成。那么，在每次迭代中，我们可以生成一个随机数 U，设

$I = \text{Int}(3U+1)$,然后根据当前 X_I 的值,从 $X_j, X_k (j, k \neq I)$ 的联合分布中生成样本。

例 12i:令 $X_i (i=1,2,3,4,5)$ 是独立的指数分布随机变量,X_i 的均值为 i,假设我们想通过仿真来估算:

$$\beta = P\left\{\prod_{i=1}^{5} X_i > 120 \middle| \sum_{i=1}^{5} X_i = 15\right\}$$

我们可以通过吉布斯采样器随机选择两个坐标来实现。首先,假设 X 和 Y 是速率分别为 λ 和 μ 的独立指数分布随机变量,其中 $\mu < \lambda$,在已知 $X+Y=a$ 时求出 X 的条件分布,如下所示。

$$\begin{aligned} f_{X|X+Y}(x|a) &= C_1 f_{X,Y}(x, a-x), 0 < x < a \\ &= C_2 e^{-\lambda x} e^{-\mu(a-x)}, 0 < x < a \\ &= C_3 e^{-(\lambda-\mu)x}, 0 < x < a \end{aligned}$$

这表明,条件分布是速率为 $\lambda - \mu$ 的指数条件分布,且条件为小于 a。

利用这个结果,可以通过令初始状态 $(x_1, x_2, x_3, x_4, x_5)$ 总和为 15 的任意 5 个正数来估算 β。现在从集合(1,2,3,4,5)中随机选择两个元素;比如 $I=2$ 和 $J=5$。那么在已知其他值的情况下 X_2, X_5 的条件分布是均值为 2 和 5 的两个独立指数分布随机变量的条件分布,已知它们的和为 $15 - x_1 - x_3 - x_4$。但是,通过前面的方法,X_2 和 X_5 的值可以这样获得,生成速率为 $\frac{1}{2} - \frac{1}{5} = \frac{3}{10}$ 的指数的值,条件为小于 $15 - x_1 - x_3 - x_4$,然后设 X_2 等于该值,并重设 X_5 使 $\sum_{i=1}^{5} x_i = 15$。不断重复这个过程,状态向量 $\boldsymbol{x}$ 具有 $\prod_{i=1}^{5} x_i > 120$ 的比例是 β 的估计值。

例 12j:假设进行了 n 次独立试验;每次试验都会分别以概率 $p_1, p_2, \cdots, p_r \left(\sum_{i=1}^{r} p_i = 1\right)$ 得出 $1,2,\cdots,r$ 中的一个结果,并令 X_i 表示得出结果 i 的试验次数。在例 12g 中介绍了随机变量 $X_1, X_2, \cdots, X_r$,其联合分布称为多项分布,并展示了如何对它们进行仿真。现在假设 $n > r$,以 $X_1, X_2, \cdots, X_r$ 都是正数这一事件为条件来对其进行仿真。也就是说,我们希望以每个结果至少出现一次的事件为条件来模拟试验结果。当这个条件作用事件的概率较小时,如何有效解决这一问题?

解:首先,需要注意的是,假设我们可以生成 $n-r$ 次试验的结果,然后令 X_i 等于 1 加上这 $n-r$ 次试验结果为 i 的次数,这是错误的做法(也就是说,试图把 r 次所有结果都发生一次的试验放在一边,然后模拟剩余的 $n-r$ 次试验是行不通的)。为了理解这一点,假设 $n=4$ 且 $r=2$。那么,在搁置法下,恰好有 2 次试验结果为 1 的概率是 $2p(1-p)$,其中 $p = p_1$。然而,对于多项随机变量 X_1, X_2,我们有:

$$\begin{aligned} P\{X_1 = 2 | X_1 > 0, X_2 > 0\} &= \frac{P\{X_1 = 2\}}{P\{X_1 > 0, X_2 > 0\}} \\ &= \frac{P\{X_1 = 2\}}{1 - P\{X_1 = 4\} - P\{X_2 = 4\}} \\ &= \frac{\binom{4}{2} p^2 (1-p)^2}{1 - p^4 - (1-p)^4} \end{aligned}$$

由于上述结果不等于 $2p(1-p)$（尝试 $p=1/2$），因此该方法不适用。

我们可以使用吉布斯采样器生成一个具有适当极限概率的马尔可夫链。令初始状态为 r 个正整数的任意向量，其和为 n，并令状态按如下方式变化。当状态为 $x_1,x_2,\cdots,x_r$ 时，首先从 $1,2,\cdots,r$ 中随机选择两个索引生成下一个状态。如果选择 i 和 j，令 $s=x_i+x_j$，并在已知 $X_k=x_k(k\neq i,j)$ 的条件分布下模拟 X_i 和 X_j。因为在 $X_k=x_k(k\neq i,j)$ 的条件下，总共有 s 次试验结果为 i 或 j，所以这些试验结果为 i 的次数服从一个参数为 $\left(s,\dfrac{p_i}{p_i+p_j}\right)$ 的二项分布，并且该分布条件限定在值 1 到 $s-1$ 之间。因此，可以用离散逆变换法模拟此类随机变量；如果它的值为 v，则下一个状态与前一个状态相同，除了 x_i 和 x_j 的新值为 v 和 $s-v$ 之外。最终得到的状态序列的极限分布将是给定所有结果至少发生一次的条件下的多项分布。

注释：（1）可以用同样的论证来验证，当按顺序考虑坐标并应用吉布斯采样器时（如例 12i），或当通过对少于所有值但多于一个值进行条件化来使用吉布斯采样器时（如例 12j），是否得到了适用的极限质量函数。证明这些结果的方法是如果根据质量函数 f 选择初始状态，那么，在任何一种情况下，下一个状态也具有质量函数 f。但这表明 f 满足式（12.1），由此通过唯一性表明 f 是极限质量函数。

（2）假设在条件均值 $E[X_i|X_j,j\neq i]$ 很容易计算的情况下使用吉布斯采样器来估算 $E[X_i]$。那么，与其将 X_i 的连续值的平均值作为估计量，不如使用条件期望的平均值会更好。也就是说，如果当前状态为 $\boldsymbol{x}$，则取 $E[X_i|X_j,j\neq i]$ 而不是取 X_i 作为该迭代的估计值。同理，如果试图估算 $P\{X_i=x\}$，且 $P\{X_i=x|X_j,j\neq i\}$ 很容易计算，那么这些量的平均值通常比状态向量的第 i 个分量等于 x 的时间比例更好。

（3）吉布斯采样器表明，了解所有条件分布 X_i 在已知其他 $X_j(j\neq i)$ 值的情况下，可以确定 $\boldsymbol{X}$ 的联合分布。

12.4　连续时间马尔可夫链与排队损失模型

我们经常研究一个随时间不断发展的过程 $\{X(t),t\geq 0\}$。将 $X(t)$ 解释为过程在时间 t 时的状态，如果可能状态的集合是有限的或可数无限的，则该过程是一个具有平稳转移概率的连续时间马尔可夫链，并且该过程满足以下属性。

已知当前状态是 i，那么：

a. 过程转移到另一状态的时间是一个指数随机变量，其速率为 v_i；

b. 当状态 i 发生转移时，那么不管之前发生了什么，包括从状态 i 转移花了多长时间，下一个进入的状态将是 j，概率为 $P_{i,j}$。

因此，虽然连续时间马尔可夫链的状态序列构成了一个离散时间马尔可夫链，其转移概率为 $P_{i,j}$，但两次转移之间的时间呈指数分布，其速率取决于当前状态。假设这个链有有限的状态数，我们一般将其标记为 $1,2,\cdots,N$。

令 $P(i)$ 表示链处于状态 i 的长期运行时间比例（如假定由状态序列组成的离散时间马尔可夫链不可约，则这些长期运行比例将存在，并且不依赖于过程的初始状态。此外，因为在一个状态中花费的时间有一个连续的指数分布，没有类似于周期性离散时间链，所以长期运行比例也总是极限概率）。如果令：

$$\lambda(i,j) = v_i P_{i,j}$$

那么，由于 v_i 是链从状态 i 转移出来的速率，且 $P_{i,j}$ 是链从状态 i 转移到状态 j 的概率，因此可以得出，$\lambda(i,j)$ 是链从状态 i 转移到状态 j 的速率。如果满足以下条件，则连续时间马尔可夫链是时间可逆的：

$$P(i)\lambda(i,j) = P(j)\lambda(j,i), \quad 对所有 i,j$$

因此，对于所有状态 i 和 j，如果从 i 到 j 的转移速率等于从 j 到 i 的转移速率，则连续时间马尔可夫链将是时间可逆的。此外，在离散时间马尔可夫链的情况下，如果能求出满足前面时间可逆方程的概率 $P(i), i=1,\cdots,N$，则链是时间可逆的，且 $P(i)$ 是极限概率（也称为平稳概率）。

现在考虑一个排队系统，顾客按照速率为 λ 的泊松过程到达。假设每个顾客属于类型 $1,2,\cdots,r$ 中的一种，并且每个新到达的顾客都与过去无关，i 类顾客的概率为 p_i，满足 $\sum_{i=1}^{r} p_i = 1$。假设如果允许 i 类顾客进入系统，则其离开前花费的时间是一个指数随机变量，其速率为 $\mu_i (i=1,2,\cdots,r)$。进一步假设是否允许 i 类顾客进入的决定取决于系统中当前的顾客集合。更具体地说，如果系统中目前有 n_i 个 i 类顾客，则系统的当前状态为 $(n_1, n_2, \cdots, n_r)$，对于每个 $i=1,2,\cdots,r$，并假设存在一个指定的状态集合 $\mathcal{A}$，使得如果结果得出不在 $\mathcal{A}$ 中的系统状态，则不允许顾客进入系统。也就是说，如果 i 类顾客到达时的当前状态是 $\boldsymbol{n}=(n_1,n_2,\cdots,n_r)\in\mathcal{A}$，那么，满足条件 $\boldsymbol{n}+\boldsymbol{e}_i\in\mathcal{A}$ 时，将允许顾客进入系统，满足条件 $\boldsymbol{n}+\boldsymbol{e}_i\notin\mathcal{A}$ [$\boldsymbol{e}_i=(0,\cdots,0,1,0,\cdots,0)$ 且 1 在位置 i] 时，则不允许顾客进入系统。进一步假设 $\mathcal{A}$ 使 $\boldsymbol{n}+\boldsymbol{e}_i\in\mathcal{A}$，意味着 $\boldsymbol{n}\in\mathcal{A}$。

举个例子，假设这个系统是一家医院，到达者是患者。假设医院提供 m 种类型的服务，i 类患者需要 $r_i(j)\geq 0$ 个单位的 j 类服务。进一步假设医院提供 j 类服务的能力为 $c_j\geq 0$，如果满足以下条件：

$$\sum_{i=1}^{r} n_i r_i(j) \leq c_j, j=1,2,\cdots,m$$

医院可同时容纳 n_1 例 1 类患者，n_2 例 2 类患者，$\cdots$，n_r 例 r 类患者。

因此：

$$\mathcal{A} = \left\{ \boldsymbol{n} : \sum_{i=1}^{r} n_i r_i(j) \leq c_j, j=1,2,\cdots,m \right\}$$

现在证明状态 $\boldsymbol{n}\in\mathcal{A}$ 的连续时间马尔可夫链是时间可逆的。为此，假设 $\boldsymbol{n}=(n_1,\cdots,n_r)\in\mathcal{A}$，且 $n_i>0$。当处于状态 $\boldsymbol{n}$ 时，如果 i 类顾客离开，过程将转到状态 $\boldsymbol{n}-\boldsymbol{e}_i$；由于系统中有 n_i 个 i 类顾客，因此这将以 $n_i\mu_i$ 的速率发生。因此，如果 $P(\boldsymbol{n})$ 是状态为 $\boldsymbol{n}$ 的时间比例，那么可知：

过程从状态 $\boldsymbol{n}$ 到状态 $\boldsymbol{n}-\boldsymbol{e}_i$ 的速率 $= P(\boldsymbol{n})n_i\mu_i$

此外，当处于状态 $\boldsymbol{n}-\boldsymbol{e}_i$ 时，过程进入状态 $\boldsymbol{n}$ 的速率为 i 类顾客的到达速率，即 λp_i。因此，当 $\lambda_i = \lambda p_i$ 时：

过程从状态 $\boldsymbol{n}-\boldsymbol{e}_i$ 到状态 $\boldsymbol{n}$ 的速率 $= P(\boldsymbol{n}-\boldsymbol{e}_i)\lambda_i$

因此时间可逆性方程是：

$$P(\boldsymbol{n})n_i\mu_i = P(\boldsymbol{n}-\boldsymbol{e}_i)\lambda_i$$

通过求解上述 $P(\boldsymbol{n})$ 并迭代这个解 n_i 次，得出：

$$P(\boldsymbol{n}) = \frac{\lambda_i/\mu_i}{n_i} P(\boldsymbol{n} - \boldsymbol{e}_i)$$

$$= \frac{\lambda_i/\mu_i}{n_i} \frac{\lambda_i/\mu_i}{(n_i - 1)} P(\boldsymbol{n} - \boldsymbol{e}_i - \boldsymbol{e}_i)$$

$$= \frac{(\lambda_i/\mu_i)^2}{n_i(n_i - 1)} P(\boldsymbol{n} - \boldsymbol{e}_i - \boldsymbol{e}_i)$$

$$= \cdots$$

$$= \cdots$$

$$= \cdots$$

$$= \frac{(\lambda_i/\mu_i)^{n_i}}{n_i!} P(n_1, \cdots, n_{i-1}, 0, n_{i+1}, \cdots, n_r)$$

对向量 $\boldsymbol{n}$ 的其他坐标做同样的处理，可以得到时间可逆性方程，得出以下关系：

$$P(\boldsymbol{n}) = P(\boldsymbol{0}) \prod_{i=1}^{r} \frac{(\lambda_i/\mu_i)^{n_i}}{n_i!}$$

要确定 $P(\boldsymbol{0}) = P(0, \cdots, 0)$，我们对所有向量 $\boldsymbol{n} \in \mathcal{A}$ 求和，得到：

$$1 = P(\boldsymbol{0}) \sum_{\boldsymbol{n} \in \mathcal{A}} \prod_{i=1}^{r} \frac{(\lambda_i/\mu_i)^{n_i}}{n_i!}$$

因此，时间可逆性方程意味着：

$$P(\boldsymbol{n}) = \frac{\prod_{i=1}^{r} \frac{(\lambda_i/\mu_i)^{n_i}}{n_i!}}{\sum_{\boldsymbol{n} \in \mathcal{A}} \prod_{i=1}^{r} \frac{(\lambda_i/\mu_i)^{n_i}}{n_i!}} = C \prod_{i=1}^{r} \frac{(\lambda_i/\mu_i)^{n_i}}{n_i!}, \boldsymbol{n} \in \mathcal{A} \quad (12.5)$$

式中：

$$C = \frac{1}{\sum_{\boldsymbol{n} \in \mathcal{A}} \prod_{i=1}^{r} \frac{(\lambda_i/\mu_i)^{n_i}}{n_i!}}$$

由于可以很容易证明上述 $P(\boldsymbol{n})$ 公式满足时间可逆性方程，因此可以得出结论，该链是时间可逆的，其平稳概率由式（12.5）得出。然而，直接使用上述公式很困难，因为通常从计算的角度不可能计算 C。然而，可以使用马尔可夫链蒙特卡罗方法取得较好效果，证明如下。

首先，如果 $X_1, X_2, \cdots, X_r$ 是独立的泊松随机变量，X_i 的均值为 λ_i/μ_i，则由式（12.5）得出的平稳分布是已知 $\boldsymbol{X} \in \mathcal{A}$ 时 $\boldsymbol{X} = (X_1, X_2, \cdots, X_r)$ 的条件分布。之所以如此，是因为当 $\boldsymbol{n} = (n_1, n_2, \cdots, n_r) \in \mathcal{A}$ 时：

$$P(X_i = n, i = 1, 2, \cdots, r | \boldsymbol{X} \in \mathcal{A}) = \frac{\prod_{i=1}^{r} P(X_i = n_i)}{P(\boldsymbol{X} \in \mathcal{A})}$$

$$= \frac{\prod_{i=1}^{r} e^{-\lambda_i/\mu_i} \frac{(\lambda_i/\mu_i)^{n_i}}{n_i!}}{P(\boldsymbol{X} \in \mathcal{A})}$$

$$= K \prod_{i=1}^{r} \frac{(\lambda_i/\mu_i)^{n_i}}{n_i!}$$

其中，$K = e^{-\sum_i \lambda_i/\mu_i}/P(\boldsymbol{X} \in \mathcal{A})$，它是一个不依赖于 $\boldsymbol{n}$ 的常数。由于在所有 $\boldsymbol{n} \in \mathcal{A}$ 时，前一个函数和式（12.5）得出的质量函数的和都等于 1，可知 $K = C$，因此连续时间马尔可夫链的平稳分布是已知 $\boldsymbol{X} \in \mathcal{A}$ 时 $\boldsymbol{X}$ 的条件分布。

现在，已知 $X_j = n_j, j \neq i, \boldsymbol{X} \in \mathcal{A}$ 时 X_i 的条件分布是具有均值 λ_i/μ_i 的泊松随机变量 X_i 的条件分布，其条件为 $(n_1, \cdots, n_{i-1}, X_i, n_{i+1}, \cdots, n_r) \in \mathcal{A}$。由于 $\boldsymbol{n} + \boldsymbol{e}_i \in \mathcal{A}$ 意味着 $\boldsymbol{n} \in \mathcal{A}$ 时，上述条件分布将是具有均值 λ_i/μ_i 的泊松随机变量 X_i 的分布，其条件是小于或等于 $v = \max\{k : (n_1, \cdots, n_{i-1}, k, n_{i+1}, \cdots, n_r) \in \mathcal{A}\}$。由于很容易生成这样的随机变量（比如通过离散逆变换技术来生成），可知吉布斯采样器可以有效地用于生成极限分布是排队模型的平稳分布的马尔可夫链。

12.5 模拟退火

令 $\mathcal{A}$ 是一个有限的向量集，令 $V(\boldsymbol{x})$ 是定义在 $\boldsymbol{x} \in \mathcal{A}$ 时的非负函数，假设要求出它的最大值并至少得出一个最大值的自变量。也就是说，令：

$$V^* = \max_{\boldsymbol{x} \in \mathcal{A}} V(\boldsymbol{x})$$

且：

$$\mathcal{M} = \{\boldsymbol{x} \in \mathcal{A} : V(\boldsymbol{x}) = V^*\}$$

我们要在 $\mathcal{M}$ 中求出 V^* 以及集合中的一个元素。接下来，我们将介绍如何使用本章的方法来实现这一点。

首先，令 $\lambda > 0$，并考虑 $\mathcal{A}$ 中值集合的以下概率质量函数：

$$p_\lambda(\boldsymbol{x}) = \frac{e^{\lambda V(\boldsymbol{x})}}{\sum_{\boldsymbol{x} \in \mathcal{A}} e^{\lambda V(\boldsymbol{x})}}$$

通过将上述分子和分母乘以 $e^{-\lambda V^*}$，并令 $|\mathcal{M}|$ 表示 $\mathcal{M}$ 中的元素数量，可知：

$$p_\lambda(\boldsymbol{x}) = \frac{e^{\lambda[V(\boldsymbol{x}) - V^*]}}{|\mathcal{M}| + \sum_{\boldsymbol{x} \notin \mathcal{M}} e^{\lambda[V(\boldsymbol{x}) - V^*]}}$$

然而，由于 $\boldsymbol{x} \notin \mathcal{M}$ 时，$V(\boldsymbol{x}) - V^* < 0$，可以得到当 $\lambda \to \infty$ 时：

$$p_\lambda(\boldsymbol{x}) \to \frac{\delta(\boldsymbol{x}, \mathcal{M})}{|\mathcal{M}|}$$

式中，如果 $\boldsymbol{x} \in \mathcal{M}$，则 $\delta(\boldsymbol{x}, \mathcal{M}) = 1$，否则为 0。

因此，如果令 λ 较大，并生成一个极限分布为 $p_\lambda(\boldsymbol{x})$ 的马尔可夫链，那么这个极限分布的大部分质量将集中在 $\mathcal{M}$ 中的点上。定义这种链时通常有用的方法是引入相邻向量的概念，然后使用黑斯廷斯·梅特罗波利斯算法。例如，如果两个向量 $\boldsymbol{x} \in \mathcal{A}$ 和 $\boldsymbol{y} \in \mathcal{A}$ 只在一个坐标上不同，或者如果其中一个可以通过交换另一个的两个分量来获得，那么我们可以说它们相邻。然后，我们可以将 $\boldsymbol{x}$ 的下一个目标状态设为等可能地是它的任何相邻元素，如果选择了相邻元素 $\boldsymbol{y}$，那么下一个状态变成 $\boldsymbol{y}$ 的概率为

$$\min\left\{1, \frac{e^{\lambda V(\boldsymbol{y})}/|N(\boldsymbol{y})|}{e^{\lambda V(\boldsymbol{x})}/|N(\boldsymbol{x})|}\right\}$$

否则停留在 $\boldsymbol{x}$。$|N(\boldsymbol{z})|$ 是 $\boldsymbol{z}$ 的相邻元素数量。如果每个向量都有相同数量的相邻元素（如果还

没有，几乎总是可以通过增加状态空间并令任何新状态的 V 值等于 0 来排列），那么当状态是 x 时，随机选择与其相邻的一个元素，比如 y；如果 $V(y) \geq V(x)$，则链以 $\exp\{\lambda V(y) - V(x)\}$ 的概率移动到状态 y，否则停留在状态 x。

上述算法有一个缺点，即由于选择了较大的 λ，如果链进入状态 x，其 V 值大于其每个相邻元素的 V 值，则链可能需要很长时间才能移动到不同的状态。也就是说，尽管极限分布需要很大的 λ 值才能将其大部分权重放在 $\mathcal{M}$ 中的点上，但在接近极限分布之前，这样的值通常需要大量的转移。第二个缺点是，由于 x 只有有限个可能值，因此收敛的整个概念似乎毫无意义，因为在理论上，总是可以尝试每个可能值，从而在有限的步骤中得到收敛。因此，与其从严格的数学角度来考虑前面的问题，不如将其视为一种启发式方法，在这一过程中，发现允许 λ 值随时间变化是有用的。

上述方法的一种广泛变体称为模拟退火，操作如下。如果马尔可夫链的第 n 个状态是 x，则随机选择相邻值。如果是 y，那么下一个状态要么是 y，其概率为：

$$\min\left\{1, \frac{\exp\{\lambda_n V(y)/N(y)\}}{\exp\{\lambda_n V(x)/N(x)\}}\right\}$$

要么停留在 x，式中 $\lambda_n (n \geq 1)$ 是一组规定的值，这些值从小值开始（从而得到大量的状态变化），然后增长。

对 λ_n 计算有用的一个选择（以及在数学上得到收敛的选择）是令 $\lambda_n = C\log(1+m)$，其中 $C > 0$，是任何固定的正常数。如果随后生成 m 个连续状态 $X_1, X_2, \cdots, X_m$，可以通过 $\max_{i=1,2,\cdots,m} V(X_i)$ 来估算 V^*，如果最大值出现在 X_i，则将其作为 $\mathcal{M}$ 中的估算点。

例 12k（旅行商问题）：关于旅行商问题，有个版本是旅行商从城市 0 开始，然后依次访问所有城市 $1, 2, \cdots, r$。那么可以选择 $1, 2, \cdots, r$ 的排列 $x_1, x_2, \cdots, x_r$，解释为旅行商从城市 0 出发去城市 x_1，然后去城市 x_2，以此类推。如果假设当旅行商直接从城市 i 到城市 j 时得到的非负奖励为 $v(i, j)$，那么选择 $x = (x_1, x_2, \cdots, x_r)$ 的收益是：

$$V(x) = \sum_{i=1}^{r} v(x_{i-1}, x_i), \quad x_0 = 0$$

如果两个排列其中一个由另一个的两个坐标交换得到，通过令它们相邻，可以用模拟退火来近似最佳路径。即从任意一个排列 x 开始，令 $X_0 = x$。现在，一旦确定了第 n 个状态（排列），$n \geq 0$，则随机生成它的一个相邻元素（通过选择 I, J 等可能是 $\binom{r}{2}$ 值的任意一个并交换 X_n 的第 I 个和第 J 个元素的值，其中 $i \neq j, i, j = 1, 2, \cdots, r$）。令生成的相邻元素为 y，那么如果 $V(y) \geq V(X_n)$，设 $X_{n+1} = y$，否则以概率 $(1+n)^{(V(y)-V(X_n))}$ 设 $X_{n+1} = y$，或者保持 X_n 不变（注意，我们使用的是 $\lambda_n = \log(1+n)$）。

12.6 采样重要性重采样算法

采样重要性重采样（SIR）算法是一种生成随机向量 X 的方法，其质量函数为：

$$f(x) = C_1 f_0(x)$$

该函数是通过模拟一个马尔可夫链来生成的，其极限概率质量函数为：

$$g(x) = C_2 g_0(x)$$

这里的函数 $g(x)$ 也是在一个乘法常数下指定的。该方法类似于接受-拒绝技术，首先生成具

有密度函数 g 的随机向量 Y，然后如果 $Y = y$，以 $f(y)/cg(y)$ 的概率接受该值，其中 c 是一个常数，以便对于所有 x，$f(y)/cg(y) \le 1$。如果该值不被接受，则重新开始该过程，最终被接受的 X 的密度函数为 f。但是，由于 f 和 g 不再完全指定，因此这种方法不可用。

SIR 算法首先生成 m 个连续状态的马尔可夫链状态，其极限概率质量函数为 g。令这些状态值为 $y_1, y_2, \cdots, y_m$。现在，定义"权重" w_i ($i=1,2,\cdots,m$) 为：

$$w_i = \frac{f_0(y_i)}{g_0(y_i)}$$

并生成一个随机向量 X，使得：

$$P\{X = y_j\} = \frac{w_j}{\sum_{i=1}^{m} w_i}, \quad j = 1, 2, \cdots, m$$

我们将证明，当 m 较大时，随机向量 X 的质量函数近似等于 f。

命题：通过 SIR 算法得到的向量 X 的分布在 $m \to \infty$ 时收敛到 f。

证明：令 Y_i ($i=1,2,\cdots,m$) 表示马尔可夫链生成的随机向量，其极限质量函数为 g，并令 $W_i = f_0(Y_i)/g_0(Y_i)$ 表示其权值。对于固定的向量集合 $\mathcal{A}$，如果 $Y_i \in \mathcal{A}$，则令 $I_i = 1$，否则令它等于 0。那么：

$$P\{X \in \mathcal{A} | Y_i, i = 1, 2, \cdots, m\} = \frac{\sum_{i=1}^{m} I_i W_i}{\sum_{i=1}^{m} W_i} \tag{12.6}$$

由式（12.2）的马尔可夫链结果可知，当 $m \to \infty$ 时：

$$\sum_{i=1}^{m} I_i W_i / m \to E_g[IW] = E_g[IW|I=1]P_g[I=1] = E_g[W|Y \in \mathcal{A}]P_g[Y \in \mathcal{A}]$$

且

$$\sum_{i=1}^{m} W_i / m \to E_g[W] = E_g[f_0(Y)/g_0(Y)] = \int \frac{f_0(y)}{g_0(y)} g_0(y) \mathrm{d}y = C_2/C_1$$

因此，将式（12.6）的分子和分母同时除以 m，我们得到：

$$P\{X \in \mathcal{A} | Y_i, i = 1, 2, \cdots, m\} \to \frac{C_1}{C_2} E_g[W | Y \in \mathcal{A}] P_g\{Y \in \mathcal{A}\}$$

而：

$$\frac{C_1}{C_2} E_g[W | Y \in \mathcal{A}] P_g\{Y \in \mathcal{A}\} = \frac{C_1}{C_2} E_g\left[\frac{f_0(Y)}{g_0(Y)} \middle| Y \in \mathcal{A}\right] P_g\{Y \in \mathcal{A}\}$$

$$= \int_{y \in \mathcal{A}} \frac{f(y)}{g(y)} g(y) \mathrm{d}y$$

$$= \int_{y \in \mathcal{A}} f(y) \mathrm{d}y$$

因此，当 $m \to \infty$ 时：

$$P\{X \in \mathcal{A} | Y_i, i = 1, 2, \cdots, m\} \to \int_{y \in \mathcal{A}} f(y) \mathrm{d}y$$

这意味着，通过一个被称为勒贝格（Lebesgue）主导收敛定理的数学结果得出：

$$P\{X \in \mathcal{A}\} = E[P\{X \in \mathcal{A} | Y_i, i = 1, 2, \cdots, m\}] \to \int_{y \in \mathcal{A}} f(y) \mathrm{d}y$$

且结果得到验证。

用于近似生成具有质量函数 f 的随机向量的采样重要性重采样算法首先生成具有不同联合质量函数的随机变量（如重要性采样中一样），然后从生成的值池中重新采样以得到随机向量。

假设现在要估计某个函数 h 的 $E_f[h(X)]$，首先生成马尔可夫链的大量连续状态，其极限概率由 g 得出。如果这些状态是 $y_1, y_2, \cdots, y_m$，那么似乎很自然会选择具有以下概率分布的 k 个向量：

$$P\{X = y_j\} = \frac{w_j}{\sum_{i=1}^{m} w_i}, \quad j = 1, 2, \cdots, m$$

式中 k/m 较小且 $w_j = f_0(y_j)/g_0(y_j)$，可以使用 $\sum_{i=1}^{k} h(X_i)/k$ 作为估计量。然而，更好的方法是，不仅基于 k 个值构建估计量，而是使用所有生成的 m 个 $y_1, y_2, \cdots, y_m$。现在证明：

$$\frac{1}{\sum_{i=1}^{m} w_i} \sum_{j=1}^{m} w_j h(y_j)$$

是 $E_f[h(X)]$ 的一个比 $\sum_{i=1}^{k} h(X_i)/k$ 更好的估计量。为此，注意到：

$$E[h(X_i) | y_1, y_2, \cdots, y_m] = \frac{1}{\sum_{i=1}^{m} w_i} \sum_{j=1}^{m} w_j h(y_j)$$

因此：

$$E\left[\frac{1}{k} \sum_{i=1}^{k} h(X_i) \bigg| y_1, y_2, \cdots, y_m\right] = \frac{1}{\sum_{i=1}^{m} w_i} \sum_{j=1}^{m} w_j h(y_j)$$

这表明，$\sum_{j=1}^{m} h(y_j) w_j / \sum_{i=1}^{m} w_i$ 与 $\sum_{i=1}^{k} h(X_i)/k$ 具有相同的均值，但方差更小。

使用从一个分布生成的数据来收集关于另一个分布的信息在贝叶斯统计中特别有用。

例 12l：假设 X 是一个随机向量，其概率分布被指定为未知参数 $\boldsymbol{\theta}$ 的向量。例如，X 可能是独立同分布的正态随机变量序列，且 $\boldsymbol{\theta} = (\theta_1, \theta_2)$，其中 θ_1 是这些随机变量的均值，θ_2 是它们的方差。令 $f(x|\boldsymbol{\theta})$ 表示已知 $\boldsymbol{\theta}$ 时 X 的密度函数。在经典统计学中，假设 $\boldsymbol{\theta}$ 是一个未知常数的向量，而在贝叶斯统计学中，也假设它是随机向量，并且有一个指定的概率密度函数 $p(\boldsymbol{\theta})$，称为先验密度函数。

如果观察到 X 等于 x，则 $\boldsymbol{\theta}$ 的条件密度（也称为后验密度）为：

$$p(\boldsymbol{\theta}|x) = \frac{f(x|\boldsymbol{\theta})p(\boldsymbol{\theta})}{\int f(x|\boldsymbol{\theta})p(\boldsymbol{\theta})\mathrm{d}(\boldsymbol{\theta})}$$

然而，在许多情况下，$\int f(x|\boldsymbol{\theta})p(\boldsymbol{\theta})\mathrm{d}(\boldsymbol{\theta})$ 不容易计算，因此不能直接使用上述公式来研究后验分布。

研究后验分布属性的一种方法是首先从先验密度 p 生成随机向量 $\boldsymbol{\theta}$，然后使用结果数据

收集关于后验密度 $p(\theta|x)$ 的信息。如果假设先验密度 $p(\theta)$ 是完全指定的，并且可以直接生成，那么可以使用 SIR 算法，其中：

$$f_0(\theta) = f(x|\theta)p(\theta)$$
$$g(\theta) = g_0(\theta) = p(\theta)$$
$$w(\theta) = f(x|\theta)$$

首先，根据先验密度 $p(\theta)$ 生成 m 个随机向量。令它们为 $\theta_1, \theta_2, \cdots, \theta_m$。现在可以通过以下估计量估算任何形式为 $E[h(\theta)|x]$ 的函数：

$$\sum_{j=1}^{m} \alpha_j h(\theta_j), \quad 其中 \alpha_j = \frac{f(x|\theta_j)}{\sum_{i=1}^{m} f(x|\theta_i)}$$

例如，对于任意集合 $\mathcal{A}$，可以用 $\sum_{j=1}^{m} \alpha_j I\{\theta_j \in \mathcal{A}\}$ 来估计 $P\{\theta \in \mathcal{A}|x\}$。如果 $\theta_j \in \mathcal{A}$，则 $I\{\theta_j \in \mathcal{A}\}$ 为 1，否则为 0。

在 θ 维数较小的情况下，可以用先验生成的数据及其权重来图形化地探索后验。例如，如果 θ 是二维向量，那么可以通过考虑这些点的权重在二维图上绘制出先验生成的 $\theta_1, \theta_2, \cdots, \theta_m$。例如，可以将一个点集中在这 m 个点中的每一个点上，点 θ_j 上的点的面积与其权重 $f(x|\theta_j)$ 成比例。另一种方法是令所有的点都是相同的大小，但令点的暗度以线性加法的方式取决于它的权重。也就是说，例如，如果 $m=3$，且 $\theta_1 = \theta_2, f(x|\theta_3) = 2f(x|\theta_1)$，那么 θ_1 和 θ_3 处点的颜色应该相同。

如果先验密度 p 只能指定到一个常数，或者很难直接从中生成随机向量，那么可以生成一个以 p 为极限密度的马尔可夫链，然后像之前一样继续。

注释：因为：

$$\frac{p(\theta|x)}{p(\theta)} = Cf(x|\theta)$$

因此，前面例子中给出的 $E[h(\theta)|x]$ 的估计量也可以通过使用第 10.5 节中的归一化重要采样技术来推导得出。

12.7 过去耦合

考虑一个状态为 $1, 2, \cdots, m$ 且转移概率为 $p_{i,j}$ 的不可约马尔可夫链，假设要生成一个随机变量的值，其分布与马尔可夫链的平稳分布相同（相关定义见 12.1 节）。在 12.1 节中，我们注意到，可以通过任意选择一个初始状态，然后模拟大量固定时间段的马尔可夫链来近似地生成这样一个随机变量；最终状态用作随机变量的值。在本节中，我们将介绍一个方法，可以生成一个随机变量，该随机变量的分布与平稳分布完全相同。

理论上，如果我们从任意状态生成马尔可夫链，并让时间从 $-\infty$ 开始，那么在时间 0 时的状态将具有平稳分布。所以，假设我们这样做，并且假设在每个时间点由不同的人来生成下一个状态。因此，如果在时间 $-n$ 时的状态 $X(-n)$ 为 i，则人员 $-n$ 将生成一个以概率 $p_{i,j}$ 等于 j 的随机变量，其中 $j = 1, 2, \cdots, m$，生成的值将是时间 $-(n-1)$ 时的状态。现在假设人员 $-n$ 要提前生成随机变量。因为他不知道时间 -1 时的状态是什么，所以他生成了一个随机变量序列 $N_{-1}(i), i = 1, \cdots, m$，其中 $N_{-1}(i)$ 是 $X(-1)$ 时的下一状态，以概率为 $P_{i,j}$ 等于 j，$j = 1, 2, \cdots, m$。

如果得出结果 $X(-1)=i$，则人员 –1 将报告时间 0 时的状态为：
$$S_{-1}(i) = N_{-1}(i), i = 1, 2, \cdots, m$$
即 $S_{-1}(i)$ 为时间 0 时的模拟状态，此时时间 –1 时的模拟状态为 i。

现在假设人员 –2 听说人员 –1 早就在进行仿真后，决定也要进行仿真。于是，他生成一个随机变量序列 $N_{-2}(i), i = 1, \cdots, m$，其中 $N_{-2}(i)$ 等于 j 的概率为 $P_{i,j}, j = 1, 2, \cdots, m$。因此，如果向他报告 $X(-2) = i$，那么他将报告 $X(-1) = N_{-2}(i)$。结合人员 –1 的早期生成可知，如果 $X(-2) = i$，则时间 0 时的模拟状态为：
$$S_{-2}(i) = S_{-1}(N_{-2}(i)), \quad i = 1, 2, \cdots, m$$

继续前面的方法，假设人员 –3 生成一个随机变量序列 $N_{-3}(i), i = 1, \cdots, m$，其中 $N_{-3}(i)$ 为 $X(-3) = i$ 时下一个状态的生成值。因此，如果 $X(-3) = i$，则时间 0 时的模拟状态为：
$$S_{-3}(i) = S_{-2}(N_{-3}(i)), \quad i = 1, 2, \cdots, m$$

现在假设继续前面的步骤，因此得到模拟函数：
$$S_{-1}(i), S_{-2}(i), S_{-3}(i), \cdots \quad i = 1, 2, \cdots, m$$

以这种方式在时间上回溯，我们有时会说，比如，–r 有一个为常数函数的模拟函数 $S_{-r}(i)$。也就是说，对于某个状态 j，$S_{-r}(i)$ 在所有状态下（$i = 1, 2, \cdots, m$）等于 j。但这意味着无论从时间 $-\infty$ 到 $-r$ 的模拟值是什么，都可以确定在时间 0 时的模拟值是 j。因此，可以将 j 作为生成的随机变量的值，该随机变量的分布正好是马尔可夫链的平稳分布。

例 12m： 考虑一个状态为（1,2,3）的马尔可夫链，并假设通过仿真得到以下值：
$$N_{-1}(i) = \begin{cases} 3, & \text{若} i = 1 \\ 2, & \text{若} i = 2 \\ 2, & \text{若} i = 3 \end{cases}$$

且：
$$N_{-2}(i) = \begin{cases} 1, & \text{若} i = 1 \\ 3, & \text{若} i = 2 \\ 1, & \text{若} i = 3 \end{cases}$$

那么：
$$S_{-2}(i) = \begin{cases} 3, & \text{若} i = 1 \\ 2, & \text{若} i = 2 \\ 3, & \text{若} i = 3 \end{cases}$$

如果：
$$N_{-3}(i) = \begin{cases} 3, & \text{若} i = 1 \\ 1, & \text{若} i = 2 \\ 1, & \text{若} i = 3 \end{cases}$$

那么：
$$S_{-3}(i) = \begin{cases} 3, & \text{若} i = 1 \\ 3, & \text{若} i = 2 \\ 3, & \text{若} i = 3 \end{cases}$$

因此，无论在时间 –3 时的状态是什么，在时间 0 时的状态都会是 3。

第 12 章 马尔可夫链蒙特卡罗方法

注释：本节开发的生成随机变量（其分布是马尔可夫链的平稳分布）的过程称为过去耦合。

习题

1. 令 $\pi_j (j=1,\cdots,N)$ 表示马尔可夫链的平稳概率。证明：如果 $P\{X_0 = j\} = \pi_j, j=1,2,\cdots,N$，那么：

$$P(X_n = j) = \pi_j, \text{对于所有} n, j$$

2. 令 $\boldsymbol{Q}$ 为对称转移概率矩阵，即对于所有 i,j，有 $q_{ij} = q_{ji}$。考虑一个马尔可夫链，当当前状态为 i 时，生成一个随机变量 X 的值使 $P\{X = j\} = q_{ij}$，如果 $X = j$，则以 $b_j/(b_i + b_j)$ 的概率移动到状态 j，否则停留在状态 i，其中 b_j（$j=1,2,\cdots,N$）为指定的正数。证明：在极限概率 $\pi_j = Cb_j (j=1,2,\cdots,N)$ 下马尔可夫链是时间可逆的。

3. 令 $\pi_i (i=1,2,\cdots,n)$ 是和为 1 的正数。令 $\boldsymbol{Q}$ 是一个不可约的转移概率矩阵，其转移概率为 $q(i,j), i,j = 1,2,\cdots,m$。假设我们以如下方式模拟一个马尔可夫链：如果该链的当前状态为 i，那么我们生成一个以 $q(i,j)$ 概率等于 $k(k=1,2,\cdots,n)$ 的随机变量。如果生成值为 j，则马尔可夫链的下一个状态为 i 或 j，等于 j 的概率为 $\dfrac{\pi_j q(j,i)}{\pi_i q(i,j) + \pi_j q(j,i)}$，等于 i 的概率为 $1 - \dfrac{\pi_j q(j,i)}{\pi_i q(i,j) + \pi_j q(j,i)}$。

　a. 求出所模拟的马尔可夫链的转移概率。
　b. 证明 $\{\pi_1, \pi_2, \cdots, \pi_n\}$ 是这个链的平稳概率。

4. 说明如何使用马尔可夫链蒙特卡罗方法来生成一个 $X_1, X_2, \cdots, X_{10}$ 的值，已知 $\prod_{i=1}^{10} X_i > 20$ 时，其分布近似为 10 个共同均值为 1 的独立指数随机变量的条件分布。

5. 令 $U_1, U_2, \cdots, U_n$ 是在区间 $(0,1)$ 内均匀分布的独立随机变量。对于正常数 $a_1 > a_2 > \cdots > a_n > 0$，给出一种生成随机向量的方法，该随机向量的分布近似于已知 $a_1 U_1 < a_2 U_2 < \cdots < a_n U_n$ 时 $U_1, \cdots, U_n$ 的条件分布。

6. 假设随机变量 X 和 Y 的取值范围都是 $(0, B)$。假设已知 $Y = y$ 时，X 的联合密度函数是：

$$f(x|y) = C(y) e^{-xy}, \quad 0 < x < B$$

已知 $X = x$ 时，Y 的联合密度函数是：

$$f(y|x) = C(x) e^{-xy}, \quad 0 < y < B$$

给出近似模拟 X, Y 的一种方法，通过仿真来估算 $E[X]$ 和 $E[XY]$。

7. 以没有两个点彼此的间距在 0.1 内这一事件为条件给出在区间 $(0,1)$ 上生成 9 个均匀点的有效方法（可以证明，如果 n 个点在区间 $(0,1)$ 内独立且均匀分布，则当 $0 < d < 1/(n-1)$ 时，没有两个点在 d 以内的概率为 $[1-(n-1)d]^n$）。

8. 在例 12d 中，可以证明，$m+1$ 个服务台上的顾客数量的极限质量函数为：

$$p(n_1, \cdots, n_m, n_{m+1}) = C \prod_{i=1}^{m+1} P_i(n_i), \quad \sum_{i=1}^{m+1} n_i = r$$

其中，对于每个 $i(i = 1,2,\cdots,m+1)$，$P_i(n), n = 0,1,\cdots,r$ 是一个概率质量函数。令 $\boldsymbol{e}_k$ 为 $m+1$ 分量向量，第 k 个位置为 1，其他位置为 0。对于向量 $\boldsymbol{n} = (n_1, \cdots, n_{m+1})$，令

$$q(\boldsymbol{n}, \boldsymbol{n} - \boldsymbol{e}_i + \boldsymbol{e}_j) = \frac{I(n_i > 0)}{(m+1)\sum_{j=1}^{m+1} I(n_i > 0)}$$

换句话说，q 是马尔可夫链的转移概率矩阵，该链在每一步随机选择一个非空服务器，然后将其中一个顾客发配到随机选择的服务器上。利用这个 q 函数，给出生成以 $p(n_1, \cdots, n_m, n_{m+1})$ 为其极限质量函数的马尔可夫链的黑斯廷斯·梅特罗波利斯算法。

9. 令 X_i ($i = 1, 2, 3$) 是均值为 1 的独立指数分布随机变量。运行一个仿真程序来估算：

a. $E[X_1 + 2X_2 + 3X_3 | X_1 + 2X_2 + 3X_3 > 15]$

b. $E[X_1 + 2X_2 + 3X_3 | X_1 + 2X_2 + 3X_3 < 1]$。

10. 从一个装有 n 个球的瓮中随机选择 m 个球，其中 n_i 个球的颜色类型为 $i = 1, 2, \cdots, r, \sum_{i=1}^{r} n_i = n$。令 X_i 表示颜色类型为 i 的个数。给出一个有效程序来模拟 $X_1, X_2, \cdots, X_r$，条件是所有 r 种颜色类型都在随机选择中表示。假设所有颜色类型在选择中表示的概率是一个小的正数。

11. 假设 X, Y, Z 的联合密度函数为：

$$f(x, y, z) = Ce^{-(x+y+z+axy+bxz+cyz)}, \quad x > 0, y > 0, z > 0$$

其中，a, b, c 是指定的非负常数，C 不依赖于 x, y, z。说明可以如何模拟 X, Y, Z，并运行仿真程序来估算 $a = b = c = 1$ 的 $E[XYZ]$。

12. 假设对于随机变量 X, Y, N：

$$P\{X = i, y \leq Y \leq y + dy, N = n\}$$

$$\approx C \binom{n}{i} y^{i+\alpha-1} (1-y)^{ni+\beta-1} e^{-\lambda} \frac{\lambda^n}{n!} dy$$

其中，$i = 0, \cdots, n, n = 0, 1, \cdots, y \geq 0$，且 α, β, λ 为指定常数。当 $\alpha = 2, \beta = 3, \lambda = 4$ 时，运行仿真程序来估算 $E[X]$、$E[Y]$ 和 $E[N]$。

13. 用 SIR 算法生成排列 $1, 2, \cdots, 100$，其分布近似为以 $\sum_j j X_j > 285000$ 这一事件为条件的随机排序 $X_1, X_2, \cdots, X_{100}$ 的分布。

14. 令 $\boldsymbol{X}^1, \boldsymbol{X}^2, \cdots, \boldsymbol{X}^n$ 为以原点为圆心、半径为 1 的圆 ℓ 中的随机点。假设对于某个 $r, 0 < r < 1$，它们的联合密度函数为：

$$f(\boldsymbol{x}_1, \boldsymbol{x}_2, \cdots, \boldsymbol{x}_n) = K\exp\{-\beta t(r : \boldsymbol{x}_1, \boldsymbol{x}_2, \cdots, \boldsymbol{x}_n)\}, \quad \boldsymbol{x}_i \in \ell, i = 1, 2, \cdots, n$$

其中，$t(r : \boldsymbol{x}_1, \boldsymbol{x}_2, \cdots, \boldsymbol{x}_n)$ 是在彼此距离 r 内的 $\binom{n}{2}$ 对点 $\boldsymbol{x}_i, \boldsymbol{x}_j, i \neq j$ 的数量，且 $0 < \beta < \infty$（注意 $\beta = \infty$ 对应于 $\boldsymbol{X}^i$ 在圆内均匀分布的情况，约束条件是没有两点在彼此距离 r 内）。说明如何用 SIR 算法来近似地生成这些随机点。如果 r 和 β 都很大，这个算法有效吗？

15. 生成 100 个随机数 $U_{0,k}, k = 1, 2, \cdots, 10, U_{i,j}, i \neq j, i, j = 1, 2, \cdots, 10$。现在，考虑一个旅行商问题，旅行商从城市 0 开始，按照 $1, \cdots, 10$ 的某种排列必须依次旅行到 10 个城市中的每一个。令 U_{ij} 为旅行商直接从城市 i 到城市 j 所获得的收益，使用模拟退火来近似旅行商的最大可能收益。

参考文献

Aarts, E., Korst, J., 1989. Simulated Annealing and Boltzmann Machines. Wiley, New York.

Besag, J., 1989. Towards Bayesian image analysis. Journal of Applied Statistics 16, 395–407.

Besag, J., Green, P., Higdon, D., Mengersen, K., 1995. Bayesian computation and stochastic systems (with discussion). Statistical Science 10, 3–67.

Diaconis, P., Holmes, S., 1995. Three examples of Monte-Carlo Markov chains: at the interface between statistical computing, computer science, and statistical mechanics. In: Aldous, D., Diaconis, P., Spence, J., Steele, J.M. (Eds.), Discrete Probability and Algorithms. Springer-Verlag, pp. 43–56.

Gelfand, A.E., Hills, S.E., Racine-Poon, A., Smith, A.F., 1990. Illustration of Bayesian inference in normal data models using Gibbs sampling. Journal of the American Statistical Association 85, 972–985.

Gelfand, A.E., Smith, A.F., 1990. Sampling based approaches to calculating marginal densities. Journal of the American Statistical Association 85, 398–409.

Gelman, A., Rubin, D.B., 1992. Inference from iterative simulation (with discussion). Statistical Science 7, 457–511.

Geman, S., Geman, D., 1984. Stochastic relaxation, Gibbs distribution, and the Bayesian restoration of images. IEEE Transactions on Pattern Analysis and Machine Intelligence 6, 721–724.

Geyer, C.J., 1992. Practical Markov chain Monte Carlo (with discussion). Statistical Science 7, 473–511.

Gidas, B., 1995. Metropolis-type Monte Carlo simulation algorithms and simulated annealing. In: Snell, J.L. (Ed.), Trends in Contemporary Probability. CRC Press, Boca Raton, FL.

Hajek, B., 1989. Cooling schedules for optimal annealing. Mathematics of Operations Research 13, 311–329.

Hammersley, J.M., Handscomb, D.C., 1965. Monte Carlo Methods. Methuen, London.

Ripley, B., 1987. Stochastic Simulation. Wiley, New York.

Rubin, D.R., 1988. Using the SIR algorithm to simulate posterior distributions. In: Bernardo, J.M., DeGroot, M.H., Lindley, D.V., Smith, A.F.M. (Eds.), Bayesian Statistics 3. Oxford University Press, pp. 395–402.

Rubinstein, R.R., 1986. Monte Carlo Optimization, Simulation, and Sensitivity of Queueing Networks. Wiley, New York.

Sinclair, A., 1993. Algorithms for Random Generation and Counting. Birkhauser, Boston.

Smith, A.F., Roberts, G.O., 1993. Bayesian computation via the Gibbs sampler and related Markov chain Monte Carlo methods (with discussion). Journal of the Royal Statistical Society, Series B, Statistical Methodology 55, 3–23.